VOCABULÁRIO DE ANATOMIA

Dessano Plum de Oliveira

VOCABULÁRIO DE ANATOMIA

BIOLIVRO | pense com a gente
www.biolivro.com.br

Diagramação Dessano Plum de Oliveira
Capa Dessano Plum de Oliveira
Revisão Patrícia Santucci Vivas

O48v Oliveira, Dessano Plum de, 1977-

Vocabulário de Anatomia Humana / Dessano Plum de Oliveira. - 1. ed. - Minas Gerais: Esta obra é uma produção independente, 2019.

ISBN 978-65-900742-0-1

1. Vocabulário – Dicionário. 2. Anatomia – Ciências médicas. 3. Ciências biológicas – Biologia, ciências da vida. I. Título.

CDD – 611

Índice para catálogo sistemático:

1. Anatomia humana: Ciências médicas 611

Este livro é dedicado as minhas "meninas", Patrícia, esposa querida que está sempre ao meu lado, nos momentos difíceis e de muita alegria, e a Isabelle, amada filha que preenche todos os espaços de nossas vidas. Vocês são o motivo de nunca me deixar enfraquecer nessa caminhada repleta de aventuras e desafios chamada Vida.

SOBRE O AUTOR

Dessano Plum de Oliveira é natural de Manaus no Amazonas, residente na cidade de Itajubá em Minas Gerais, formado em ciência biológicas, licenciatura e bacharelado, possui mestrado em ensino de ciências e especialização em docência do ensino superior. Ministrou aulas de anatomia, histologia, embriologia, biofísica e fisiologia na Escola de Enfermagem Wenceslau Braz, atual Faculdade de Enfermagem Wenceslau. Na Universidade Federal de Itajubá, ministrou aulas de ensino de ciências, estágio supervisionado, instrumentação para o ensino de ciências, embriologia, biofísica, anatomia e fisiologia humana.

Orientou trabalhos de iniciação científica no Fórum Interdisciplinar de Ciências Básicas, do qual foi coordenador, publicou capítulo de livro e artigo de revista sobre Curso Massivo Aberto Online em Anatomia, participou como membro representante do corpo docente em comissões de avaliação, desenvolveu e coordenou ligas acadêmicas, atuou como coordenador dos laboratórios de anatomia e histologia, participou de grupos de trabalho sobre pedagogia da autonomia no aprendizado, letramento científico e tecnológico na escola básica e conservação, manejo e uso das minas naturais de água doce.

Atualmente se dedica a escrever livros para o ensino superior sobre Anatomia Humana, como o objetivo de atender as necessidades de ensino e aprendizagem dos estudantes dos anos iniciais de graduação, desenvolvendo conteúdo e instrumentos de apoio pedagógico.

AGRADECIMENTO

Ao finalizar este livro tive o prazer de relembrar momentos agradáveis do período em que as palavras presentes neste vocabulário me assustavam, e ao mesmo tempo despertavam o mais profundo interesse no estudo da Anatomia Humana.

Essas lembranças também representam um pouco da história de cada um que encontrei ao longo do caminho, desde a primeira aula de anatomia até o dia que me tornei professor na Escola de Enfermagem Wenceslau Braz, sob a coordenação do professor José Vitor da Silva, que muito tenho a agradecer pelo incentivo e confiança.

Considero essencial agradecer a todos os alunos que me acompanharam de perto, oportunizando admiração e aprendizado, e as instituições de ensino que tive a honra de ser aluno e professor, recebendo e compartilhando saberes ao longo desses anos de docência. Portanto, este agradecimento é para você prezado(a) amigo(a), que me ajudou no ensino e no aprendizado da Anatomia.

Dito isso, gostaria de agradecer em especial as seguintes pessoas: Irmã Lucyla Junqueira Carneiro, José Vitor da Silva, Erwin Rolf Mádison Júnior e Antônio Eduardo Hermeto, por sempre estarem dispostos em ajudar quando precisei.

APRESENTAÇÃO

Se você que está começando a estudar Anatomia e se sente confuso com tantos nomes diferentes para memorizar, este livro foi escrito para você. Se você estuda ou atua como professor de Anatomia e busca entender o significado dos termos anatômicos, este livro também foi escrito para você.

Ao escrever este livro pude me debruçar sobre um vocabulário extenso de palavras diferentes e estranhas, escritas em diversos idiomas, principalmente em latim e grego, tornando a compreensão e a pronúncia um desafio até para os mais experientes.

Durante o ofício da docência percebi que os alunos tinham dificuldade de entender o significado dos termos anatômicos. Muitos me perguntavam: "Por que o processo coronóide tem este nome? Por que o fígado é chamado de fígado? Por que a rótula agora é patela?" Observei que durante a rotina de estudo os alunos buscavam decorar os nomes sem a devida compreensão do seu significado, permitindo que rapidamente esquecessem do conteúdo.

Dessa forma, acredito que quando revelamos o significado dos termos anatômicos os nomes passam a fazer sentido, ajudando alunos e professores no processo de associação e memorização das estruturas e órgãos do corpo. Este processo é mais vantajoso do que o hábito de "decorar nomes", tornando os alunos mais motivados para o estudo consciente, reflexivo e crítico da anatomia.

Refletindo sobre os benefícios deste processo, encontrei a motivação necessária para começar a escrever este livro, trabalho que teve início muitos anos antes de compor estas linhas, período que atuei como monitor ajudando os colegas de curso e auxiliando os professores nas aulas práticas de laboratório. Aprendi que ao ensinar eu também aprendia, e ao traduzir os termos anatômicos os nomes passaram a ter mais sentido e relevância do que estranheza, melhorando minha capacidade de memorização e associação.

Este livro é também fruto da dedicação dos professores que me estimularam durante a graduação, reflexo que encontro na tradução da palavra Aluno, substantivo latino, Alumnus, de criança de peito, indivíduo que está sendo nutrido, alimentado, não confundir com o A, de ausência, negação e Lumen, de luz, pois nenhum aluno poderia ser um indivíduo sem luz.

INTRODUÇÃO

O Vocabulário de Anatomia apresenta ao leitor uma coleção de mais de mil termos anatômicos que são essenciais para o estudo da anatomia teórica e prática, explicados de forma simples e objetiva. Todos os termos foram traduzidos para o português com base em sua origem, advindos principalmente do latim e do grego, alguns escritos em outros idiomas, como o italiano, espanhol, francês, alemão e árabe.

Os capítulos foram organizados na ordem de A a Z, facilitando a localização e a identificação dos termos anatômicos. Cada nome começa com uma tradução direta, de maneira rápida e simples, revelando o significado de cada termo. Os termos anatômicos que correspondem aos órgãos e estruturas de maior relevância para o estudo da anatomia, são abordados com maiores detalhes, facilitando a compreensão de livros textos e atlas.

Os termos foram selecionados de forma voluntária, abrangendo muitas palavras em conformidade com a Terminologia Anatômica atual, entretanto, fez-se um esforço necessário para incluir termos antigos que frequentemente são encontrados em textos, ensaios e artigos da área, palavras que compõem um vocabulário específico e desconhecido.

Ao final de cada termo há um espaço definido como "consulte também" que oportuniza ao leitor associar uma tradução com outra, confrontando definições similares e opostas, permitindo identificar termos anatômicos ambíguos e correlatos.

Os epônimos que foram desvinculados da nomenclatura anatômica atual, são resgatados nesta obra, visando ampliar a compreensão etimológica dos termos anatômicos, apresentados em notas de rodapés para facilitar sua identificação no corpo do texto, revelando brevemente a personalidade histórica ou mitológica atribuída a definição de certas estruturas e órgãos.

Portanto, este livro tem como objetivo principal facilitar a compreensão dos termos anatômicos abordados no estudo teórico e prático da anatomia, permitindo conhecer o significado das palavras que compõem este vocabulário.

ÍNDICE

ÍNDICE ALFABÉTICO

D

N

O

P

Q

R

S

EPÔNIMOS

A

ABDÔMEN

Substantivo latino *Abdomen, Abdominis,* de *Abdo,* escondido, oculto e *Ome,* tripa de animal. Abdômen é o nome dado para segmento cavitário do tronco situado entre o tórax e a pelve, onde as vísceras estão alojadas e omitidas para o meio externo. O termo tripa, faz parte da compreensão primitiva sobre os órgãos escondidos na cavidade abdominal.
Consulte também: víscera.

ABDOMINAL

Adjetivo relativo ao abdômen, de abdome. Por exemplo: Aorta abdominal (parte descendente da aorta que se estende na cavidade do abdome).
Consulte também: abdômen.

ABDUÇÃO

Substantivo latino *Abdutio, Abdutionis,* de *Ab,* afastar para longe e *Duco,* de conduzir. Abdução é o nome dado para os movimentos de certa parte do corpo que se afastam do plano mediano, o contrário de adução.
Consulte também: adução.

ABERRAÇÃO

Substantivo latino de *Ab,* a partir, separação e *Erra,* desviar, extraviar. Aberração é o nome dado para os desvios físicos que são considerados incompatíveis com a vida.
Consulte também: anencefalia.

ABERTURA

Substantivo latino *Apertura,* de abrir, entrar. Abertura é o nome dado para as entradas ou grandes orifícios do corpo e de certos órgãos que permitem o acesso ao interior de uma cavidade, canal ou seio.
Consulte também: ádito, hiato.

ABÓBADA

Substantivo latino *Fornix,* relativo a *Fórnice,* em forma de arco. Abóbada é o nome dado para a superfície convexa e lisa da parte superior do crânio. O termo foi incorporado ao vocabulário anatômico devido

a comparação com a arquitetura em forma de arco apoiada sobre duas colunas, muito utilizada pelos mesopotâmios, egípcios e gregos.
Consulte também: fórnice, cúpula, calvária, vértice.

ABORTO

Substantivo do latino *Ab,* a partir, separação e *Ortu* nascido. Aborto é o nome dado para a interrupção do desenvolvimento do feto durante a gestação, de maneira natural ou induzida.
Consulte também: embrião, feto.

ACÉFALO

Adjetivo grego *A,* de ausência e *Kephal,* cabeça, que não tem cabeça.
Consulte também: anencefalia.

ACELOMADO

Substantivo grego *A,* sem, de ausência e *Koilo,* oco, ventre *e O-ma,* conjunto. Acelomado é o nome dado para os animais que não possuem celoma.
Consulte também: celoma.

ACESSÓRIO

Substantivo latino *Accessorius,* de acessório e *Ascedere,* colocar a mais, acrescentar. Acessório é o nome dado para as estruturas que são suplementares à outras, geralmente esse termo é associado ao conceito dos vasos sanguíneos, nervos e ductos, que atribuem suplementação a determinado fluxo ou corrente principal.
Consulte também: recorrente.

ACETÁBULO

Substantivo latino *Acetabulum, Acetabuli,* referente a vinagre, vinagreira, recipiente, tigela, vasilhame. Acetábulo é o nome dado para a cavidade funda e esférica situada no quadril onde a cabeça do fêmur se encaixa, análoga ao utensílio utilizado pelos romanos para armazenar vinagre e servir vários tipos de condimentos, como salada, vinho e mel.
Consulte também: cavidade, cotiloide, fêmur.

ACIDENTE

Substantivo latino *Ad,* de junto, *Cad,* queda mais *Nte,* que faz acontecer, que ocorre. Acidente é o nome dado para a estrutura anatômica de aparência espontânea, irregular, imprevisível, análoga a concepção do vocábulo acidente, do que acontece de forma imprevista, acidental.
Consulte também: tubérculo, espinhal.

ÁCINO

Substantivo latino *Acinus, Acini, de* bago, fruto em forma de cacho. Ácino é o nome dado para as glândulas exócrinas formadas por pequenas unidades secretoras, cujo arranjo estrutural lembra um pequeno cacho de uva. Essas unidades são conhecidas como células acinosas com a função de produzir e liberar substâncias proteicas ou glicoproteicas por meio de ductos em cavidades ou seios.
Consulte também: ilhota, glândula.

ACINOSO

Referente ao termo *Ácino,* relativo à estrutura glandular em forma de cacho.
Consulte também: ácino.

ACROCEFALIA

Substantivo latino *Ákros,* elevado, pontudo e *Kephalé,* cabeça. Acrocefalia é o nome dado para os crânios com aspecto pontiagudo cuja a forma lembra a ponta de um foguete devido a ossificação precoce da sutura sagital. A cranioplastia é o procedimento cirúrgico utilizado para corrigir deformações cranianas severas.
Consulte também: cilindrocéfalo, pirgocefalia.

ACROCEFÁLICO

Relativo ao termo acrocefalia.
Consulte também: acrocefalia.

ACRÔMIO

Substantivo latino *Ákros, Ákrou,* ponta, extremidade e *Ômus,* ombro. Acrômio é o nome dado a estrutura óssea proeminente projetada a partir da espinha da escápula, dando a extremidade dos ombros a forma de ombreira.
Consulte também: escápula, omoplata.

ACÚSTICO

Substantivo grego *Akustykós,* de auditivo, acústico e *Akoamai,* ouvir. Acústico é o nome dado antigamente para o nervo acústico, atual vestíbulococlear, oitavo nervo craniano.
Consulte também: vestibulococlear.

ADENOIDE

Substantivo grego de *Adén,* de glândula, nódulos, *Eidos,* que expressa forma, semelhança. Adenoide é o nome clínico dado para a estrutura nodular formada de tecido linfático próxima a garganta, situada na parte superior da faringe. O mesmo que tonsila faríngea.
Consulte também: tonsila, amígdala.

ADERÊNCIA

Substantivo latino *Adherentia*, de adesão, colado. *Ad*, perto de e *Hoerere*, grudar. Aderência é o nome dado para a aderência intertalâmica situada no diencéfalo, mais ou menos no centro da hemiface do tálamo a partir de um corte sagital, corresponde a estrutura de contato entre as metades direita e esquerda do tálamo que se tocam.
Consulte também: tálamo, comissura.

ADIPOSO

Substantivo latino *Adiposus*, de *Adeps*, gordura, banha. Adiposo é o nome dado para o tecido constituído de células adiposas, de gordura. A palavra criada por tradutores da obra de Avicena[1] na idade média, derivada do latim *Adeps*, de banha, gordura de animal, aplicada na descrição do tecido gorduroso que preenche os espaços corporais, que torna a feição do rosto atenuada. O tecido adiposo é o tipo de tecido conjuntivo constituído por adipócitos, cuja função é armazenar triglicerídios resultando no acúmulo de gordura encontrada em certas partes do corpo (abdômen, costas, braços e pernas). Por exemplo: A hipodérmica é composta por tecido adiposo podendo ser mais ou menos espessa dependendo do padrão hormonal masculino ou feminino.
Consulte também: panículo.

ÁDITO

Substantivo latino *Aditus, Aditus*, entrada, abertura. Ádito é o nome dado para o local de entrada (abertura) de um órgão. Por exemplo: Ádito da laringe (entrada para o vestíbulo da laringe quando a epiglote se abre durante a respiração).
Consulte também: hiato; hilo.

ADMINÍCULO

Substantivo latino *Adminiculum*, de sustentação, apoio, de subsídio, *Adminicula Laris*, de colunas de sustentação de altares em casas romanas. Adminículo é o nome dado para a estrutura de sustentação da linha alba (linha branca).
Consulte também: linha branca.

ADRENALINA

Substantivo latino *Ad*, ao lado e *Ren*, de rim e *Ina*, referente ao princípio ativo. Adrenalina é o nome dado para o hormônio sintetizado nas glândulas suprarrenais, também chamadas de glândulas adrenais, relativo a

---

1 AVICENA, Abu Ali Huceine Ibne Sina (980-1037), foi um conhecedor de vários assuntos, autor de inúmeros tratados sobre filosofia e medicina, algumas de suas obras mais famosas são: O livro da cura e o Cânone da Medicina.

adrenalina, situadas sobre o polo superior de cada rim.
Consulte também: rim, epinefrina.

ADUÇÃO

Substantivo latino *Adductio, Adductionis,* de puxar para próximo. Adução é o nome dado para o movimento de certa parte do corpo que aproxima do plano mediano, o contrário de abdução.
Consulte também: abdução.

ADUNCO

Substantivo latino *Aduncus,* de *Ad,* a maneira de, e *Uncus,* gancho. Adunco é o antigo nome dado para o osso adunco (ganchoso), atual hamato, quarto osso da segunda fileira do carpo, ligeiramente curvado cuja forma lembra um gancho. Adunco também é o nome clínico dado ao formato do nariz análogo ao bico de uma águia, principalmente quando o indivíduo sorri.
Consulte também: hâmulo, unciforme.

ADUTOR

Relativo com o movimento de adução. Por exemplo: Músculo adutor do polegar (músculo que afasta o polegar da linha média que cruza verticalmente o terceiro dedo da mão).
Consulte também: adução.

ADVENTÍCIA

Substantivo latino *Ad,* de perto e *Venire,* de vir, faz referência aos estrangeiros. Adventícia é o nome dado para o tipo de tecido de revestimento que forma invólucros externos, dando a impressão de que o envoltório advém de tecidos adjacentes.
Consulte também: cápsula.

AFERENTE

Substantivo latino *Afferens, Afferentis,* de *Ad,* direção e *Ferens,* de trazer, conduzir. Aferente é o nome dado para as estruturas direcionadas ou que direcionam para o centro uma determinada ação física ou química. Por exemplo: Fibras aferentes (neurônios sensitivos que convergem o impulso nervoso da parte periférica do corpo para o centro do sistema nervoso). É o oposto de eferente.
Consulte também: eferente.

AGENESIA

Adjetivo grego *A,* de negação, ausência e *Genne,* que gera, forma, que não se forma.
Consulte também: biogenese.

AGONISTA

Adjetivo grego *Agon*, de combate e *Íst*, que faz, de ação, referente aos músculos que efetuam um determinado tipo de movimento, contrário de antagonista. Por exemplo: Músculos bíceps braquial (músculo agonista na flexão do braço e antagonista no movimento contrário).
Consulte também: antagonista.

ALANTOIDE

Substantivo latino *Allantoidés*, de *Allás*, chouriço, salsicha e *Eidos*, referente a forma. Alantoide é o nome dado para vesícula vestigial que se estende do seio urogenital ao umbigo, funcionando como órgão de respiração e armazenando resíduos excretórios em embriões de aves e mamíferos, cujo formato lembra uma salsicha, tornando-se mais tarde o ligamento umbilical médio em seres humanos.
Consulte também: úraco, placenta.

ALÇA

Substantivo latino *Ansa, Ansae*, de asa, alça de garrafa. Alça é o nome dado para as estruturas anatômicas curvadas cujo formato lembra a asa de um pássaro, análoga a alça de garrafa. Por exemplo: Alça fibrosa do tendão intermédio do músculo digástrico (tendão fibroso e cilíndrico que separa o músculo digástrico em dois ventres anterior e posterior); Alça cervical (nervo derivado do plexo cervical originário das raízes de C1 e C2); Alça anastomótica das artérias jejunais (ramo da artéria mesentérica jejunal); Alça de Henle[2] (túbulo coletar delgado encontrado na medula renal dos rins); etc.
Consulte também: asa.

ALOCÓRTEX

Substantivo latino *Allocortex*, de *All*, outro e *Cortex*, córtex. Alocórtex é o nome dado para a parte do córtex cerebral cuja as fibras nervosas não estão dispostas em camadas (estratos) como o isocórtex. O alocórtex apresenta um número menor de estratos em comparação com partes filogeneticamente mais recentes, permanecendo morfologicamente mais simples, correspondente ao arquicórtex e ao paleocórtex, partes associadas ao comportamento emocional e olfato.
Consulte também: isocórtex, arquicórtex.

---

2 HENLE, Friedrich Gustav Jakob (1809-1885), médico, patologista e anatomista nascido na Alemanha.

ÁLVEO

Substantivo latino *Álveo, Alveus,* cavidade anã. Álveo é o nome dado para a pequena região situada no hipocampo.
Consulte também: hipocampo.

ALVÉOLO

Substantivo latino *Álveo,* pequena cavidade oca. Alvéolo é o nome dado para as estruturas saculares ocas situadas nas extremidades dos bronquíolos terminais e ductos respiratórios, cujo formato lembra favos de mel vazios, como evaginações do epitélio em forma de cálice cheios de ar. Entretanto, outra estrutura anatômica compartilha o mesmo significado. Por exemplo: Alvéolo dentário (conjunto de pequenas cavidades incrustadas nas arcadas dentárias que servem para fixação das raízes dos dentes).
Consulte também: fóvea, fosseta.

AMÍCULO

Substantivo latino *Amiculum,* manto, véu. Amículo olivar é o nome dado para o acidente anatômico cuja forma lembra um manto que recobre o núcleo olivar situado no tronco encefálico.
Consulte também: manto.

AMÍGDALA

Substantivo latino *Amygdala, Amygdalae,* de amêndoa, semelhante ao fruto de árvore da família *Rosaceae,* fruto seco. Amígdala é o nome clínico dado para o par de glândulas de tecido linfático situada em ambos os lados próximo ao istmo da cavidade oral, entre os pilares do arco palatoglosso e palatofaríngeo. O mesmo que tonsila palatina.
Consulte também: tonsila, adenóide.

ÂMNIO

Substantivo latino *Amníon, Amníou,* vaso que contém o sangue de animais imolados mortos em sacrifício. Âmnio é o nome dado ao envoltório (bolsa) cheia de líquido amniótico cuja função é proteger o feto durante o período gestacional. É também conhecido popularmente como bolsa d'água.
Consulte também: placenta.

AMPOLA

Substantivo latino *Ampulla, Ampullae,* de bolha, dilatação. Ampola é o nome dado para as extremidades dilatadas de determinados órgãos e estruturas. Por exemplo: Ampola membranácea (dilatação dos canais semicirculares do ouvido interno); Ampola do ducto deferente (dilatação da extremidade do ducto deferente próximo a vesícula seminal);

Ampola hepatopancreática de Vater[3] (dilatação da extremidade do ducto condutor de bile e sulco pancreático situado na segunda porção do duodeno); etc.
Consulte também: seio, antro.

ANASTOMOSE

Substantivo grego *Anastomosis,* de *Aná,* partes e *Estoma,* de boca. Anastomose é o nome dado para a união de duas bocas (abertura), do encontro das extremidades de dois vasos sanguíneos. Por exemplo: Anastomose das veias jugulares (abocamento das duas veias jugulares externa e interna ao nível da veia jugular comum direita e esquerda).
Consulte também: inosculação.

ANATOMIA

Substantivo latino *Anatomia,* do grego *Anatome,* de *Ana* partes e, *Tomia,* de corte, secção. O mesmo que dissecação e dissecção. Anatomia é o nome dado para a ciência milenar que estuda as partes macro e microscópicas do corpo dos animais. Como ramo de estudo da biologia, se preocupa em descrever e pesquisar a forma, a situação e a função das estruturas que constituem um determinado organismo vivo ou morto. O estudo da Anatomia pode ocorrer por diferentes tipos de abordagem: Anatomia sistêmica, topográfica, regional, clínica, patológica, exploratória, etc. Entretanto, costuma-se priorizar o estudo da Anatomia de forma teórica, enquanto que o estudo prático ocorre por meio de atividades que consiste na dissecação ou dissecção de cadáveres.
Consulte também: dissecção, cadáver.

ANCA

Relativo ao sânscrito *Anka,* de quadril. Anca (ancas) é o nome rudimentar dado para as proeminências avantajadas entre a cintura e as coxas devido ao acúmulo de gordura ao redor do quadril (bacia), principalmente entre as mulheres.
Consulte também: bacia, quadril.

ANCÔNEO

Substantivo grego *Ancon, Anconis* ponta, extremidade. Ancôneo é o nome dado para o músculo de mesmo nome, músculo ancôneo, cujo formato lembra um triângulo, situado entre o epicôndilo lateral do úmero e o olécrano da ulna.
Consulte também: cotovelo, cúbito.

---

3 VATER, Abraham (1684-1751), médico e professor de anatomia nascido na Alemanha.

ANEL

Substantivo latino *Annulus*, de círculo. Anel é o nome dado para várias estruturas cuja forma lembra um anel. Por exemplo: Anel inguinal (abertura anular na região inguinal, entre a pelve e a coxa); Anel femoral (abertura anular da fáscia muscular que recobre a coxa); Anel umbilical (abertura anular situada na cicatriz umbilical); etc.
Consulte também: esfíncter, cricoide.

ANENCEFALIA

Substantivo grego *An*, sem e *Enkephalos*, de encéfalo. Anencefalia é o nome dado para a má-formação do tubo neural que ocorre na fase intrauterina por volta do 16º e 26º dia de gestação, caracterizado pela ausência parcial do encéfalo e consequentemente da calota craniana, devido ao fechamento defeituoso do tubo neural.
Consulte também: aberração, acéfalo.

ANFIARTROSE

Substantivo grego *Amphiartrósis*, de *Amphí*, iguais, de ambiguidade, e *Arthrósis*, articulação, de junta. Anfiartrose é o nome dado para as articulações semimóveis cujo material interposto é do tipo fibrocartilaginoso. Por exemplo: Articulação tibiofibular distal (anfiartrose situada entre a tíbia e a fíbula próxima ao tornozelo).
Consulte também: gonfose.

ANGIOLOGIA

Substantivo grego *Angeiología*, de *Angéion*, vaso, de duto e *Lógia*, de estudo. Angiologia é o nome dado para a ciência que estuda a estrutura e as funções dos vasos sanguíneos.
Consulte também: artéria.

ÂNGULO

Substantivo latino *Angulus*, de ângulo, canto. Ângulo é o nome dado para as estruturas anatômicas que mudam subitamente de direção criando uma inclinação acentuada. Por exemplo: Ângulo da boca (canto da boca que converge no encontro dos dois lábios); Ângulo do esterno (inclinação acentuada entre o manúbrio e o corpo do osso esterno); Ângulo da mandíbula (inclinação entre o corpo e o ramo da mandíbula); etc.
Consulte também: gônio.

ANSIFORME

Referente as estruturas anatômicas cuja forma lembra a asa de um pássaro.
Consulte também: alça, asa.

ANTAGONISTA
Adjetivo grego *Antí*, contra e *Agon*, combate e *Íst*, que faz, de ação, referente aos músculos que se opõem a um determinado tipo de movimento, contrário de agonista. Por exemplo: Músculo tríceps braquial (músculo antagonista na flexão do braço e agonista no movimento contrário).
Consulte também: agonista.

ANTEBRAÇO
Substantivo grego *Anthebrachium, Anthebrachii*, o que está a diante do braço. Antebraço é o nome dado para o segmento do membro superior situado entre o cotovelo e o punho, formado por dois ossos longos, o rádio e a ulna, respectivamente em posição lateral e medial.
Consulte também: braço.

ANTÉLICE
Substantivo grego *Anthélix, Anthélikos*, de *Anti*, contra oposto e *Hélix*, espiral, de hélice. Antélice é o nome dado para a saliência situada na orelha, oposta a hélice e acima da concha.
Consulte também: helix.

ANTEMURAL
Relativo à antemuro. Estrutura exterior de natureza fortificada que se opõem à outra para protegê-la.
Consulte também: septo.

ANTÍTRAGO
Substantivo latino *Antitragus, Antitragi* de *Anti*, a diante, em frente e *Tragus*, tragos. Antítrago é o nome dado para a proeminência situada na orelha externa abaixo da concha.
Consulte também: tragos.

ANTRO
Substantivo latino *Antrum, Antri*, relativo a caverna, cova. Antro é o nome dado para certas cavidades cujo espaço lembra o interior de uma caverna. Por exemplo: Antro pilórico (curvatura do estômago posterior ao piloro).
Consulte também: seio.

ANTROPOTOMIA
Substantivo grego *Ánthropos*, o mesmo que *Androtomia* de *Andrós*, homens e *Tomie*, cortar, separar. Antropotomia é o nome dado para o ato de dividir e cortar corpos. O mesmo que dissecação, dissecção.
Consulte também: anatomia.

ANULAR

Adjetivo latino *Annulárius*, de *Annulus,* anel. Anular é o nome dado para as estruturas em forma de anel. Por exemplo: Hímen anular (membrana que recobre o óstio do canal vaginal); Ânus (órgão anelar, abertura pregueada do canal anal situada no períneo).
Consulte também: hímen, ânus.

ÂNUS

Substantivo latino *Anus,* assento, traseiro. Ânus é o nome dado ao órgão anelar, com borda pregueada, ligado ao reto e ao canal anal. O ânus é a parte terminal do canal alimentar (aboral) cercado de músculos que permitem dilatar a abertura para evacuação de fezes.
Consulte também: esfíncter.

AORTA

Substantivo latino *Aortae,* de aórtico, vaso que se manifesta em suspensão. Aorta é o nome dado para a artéria de grosso calibre suspensa sobre a base do coração (artéria magna). A aorta é a maior artéria do sistema circulatório que se origina na base do coração conectada ao ventrículo esquerdo. Possui um conjunto de três válvulas semilunares em forma de bolso de camisa anti-refluxo, garantindo que o sangue não retorne com o relaxamento do ventrículo (diástole). Do ponto de vista anatômico, aorta possui três partes: ascendente, arqueada e descendente. A parte arqueada é denominada de arco ou cajado aórtico devido seu aspecto singular. Na porção arqueada, três artérias nascem em direção ao pescoço, da direita para esquerda: tronco braquiocefálico, artéria carótida comum esquerda e artéria subclávia esquerda.
Consulte também: artéria.

AÓRTICO

Adjetivo latino *Aorticus,* que se relaciona com artéria aorta. Por exemplo: Hiato aórtico (abertura do músculo diafragma que serve de passagem da parte torácica da aorta descendente); Plexo aórtico torácico (conjunto de fibras simpáticas pré-ganglionares).
Consulte também: aorta.

APARELHO

Substantivo latino *Apparatus,* conjunto. Aparelho é o nome dado para o conjunto de estruturas que se relacionam funcionalmente. Por exemplo: Aparelho lacrimal (conjunto de estruturas e órgãos do sistema lacrimal que produz e conduz a lágrima que banha a conjuntiva e a córnea dos olhos). do ponto de vista didático, aparelho é o termo usado para conceituar a associação de dois ou mais sistemas. Aparelho locomotor (associação do sistema esquelético, articular e muscular); Aparelho

urogenital (associação dos sistemas urinário e genital); Aparelho da nutrição (associação dos sistemas digestório, respiratório e cardiovascular); etc.
Consulte também: anatomia.

APÊNDICE
Substantivo latino *Appendere*, de *Ap*, tendência, de assimilado e *Pendere*, pendurado, de depender. Apêndice é o nome dado para as estruturas e órgãos fixados em forma de apêndice (pendurados), em outro do qual se torna parte dependente, como um acessório secundário. Por exemplo: Apêndice vermiforme (estrutura em forma de verme situado no intestino grosso); Apêndice xifoide (estrutura óssea pontiaguda situada no osso esterno).
Consulte também: xifoide.

APENDICULAR
Relativo à estruturas em apêndice. Por exemplo: Artérias apendiculares (vasos ligados ao apêndice vermiforme).
Consulte também: apêndice.

APEXIANO
Adjetivo do francês *Apexien*, derivado latino *Apicis*, de ponta, ápice. Apexiano é o nome dado para as estruturas relacionadas com o ápice (ponta) do coração. O mesmo que apical, mucrônico.
Consulte também: mucrônico.

APICAL
Adjetivo latino *Apicis*, de ponta, ápice. Apical é o nome dado para as estruturas situadas na ponta de certos órgãos. Por exemplo: Batimento apical (impulso sobre a parede do tórax devido aproximação do ápice do coração).
Consulte também: ápice.

ÁPICE
Substantivo latino *Apex*, de ponta. Ápice é o nome dado para as estruturas que terminam em extremidade pontuda ou do qual certos órgãos fazem parte. Por exemplo: Ápice do coração (ponta do coração voltado para baixo e ligeiramente para esquerda); Ápice do sacro (ponta do osso sacro articulado com o cóccix); Ápice do pulmão (ponta do lobo superior voltado para abertura superior do tórax); etc.
Consulte também: apical.

APÍCULO
Substantivo latino *Apiculum*, diminutivo de ápice, extremidade pontiaguda. Apículo é o nome dado para as estruturas de ponta curta de baixa

consistência. Por exemplo: Crista etmoidal (extremidade do osso etmoide situado na fossa craniana anterior).
Consulte também: crista.

APOFISADO

Adjetivo do grego *Apophysis*, com influência do Francês *Apohyse*, de extremidade, apófise. Apofisado é o nome dado para as estruturas ósseas munidas de extremidades salientes na superfície dos ossos devido a inserção de ligamentos tendinosos. O mesmo que apofisário.
Consulte também: apófise.

APÓFISE

Substantivo grego *Apóphysis*, de *Apó*, para fora e *Physis*, crescimento, desenvolvimento. Apófise é o nome dado para as extremidades salientes dos ossos que se sobressaem das demais estruturas. Por exemplo: Processo transverso (estrutura óssea pontiaguda projetada lateralmente a partir do arco vertebral); Processo mastoide (massa óssea situada póstero-inferior ao meato acústico externo); Processo coracoide (estrutura óssea projetada anteriormente a partir da escápula cuja forma lembra o bico de um pássaro); etc.
Consulte também: tubérculo.

APONEUROSE

Substantivo grego *Aponeuróseus*, de *Apó*, sobre, em cima e *Néuron*, nervo. Aponeurose é o nome dado à tendões musculares cilíndricos e achatados, de aspecto esbranquiçado, cuja forma lembra um manto (lençol), palavra derivada do termo aponevrose. Por exemplo: Aponeurose epicrânica (conhecida como gálea aponeurótica situada entre os dois ventres do músculo occipitofrontal).
Consulte também: gálea, fáscia.

APONEVROSE

Substantivo grego *Aponéurosis*, de *Apó*, sobre, em cima e *Néuron*, nervo. Aponevrose é o nome dado para os tendões que os antigos anatomistas observaram como nervos que saiam de dentro da carne.
Consulte também: aponeurose.

APONEVRÓTICO

Adjetivo relativo as estruturas aponeuróticas, de aponeurose.
Consulte também: aponeurose.

AQUEDUTO

Substantivo latino *Aquaedoctus*, de *Aqua*, leito e *Ductus*, conduzir. Aqueduto é o nome dado aos canais situados em partes moles, capazes de conduzir substâncias de um local para o outro. Por exemplo: Aqueduto

cerebral (canal situado no tronco encefálico comunicando o terceiro com o quarto ventrículo).
Consulte também: canal.

AQUOSO

Adjetivo latino *Aquosus,* de *Aqua,* leito. Aquoso é o nome dado para certos tipos de substâncias de consistência aquosa. Por exemplo: Líquido cérebro espinhal ou cerebrospinal (substância aquosa encontrada no canal medular e entre as meninges); Sinóvia (substância aquosa de consistência viscosa encontrada no interior das articulações sinoviais).
Consulte também: humor.

ARACNÓIDE

Substantivo e Adjetivo grego *Arachnoeidés,* de *Arachou,* de aranha e *Eidos,* semelhança. Aracnóide é o nome dado para a meninge intermediária cuja forma lembra uma teia de aranha. A aracnóide é a meninge situada entre a dura-máter e a pia-máter que envolve o encéfalo e a medula espinhal, cujo arranjo tecidual se assemelha a uma rede de pequenos canais interligados preenchido por líquido cérebro espinhal. Em determinados pontos da aracnóide onde as veias cerebrais se dilatam, ocorre pequenas evaginações do tecido para o interior dos seios venosos adjacentes chamadas de granulações aracnóideas, estruturas com formato de pequenos arbustos.
Consulte também: meninges.

ARCADA

Substantivo latino *Aracata,* de *Arcus,* de arco. Arcada é o nome dado a qualquer estrutura curvada, arqueada.
Consulte também: arciforme.

ARCIFORME

Adjetivo latino *Arcus,* de *Arci,* arco e *Forme,* em forma de arco. Por exemplo: Arcada dentária (estrutura arciforme onde os dentes da mandíbula e da maxila estão fixados).
Consulte também: arco.

ARCO

Substantivo latino *Arcus,* em forma de arco. Arco é o nome dado as estruturas arqueadas, como parte de uma linha curvada. Por exemplo: Arco zigomático (estrutura óssea proeminente em ambos os lados do rosto, relativo a maçã do rosto); Arco palatoglosso e palatofaríngeo (pares de colunas arqueadas situadas fundo da cavidade oral).
Consulte também: arciforme.

ARÉOLA

Substantivo latino *Areola*, diminutivo de área. Aréola é o nome dado para a pequena região circular situada nas mamas de pigmentação mais escura do que a pele, conhecida popularmente como bico do peito. Também é o nome relativo aos vacúolos (espaços) deixados entre as fibras de certos tipos de tecido conjuntivo areolares.
Consulte também: mamilo.

ARITENÓIDEA

Substantivo do grego *Arytaina*, jarro, copo e *Oidés*, forma, semelhança. Aritenóidea é o nome dado para o par de cartilagem ligada a forma do adito da laringe, que lembra a boca de um jarro.
Consulte também: laringe, adito.

ARQUICÓRTEX

Substantivo latino *Archicortex*, de primitivo. Arquicórtex é o nome dado para a parte do cérebro filogeneticamente mais primitiva associada ao hipocampo e ao sistema límbico, consequentemente ao comportamento emocional e a memória. Do ponto de vista anatômico, o arquicórtex está situado na parte mais profunda do cérebro, afastado da superfície (córtex) dificultando sua observação.
Consulte também: paleocórtex, isocórtex.

ARTELHO

Substantivo latino *Articulus*, referente à pequenas juntas. Artelho é o nome dado para os dedos das mãos em perfeita união, análogo aos pedartículos dos dedos dos pés.
Consulte também: pedartículos.

ARTÉRIA

Substantivo latino *Arteria, Arteriae*, de *Aér*, ar e *Terein*, conservar, de preservar o ar. Artéria é o nome dado para os vasos sanguíneos de calibre variado que deixam o coração e se espalham pelo organismo distribuindo o sangue rico em oxigênio para todos os tecidos do corpo. A principal artéria do corpo é a aorta.
Consulte também: aorta.

ARTERÍOLA

Substantivo *Arteriola*, de pequena artéria presente nos capilares sanguíneos.
Consulte também: artéria.

ARTICULAÇÃO

Substantivo latino *Articulatio*, de junta, juntura. Articulação é o nome dado para o conjunto de estruturas que unem dois ou mais ossos de um

esqueleto. As articulações são classificadas de acordo com o tipo de tecido interposto, podendo ser: fibrosas, cartilaginosas, fibrocartilaginosas e sinoviais.
Consulte também: juntura.

ARTICULAR
Relativo as estruturas e mecanismos que fazem parte de uma juntura.
Consulte também: articulação.

ARTRITE
Substantivo grego *Arthritis,* relativo a articulação (juntura). Artrite é o nome dado para a condição de natureza patológica que resulta em inflamação dos mecanismos naturais devido a processos infecciosos decorrentes de lesões localizadas ou doenças, principalmente em articulações móveis.
Consulte também: artrose.

ARTRÓDIA
Substantivo grego *Arthrodía,* de articulação superficial. Artródia é o nome dado para as articulações móveis que possuem cavidades rasas. Por exemplo: Articulação temporomandibular (articulação situada entre o processo condilar da mandíbula com a fossa mandibular do osso temporal); Articulação escapuloumeral (articulação situada entre a cabeça do úmero com a cavidade glenoidea da escápula).
Consulte também: diartrose.

ARTRODIAL
Adjetivo grego relativo à artródia.
Consulte também: artródia.

ARTROLOGIA
Substantivo grego *Arthrología,* de *Árthron,* articulação, juntura e *Logia,* de estudo. Artrologia é o nome dado para a ciência que estuda tudo sobre as articulações e junturas do corpo.
Consulte também: articulação.

ARTROSE
Substantivo grego *Arthrósis,* relativo a articulação (juntura). Artrose é o nome dado para a condição de natureza patológica que resulta em deformidade dos mecanismos naturais devido a processos degenerativos localizados.
Consulte também: artrite.

ÁRVORE

Substantivo latino Arbor, relativo ao conjunto de estruturas que se ramificam. Por exemplo: Árvore brônquica (ramificações diminutas dos brônquios nos pulmões).
Consulte também: brônquio.

ASA

Substantivo latino *Ansa*, de asa de pássaro. Asa é o nome dado para as estruturas curvadas cuja forma lembra a envergadura da asa de um pássaro. Por exemplo: Asa do nariz (alça de pele situada na parte lateral do nariz); Asa do ílio (parte fina e delgada do ílio abaixo da crista ilíaca do quadril); Asa maior e menor do esfenoide (parte do osso esfenoide que se estende para dentro e para fora do crânio); etc.
Consulte também: ansiforme.

ASSOALHO

Substantivo latino *Solum*, superfície, base, apoio. Assoalho é o nome dado para a superfície que serve de leito para vários órgãos. Por exemplo: Assoalho da cavidade nasal (superfície que separa a cavidade oral da cavidade nasal); Assoalho da cavidade oral (superfície que serve para acomodar a língua e outros os órgãos da mastigação); Assoalho da uretra (superfície da uretra masculina e feminina); etc.
Consulte também: septo.

ASTÉRIO

Substantivo latino *Aster*, relativo ao rei de Creta Astérios, da mitologia romana, o senhor das estrelas, conhecido como Minotauro[4]. Astério é o nome dado para o ponto craniométrico em forma de estrela a partir do encontro de três suturas cranianas: occipito-parietal, mastóide-parietal e a mastoide-occipital, situado na parte posterior da cabeça. Acreditava-se que seria o local onde os chifres cresciam.
Consulte também: ptério.

ASTRÁGALO

Substantivo latino *Astragalus*, relativo à articulação, ossinho. Astrágalo é o nome dado para a forma arredondada do tálus sobre os demais ossos do pé, cujo formato lembra a estrutura arquitetônica esculpida na extremidade das colunas romanas.
Consulte também: estrálago.

---

4 Minotauro, segundo a mitologia grega, foi uma criatura com a cabeça de um touro sobre o corpo de um homem, parte homem parte touro.

ATLAS

Substantivo grego *Átlas,* relativo a figura da mitologia grega Atlas[5]. Atlas é o nome dado para a primeira vértebra da coluna vertebral (C1), situada entre os côndilos occipitais e o áxis, suportando o peso da cabeça (crânio) sobre a coluna. O atlas é uma vértebra atípica da coluna vertebral, pois não possui todas as características anatômicas que são encontradas nas demais vértebras cervicais. Não possui corpo vertebral, ao invés disso apresenta um forame vertebral largo o bastante para acomodar a medula espinhal e processos transversos perfurados para a passagem da artéria vertebral. O processo espinhoso das demais vértebras é longo e pontiagudo, no atlas o mesmo processo dá lugar a tubérculo sobre o arco vertebral posterior.
Consulte também: áxis.

ATLOIDE

Relativo ao atlas, primeira vértebra cervical da coluna vertebral.
Consulte também: atlas.

ÁTRIO

Substantivo latino *Atrium,* relativo a pátio, local aberto. Átrio é o nome dado para o par de cavidades superiores por onde o sangue escorre para entrar no coração por meio das veias cavas e veias pulmonares. O átrio direito recebe sangue venoso da veia cava superior e inferior e o átrio esquerdo recebe sangue arterial das veias pulmonares direita e esquerda. Os átrios estão separados entre si por uma parede muscular chamada de septo interatrial. Internamente cada átrio é armado por uma valva cardíaca que permite despejar sangue para o respectivo ventrículo que o ejeta para fora do coração a partir de uma contração vigorosa (sístole). No átrio direito é encontrada a fossa oval e o forame do seio coronário. A partir do átrio esquerdo encontramos a impressão da fossa oval e os óstios das veias pulmonares conduzindo sangue arterial para dentro do coração. Os átrios possuem posições e tamanhos diferentes apesar de estarem lado-a-lado. Externamente, cada átrio possui uma projeção muscular chamada de aurícula cuja forma lembra uma orelha.
Consulte também: ventrículo.

AUDITIVO

Adjetivo latino *Auditivus,* de ouvir, escutar. Auditivo é o nome dado para o antigo nervo auditivo, atual nervo vestibulococlear, sendo esse o

---

5 Atlas, segundo a mitologia grega, foi um homem condenado a sustentar eternamente o peso do mundo sobre os ombros.

oitavo par de doze nervos cranianos.
Consulte também: orelha.

AURÍCULA

Substantivo latino *Auricula*, diminutivo de orelha. Aurícula é o nome dado para a estrutura muscular saliente situada sobre o átrio direito e esquerdo do coração, cuja forma lembra uma orelha.
Consulte também: átrio.

AURICULAR

Adjetivo latino *Auricularis*, relativo à orelha, aurícula ou pavilhão auditivo externo.
Consulte também: orelha.

AUTÔNOMO

Adjetivo grego *Autos*, de próprio, mesmo e *Nómos*, regra, lei, referente a parte do sistema nervoso que parece agir por conta própria.
Consulte também: simpático, parassimpático.

AXILA

Substantivo latino *Axilla*, relativo ao ponto de articulação das asas nos pássaros. Axila é o nome dado para a região escavada abaixo da articulação do ombro entre o braço e o tórax coberta por pelos nos adultos. O mesmo que sovaco.
Consulte também: recesso.

AXILAR

Adjetivo referente a axila. Por exemplo: Recesso axilar (pequena bolsa que se forma a partir da dobradura da cápsula articular do ombro); Nervo axilar (cordão nervoso oriundo do fascículo posterior do plexo braquial); Artéria axilar (artéria calibrosa que permeia profundamente a axila); etc.
Consulte também: axila.

ÁXIS

Substantivo latino *Axis*, relativo a eixo. Áxis é o nome dado para a segunda vértebra cervical da coluna vertebral (C2) situada logo abaixo do atlas. O áxis é a segunda vértebra atípica da coluna vertebral, apresenta um dente chamado de processo odontoide que funciona como eixo estabilizador permitindo que a cabeça possa se movimentar para direita e para esquerda. Possui um processo espinhoso curto e bífido posicionado posteriormente ao corpo vertebral e aos processos transversos.
Consulte também: atlas.

ÁZIGOS

Substantivo grego *Ázygos*, relativo a estruturas ímpares, de privativo, único e *Zygos*, par, duplicidade. Ázigos é o nome dado para as duas veias que permeiam o tórax chamadas de veias ázigos maior e menor, fornecendo comunicação com a veia cava superior drenando o sangue das paredes da caixa torácica para o coração.

Consulte também: veia.

B

BACIA

Substantivo latino *Boccio, Boccioe,* vasilha de vinho, vaso para água, do radical cético *Boccus,* cavidade, gamela, recipiente. Bacia é o nome popular dado para o conjunto de ossos do quadril (ílio, ísquio e púbis) também chamado de ossos coxais. O mesmo que pelve.
Consulte também: pelve.

BACINETE

Substantivo latino diminutivo de bacia. Reservatório formado pelas extremidades dos tubos uriníferos, onde começa o ureter.
Consulte também: ureter.

BAÇO

Substantivo latino *Lienis,* trigueiro pálido, escuro. Baço é o nome dado para o órgão de cor escura e pálido do sistema linfático situado na cavidade abdominal ao lado do estômago, sobre a flexura cólica esquerda, cuja forma lembra um triângulo truncado medindo aproximadamente doze centímetros de comprimento.
Consulte também: linfático.

BAINHA

Substantivo latino *Vagina, Vaginae,* envoltório, estojo, o que é capaz de receber, acomodar, referente ao utensílio utilizado para guardar uma espada. Bainha é o nome dado para certos envoltórios membranosos que servem para facilitar o deslizamento entre dois tipos de tecidos, diminuindo o atrito entre as partes em contato. Por exemplo: Bainha tendínea (envoltório que reveste certos tendões diminuindo o atrito entre si); Bainha carótica (envoltório situado no pescoço contendo a artéria carótida, veia jugular e nervo vago); etc.
Consulte também: vagina.

BÁLANO

Substantivo latino *Glans, Glandis,* de estrutura de forma nodular, feito balão. Bálano é o nome dado para a estrutura cujo tamanho é semelhante

a fruta de um carvalho, parecido com uma bolota. Por exemplo: Glande do pênis (extremidade do pênis, jocosamente conhecida como cabeça do pênis).
Consulte também: pênis.

BARBA
Substantivo latino barba, *Barbae*, conjunto de pelos que recobrem algumas partes da face, abaixo do mento e na parte anterior do pescoço, de *Barbatensorius*, indivíduos responsáveis por remover a barba dos romanos. Barba é o nome dado para os pelos de tamanho e espessura variável que crescem no rosto em sinal de amadurecimento nos meninos quando se inicia a puberdade.
Consulte também: cabelo.

BASAL
Termo relativo à base, referente a parte profunda de um epitélio, adjacente ao cório. Por exemplo: Estrato basal (camada do miométrio mantida durante a menstruação).
Consulte também: endométrio.

BASE
Adjetivo latino *Basis*, de *Basion*, parte inferior de um certo corpo do qual é feito para sustentar, como um alicerce.
Consulte também: basal.

BASIAL
Adjetivo referente ao corpo de uma vértebra.
Consulte também: vértebra.

BASILAR
Referente a base, que serve de sustentação. Por exemplo: Osso basilar (nome dado por antigos anatomistas ao osso sacro); Vértebra basilar (última vértebra lombar da coluna vertebral); Apófise basilar (parte do osso occipital que se articula com o esfenoide); Artéria basilar (tronco formado pela anastomose das artérias vertebrais); Goteira basilar (face superior da extremidade basilar cavada em forma de goteira).
Consulte também: base

BÁSIO
Substantivo grego *Básis, Báseos*, referente a base. Básio é o nome dado para o ponto craniométrico situado no meio e adiante do forame magno com estreita relação com o clivo na base do crânio, região entre o osso esfenoide e a parte basilar do osso occipital que não se funde totalmente antes da terceira década de vida.
Consulte também: clivo.

BEXIGA

Substantivo latino *Vesica, Vesicae,* de vesícula, reservatório. Bexiga urinária é o nome dado para o reservatório musculomembranoso destinado a armazenar urina produzida pelos rins. A bexiga urinária é um órgão saculiforme distensível, situada na parte anterior e mediana da cavidade pélvica, passando por trás da arcada do púbis, capaz de armazenar de 700 a 800 mililitros de urina que chega pelos ureteres direito e esquerdo. A bexiga urinária masculina está posicionada anteriormente ao reto enquanto a bexiga urinária feminina é anterior ao útero, tornando-se ligeiramente esférica quando está distendida devido ao acúmulo máximo de urina. Nas mulheres a bexiga urinária é menor do que nos homens em virtude da presença do útero, que diminui o espaço da cavidade pélvica limitando a capacidade de armazenamento da bexiga. A bexiga urinária está fixada por meio de ligamentos vesicais que se originam do peritônio. Do ponto de vista anatômico, a bexiga urinária apresenta: ápice, fundo, corpo, óstio ureterais, trígono vesical, colo e óstio uretral interno.
Consulte também: vesical.

BÍCEPS

Substantivo latino *Bíceps, Bicipitis,* de *Bis,* dois e *Caput* ou *Capitis,* cabeça. Bíceps é o nome dado para a classificação do músculo que apresenta duas cabeças, sendo cada uma delas correspondente a um tendão de origem ou ponto fixo. Por exemplo: Bíceps braquial (músculo situado no compartimento anterior do braço com cabeça maior e menor); Bíceps crural (músculo gastrocnêmio situado no compartimento posterior da perna com cabeça lateral e medial). A palavra bicepe foi substituída por bíceps na nova nomenclatura anatômica.
Consulte também: braço.

BICO

Substantivo latino *Rostrum, Rostri,* bico, focinho. Bico é o nome dado para qualquer estrutura cuja a forma lembra o bico pontiagudo de um pássaro. Por exemplo: Bico do corpo caloso (ponta do corpo caloso, também chamada de joelho, situado entre os dois hemisférios cerebrais).
Consulte também: coracoide.

BIFURCAÇÃO

Substantivo *Bifurcatio,* de *Bis,* divisão e *Furca,* forca. Bifurcação é o nome dado para a estrutura que se divide naturalmente em duas partes proporcionais. Por exemplo: Carina da traqueia (estrutura cartilaginosa de formato triangular que se bifurca em brônquio pulmonar direito e esquerdo); Tronco pulmonar (artéria de grosso calibre que se bifurca na

base coração em artéria pulmonar direita e esquerda); Artéria hepática comum (artéria do fígado que se bifurca em artéria hepática direita e esquerda, uma para cada lobo); etc.
Consulte também: anastomose.

BIGODE

Substantivo latino *Mystax, Mystacis*, lábio superior, de *Bis*, divisão, dois tufos iguais de barba. Bigode é o nome dado para a parte da barba que se deixa crescer sobre o lábio superior.
Consulte também: barba.

BIGORNA

Substantivo latino *Bicornis* que tem duas pontas ou dois cornos, análoga a peça de ferro usada para modelar metais com o uso de um martelo. Bigorna é o nome dado para o pequeno osso (ossículo) do ouvido médio cuja forma lembra uma bigorna com estreita relação com outro ossículo do ouvido médio chamado de martelo. Do ponto de vista anatômico, a bigorna apresenta: ramo longo, ramo curto, corpo e face articular para o martelo.
Consulte também: martelo.

BILE

Substantivo latino *Bílis*, liquido amargo. Bile é o nome dado para a substância de odor nauseoso secretado pelo fígado e armazenada na vesícula biliar. A bile é produzida a partir das células hepáticas do fígado e coletada por um sistema de ductos bilíferos intra-hepático. Em seguida a bile é reservada em uma pequena bolsa apendiculada ao fígado chamada de vesícula biliar, capaz de liberar pequenas doses da secreção para o interior do duodeno por meio de um conjunto de ductos exócrinos. A bile é expelida lentamente durante a atividade digestória dos intestinos a partir de pequenas contrações peristálticas acionadas pela parte autônoma do sistema nervoso, lançando o conteúdo na parte descendente do duodeno se misturando ao conteúdo gastrointestinal. A papila duodenal maior, de Vater[6] é uma pequena abertura em forma de botão no interior do duodeno que surge em meio as pregas gástricas circulares. Esta papila surge a partir da ampola hepatopancreática, junção do ducto colédoco e com o pancreático, atravessando a parede do intestino por onde a bile escorre para dentro do duodeno.
Consulte também: vesícula.

---

6 Consulte página 38.

BILIAR
Adjetivo que tem relação com a bile.
Consulte também: bile.

BIOGÊNESE
Adjetivo grego *Bio,* relativo a vida e *Genesis,* geração, formação, relativo a teoria biológica segundo o qual todo ser vivo descende de outro.
Consulte também: embrião.

BIZIGOMÁTICO
Adjetivo latino *Bi,* dois e *Zigomático,* relativo ao osso malar, atual zigomático. Bizigomático é o nome antigo dado para os dois malares que constitui a maçã do rosto.
Consulte também: malar, zigomático.

BOCA
Substantivo latino *Bucca, Buccae,* cavidade inicial do canal alimentar. Boca é o nome dado para o órgão situado entre os lábios, por onde a língua é observada quando a boca está aberta. A boca se estende para a cavidade bucal que é delimitada pelo contorno dos lábios, pelas arcadas dentárias, pelas bochechas, pelo palato duro e pelo assoalho da boca.
Consulte também: bochecha, lábio.

BOCHECHA
Substantivo latino *Gena, Genae,* face, derivado irregular de boca, influenciado pelo francês *Bouche,* de bochecha. Bochecha é o nome dado para a proeminência músculomembranosa situada de cada lado da face, do malar até a borda inferior da mandíbula.
Consulte também: boca.

BOLSA
Substantivo latino *Bursa,* de bolsa, saco. Bolsa é o nome dado para as estruturas em forma de saco que serve para armazenar secreções e líquido tissular. Por exemplo: Bolsa sinovial (estrutura membranosa contendo líquido sinovial dentro das articulações); Bolsa omental (dobra do peritônio que se forma a partir de um recesso entre o pâncreas e o estômago); Bolsa subdeltóidea (estrutura membranosa contendo líquido tissular situada abaixo do músculo deltóide); etc.
Consulte também: cápsula, bursa.

BOSSA
Substantivo latino *Bosse,* protuberância abaloada sobre um osso plano. Bossa é o nome dado para a saliência mediana, larga, sem limites bem definidos, situada sobre a superfície do osso frontal entre os arcos

superciliares chamada atualmente de glabela.
Consulte também: glabela.

BRAÇO

Substantivo latino *Brachium, Brachii,* de braço, curto, breve. Braço é o nome dado para o segmento móvel do membro superior e independente do tronco situado entre o ombro e o cotovelo. Do ponto de vista anatômico, o braço se destaca pela concentração de músculos, vasos e nervos que se estendem da axila ao cotovelo e do antebraço a mão. Vasos sanguíneos e nervos braquiais cruzam o braço profundamente permeando a face medial, região mais protegida do membro superior. Os músculos estão alojados em camadas superficial, média e profunda, distribuídos entre as faces anterior e posterior do braço. O úmero é o principal osso do braço servindo de haste para fixação dos músculos do antebraço.
Consulte também: úmero, antebraço.

BRAQUIAL

Adjetivo latino *Brachialis* de braço, referente ao membro como um todo sob antiga nomenclatura anatômica, atualmente considerado como uma parte do membro superior.
Consulte também: braço.

BRAQUICÉFALO

Substantivo grego *Brachys,* de breve, curto e *Kephalé,* cabeça, o mesmo que braquiocefalia. Braquicéfalo é o nome dado aos indivíduos que possuem a cabeça alongada e ovoide, cujo formato lembra um foguete.
Consulte também: acrocefalia, pirgocefalia.

BREGMA

Substantivo latino *Bregma, Bregmatis,* de parte mole, amolecida da cabeça, termo inserido provavelmente por Aristóteles. Bregma é o nome dado para o ponto craniométrico situado na parte superior do crânio a partir do encontro das suturas coronal com a sagital, resultado do processo de ossificação da sutura preenchida por tecido mole no recém-nascido chamada de fontículo, que foi também definido por Broca[7].
Consulte também: moleira, fontanela.

BRONQUIAL

Relativo a brônquio, brônquico, referente a divisão da traqueia ao nível da quinta vértebra torácica, bifurcando-se em tubos aéreo direito e

---

7 BROCA, Pierre Paul (1824-1880), anatomista, antropólogo, professor de cirurgia clínica e diretor dos laboratórios antropológicos em Paris.

esquerdo.
Consulte também: brônquio, bronquíolo.

BRÔNQUIO

Substantivo grego *Brógkhion*, de ramo, tubos aéreos da traqueia. Brônquio é o nome dado para a bifurcação da traqueia ao nível da quinta vértebra torácica que serve para condução do ar para dentro e fora dos pulmões direito e esquerdo. Os brônquios são estruturas tubulares formada por anéis de cartilagem semicirculares em forma de meia-lua que atingem os pulmões por meio de ramificações de segunda e terceira ordem até se transformarem em bronquíolos. Erroneamente Platão achava que os brônquios eram tubos por onde os líquidos ingeridos desciam até o estômago, daí a necessidade de estarem sempre úmidos.
Consulte também: bronquíolo.

BRONQUÍOLO

Substantivo latino *Bronchiolum*, diminutivo de brônquio. Bronquíolo é o nome dado para cada pequeno ramo que surge das inúmeras divisões dos brônquios até alcançarem o tamanho mínimo dos ductos respiratórios. Os bronquíolos constituem a chamada árvore brônquica dos pulmões.
Consulte também: alvéolo.

BUCINADOR

Adjetivo e Substantivo latino *Buccinator, Buccinatoris*, o que toca buzina, trombeta, corneta. Bucinador é o nome dado para o músculo da mímica facial situado em posição média sobre as bochechas em plano mais profundo aos demais músculos da face, estendendo-se da rafe pterigomandibular até a comissura dos lábios. O músculo bucinador atua na compressão das bochechas jogando o ar para fora da boca e direcionando os alimentos para áreas de ação da mastigação.
Consulte também: bochecha.

BULBAR

Termo relativo as estruturas relacionadas com o bulbo. Por exemplo: Veia da cisterna cerebelo bulbar (veia situada que permeia o bulbo do tronco encefálico e o cerebelo); Uretra bulbar (parte da uretra masculina que permeia o bulbo do pênis); Fáscia bulbar (bainha do bulbo do olho também conhecida como cápsula de Tenon[8]).
Consulte também: bulbo.

---

8 TENON, Jacques René (1724-1816), foi cirurgião, oftalmologista e professor de patologia em Paris.

BULBO

Substantivo latino *Bulbu, Bulbi,* tubérculo referente a toda raiz tuberosa de forma esferoidal. Bulbo é o nome dado para a parte do eixo cérebro-espinhal que faz continuação com a medula espinhal, o mesmo que medula alongada, bulbo raquidiano e bulbo da medula oblonga. É também o nome de várias estruturas cuja forma lembra o bulbo de uma cebola. Por exemplo: Bulbo olfatório (dilatação nervosa do trato olfatório situado sobre a lâmina crivosa do osso etmoide); Bulbo do olho (estrutura globular do olho preenchida por líquido gelatinoso chamado de corpo vítreo); Bulbo do pênis (dilatação tuberosa do corpo esponjoso do pênis); etc.
Consulte também: ampola.

BURACO

Substantivo latino *Foramen, Foraminis,* abertura. Atualmente, na nomenclatura anatômica se adota o termo forame ao invés de buraco.
Consulte também: forame, óstio.

BURSA

Substantivo latino *Bursa,* de bolsa. Bursa é o nome dado para as estruturas em forma de bolsa, cujo formato lembra os antigos reservatórios de água utilizado para beber feito de couro de animal no século XVII.
Consulte também: bolsa.

C

CABEÇA

Substantivo latino *Caput, Capitis,* cabeça. Cabeça é o nome dado para a parte do corpo sustentada sobre o pescoço e para estruturas cuja forma lembra uma cabeça. Por exemplo: cabeça do pâncreas (extremidade arredondada curvada em direção ao duodeno); cabeça do úmero (extremidade globulosa articulada com a cavidade glenoídea da escápula); cabeça do bíceps (tendão que fixa o músculo ao osso); etc.
Consulte também: cefálico.

CABELO

Substantivo latino *Capillus, Capilli,* de *Capitis Pillus,* de cabelo. Cabelo é o nome dado para os fios de cabelos que crescem sobre o couro cabeludo situado sobre a cabeça que diferem dos pelos que se desenvolvem em outras partes do corpo, como os pelos axilares e pubianos.
Consulte também: cílio, vibrissa, pente.

CADÁVER

Substantivo latino *Cadáver, Cadaveris,* de *Cadere,* de cair, tombar. Cadáver é o nome dado para o corpo sem vida, o mesmo que defunto, corpo que é privado da própria vida, diferente para o corpo de outros animais que leva o nome de carniça ou carcaça. Castro Lopes buscou fazer a palavra cadáver provir de três palavras latinas: *Caro Data Vermibus,* carne dada aos vermes.
Consulte também: anatomia, dissecção.

CADUCA

Adjetivo latino *Caducus,* o que cai, de *Cadere,* cair, sujeito a cair. Caduca é o nome dado antigamente para a parte mole da mucosa uterina que é expulsa durante o parto, da qual o óvulo fertilizado busca se enraizar.
Consulte também: placenta, decídua.

CAIXA TORÁCICA

Substantivo latino *Cavea Thoracis,* estrutura do tórax que se assemelha com as jaulas e gaiolas utilizadas pelos romanos. Caixa torácica é o

nome dado para o arcabouço cujo formato lembra um cone truncado, de abertura superior estreita e inferior larga, formada por ossos (costelas), cartilagens e músculos intercostais que constituem a parede delgada do tórax. A caixa torácica apresenta uma cavidade torácica que abriga importantes órgãos do sistema respiratório e circulatório: pulmões, pleuras pulmonares, coração e pericárdio. A cavidade da caixa torácica varia de tamanho durante a respiração, permitindo que o ar entre pelos pulmões a partir da diferença de pressão que ocorre durante a movimentação das paredes do tórax. Possui três espaços principais: mediastino e duas cavidades pulmonares, uma para cada pulmão.
Consulte também: tórax.

CAJADO

Substantivo latino *Caja*, de pau, bordão, do grego *Cajatus*, de *Baculus*, de vara curvada. Cajado é o nome dado para a estrutura curvada, semelhante a extremidade arqueada da empunhadura de um cajado, situado entre a raiz e a parte descendente da aorta, local onde surge a artéria braquiocefálica, carótida comum esquerda e subclávia esquerda.
Consulte também: aorta.

CÁLAMO

Substantivo latino *Calamus, Calami*, referente a pena de pato utilizada como caneta. Cálamo é o nome dado para a extremidade superior do quarto ventrículo cerebral em confluência com o véu medular superior e inferior, em que a extremidade se pronuncia com o cerebelo, análogo ao *Calamus Scriptorios*, bico da pena dos escreventes e copistas da antiguidade.
Consulte também: tálamo.

CALCÂNEO

Substantivo latino *Calcaneum, Calcanei*, de *Calcare*, pisar de *Calx, Calcis*, calcanhar, de talão. Calcâneo é o nome dado para o osso curto e irregular do calcanhar situado na parte inferior e posterior do esqueleto do pé.
Consulte também: calcanhar.

CALCANHAR

Substantivo latino *Calx, Calcis* ou *Talus, Tali*, de talão. Calcanhar é o nome dado para a parte posterior do esqueleto do pé formado pelo osso calcâneo e pelo tendão dos músculos que unem o pé à perna. A maior protuberância do calcanhar (esporão) é derivada do alongamento posterior do osso calcâneo devido a inserção do tendão do calcâneo,

conhecido também como tendão de Aquiles[9].
Consulte também: calcâneo

CALCAR AVIS

Substantivo latino *Calcar Avis*, de *Calcar*, esporão e *Avis*, ave. Calcar *Avis* é o nome dado para a estrutura cujo formato lembra um pequeno esporão (bico) de ave, situado posteriormente ao hipocampo, constituído pela parede do corno posterior do ventrículo lateral do cérebro, atual hipocampo menor.
Consulte também: hipocampo.

CALCARINO

Adjetivo latino referente ao que tem a forma de espora ou acicate, de *Calcar, Calcaris*, de base, empurrado até o fundo. Por exemplo: Sulco calcarino (incisura profunda comprimida situada na face interna dos hemisférios cerebrais situado abaixo e posteriormente a cunha que separa o lobo occipital, região que opera no processamento primário da visão.
Consulte também: sulco, chanfradura.

CÁLICE

Substantivo latino *Cálix, Calicis*, copo, taça, o mesmo que botão de flor. Cálice é o nome dado para a estrutura em forma de taça situada nos rins. Os cálices coletam a urina gotejada pelas papilas renais conduzindo-a para a pelve renal, e a partir daí para os ureteres e bexiga urinária. Há dois tipos de cálices: menores, que coletam a urina a partir da papila renal e os cálices maiores, que recolhem a urina coletada pelos cálices menores.
Consulte também: caliciforme.

CALICIFORME

Relativo a forma de cálice, taça. Por exemplo: Papilas caliciformes (papilas situadas no dorso da língua próximas ao sulco em forma de V, entre a raiz e o corpo da língua).
Consulte também: papila, cálice.

CALO

Substantivo latino *Callum, Calli*, massa endurecida. Calo é o nome dado para o espessamento achatado da epiderme devido o atrito do tecido

---

9 Aquiles é o personagem da mitologia grega que participou da famosa batalha entre gregos e troianos, que ao nascer ficou protegido depois de ser mergulhado preso pelos calcanhares nas margens do rio Estige. Sua morte foi atribuída à Páris que atirou uma flecha atingindo o calcanhar de Aquiles, sendo a única parte de seu corpo que não estava protegida.

dérmico com uma superfície dura, causando incômodo e dor no local. Consulte também: calosidade, corpo caloso.

CALOSIDADE

Substantivo latino *Callositas, Callositatis*, calosidade, dureza, de *callum, calli*, calo. Calosidade é o nome dado para o endurecimento acidental das partes de tecido mole decorrente de pequenas lesões ou fricções sobre a epiderme. Em muitos casos pode causar incômodo e irritação devido a sensação dolorosa ao se pressionar a região do calo.
Consulte também: calo.

CALOSO

Adjetivo latino *Callosus*, de *Callum Calli*, calo, mais o sufixo quantitativo *Oso*, o que é duro feito calo, de calosidade. Caloso é o nome dado para a estrutura chamada de corpo caloso, uma protuberância situada no interior do diencéfalo, de massa mais consistente do que outros tecidos adjacentes. O corpo caloso é uma comissura que permite que fibras nervosas da metade do cérebro se comuniquem com a metade oposta, e vice-versa. Do ponto de vista anatômico, o corpo caloso apresenta: joelho, rosto, tronco e esplênio.
Consulte também: comissura.

CALOTA

Substantivo latino *Pileus, Pilei*, espécie de barrete, de carapuça, parece vir do latim *Calote*, casca de noz, de *Cale*, toucado, de touca. Calota é o nome dado para a metade superior do crânio chamada de calota craniana, contendo partes do osso frontal, parietal, temporal e occipital. A calota craniana é lisa sobre a superfície, sua abóbada em forma de cúpula permite que golpes contundentes sobre o crânio possam ricochetear para fora, impedindo que eventuais traumas atinjam órgãos nobres do sistema nervoso. A calota é removida do crânio com o uso de uma serra em peças secas de laboratório para se estudar as partes internas do neuro-crânio, principalmente em relação as meninges e a superfície do córtex cerebral.
Consulte também: calvária.

CALVÁRIA

Substantivo latino *Calvaria, Calvariae*, de *Calvus*, ossos descarnados do topo da cabeça. Calvaria é o nome dado para a cabeça descarnada em forma de caveira, desprovida de todos os tecidos moles que preenchem o crânio. Atualmente é a palavra que representa a parte óssea do topo do crânio, o mesmo que calota craniana, parte mais frágil da cabeça, análoga ao monte onde se ergueu a cruz de Cristo, que está relacionado as injúrias e a certeza de um longo sofrimento, das dores e do martírio. Consulte também: calota.

CÂMARA

Substantivo latino *Câmera, Camerae,* compartimento, referente a quarto abobadado. Câmara é o nome dado para as cavidades em certos órgãos cuja as separações no corpo podem dar origem a espaços mais reservados, análogos aos quartos de uma casa, assim como os ventrículos situados no coração e no cérebro.
Consulte também: ventrículo, átrio.

CANAL

Substantivo latino *Canalis,* de cano, tubo, canal. Canal é o nome dado para as estruturas cujo espaço estreito e alongado dá passagem a certos líquidos. Por exemplo: Canal incisivo (que dá passagem a artéria e o nervo esfenopalatino); Canal óptico (que dá passagem ao nervo óptico); Canal carótico (que dá passagem a artéria carótida); etc.
Consulte também: forame, óstio.

CANALÍCULO

Substantivo latino *Canaliculus, Canaliculi,* diminutivo de *Canalis,* canal muito fino. Canalículo é o nome dado para o pequeno conduto fino e delicado que dá passagem a pequenos vasos e nervos. Por exemplo: Canalículo mastoide (que dá passagem para o ramo auricular do nervo vago); Canalículo timpânico (que dá passagem para o ramo timpânico do nervo glossofaríngeo); Canalículo lacrimal (que dá acesso ao saco lacrimal e ao ducto nasolacrimal); etc.
Consulte também: canal.

CANINO

Adjetivo latino *Caninus,* de *Canis,* de cão, dente proeminente no ser humano situado entre o incisivo lateral e o primeiro molar, cujo formato cônico e angular se assemelha aos dentes do cão e dos grandes primatas.
Consulte também: dente.

CAPILAR

Adjetivo provavelmente do latim *Capillaris,* de *Capillus,* cabelo, de pequenos vasos sanguíneos cujo calibre lembra a espessura de um fio de cabelo. Foi descrito pela primeira vez por Malpighi[15] com o uso do microscópio. Por exemplo: Capilares alveolares (pequenos vasos sanguíneos anastomosados sobre a parede fenestrada dos alvéolos pulmonares).
Consulte também: arteríola, vênula.

CAPITATO

Substantivo latino *Capitatu*, de cabeça, do que é volumoso e preponderante. Capitato é o nome dado para o terceiro osso da fileira distal do carpo, entre o trapezóide e hamato, um dos maiores ossos do carpo, outrora chamado de grande osso.
Consulte também: carpo.

CAPÍTULO

Substantivo latino *Capitulum*, extremidade esferoide, diminutivo de cabeça. Capítulo é o nome dado para a estrutura globular situado na extremidade distal do úmero chamado de capítulo do úmero, que se articula com a fóvea da cabeça do rádio por meio da articulação úmero-radial.
Consulte também: cabeça.

CÁPSULA

Substantivo latino *Capsula, Capsulae*, diminutivo de *Capsa, Capsae*, de caixinha, cofre. Cápsula é o nome dado para o invólucro protetor em forma de cápsula. Por exemplo: Cápsula glomerular, de Bowman[29] (microestrutura pertinente ao corpúsculo renal e aos néfrons nos rins); Cápsula articular (estrutura fibrosa presente nas articulações móveis); Cápsula da lente (estrutura presente em torno do cristalino do bulbo ocular); etc.
Consulte também: corpúsculo.

CAPSULAR

Adjetivo relativo a cápsula, de invólucro.
Consulte também: cápsula.

CARACOL

Substantivo latino *Cochlea, Cochleae*, de caramujo, lesma. Caracol é o nome dado para a estrutura espiralada do aparato vestibulococlear situado no ouvido interno, análogo a casca e a concha dos caramujos que utilizam a carapaça como moradia. Por exemplo: Cóclea (estrutura concêntrica situada na divisão interna da orelha, parte do órgão vestibulococlear).
Consulte também: cóclea.

CARDA

Substantivo latino *Carda, Cardae*, ou *Cardina, Cardinae*, deusa que presidia as portas na mitologia romana. Carda é o nome dado para o estreitamento situado na boca do estômago e muito próximo do coração, o mesmo que cárdia.
Consulte também: cárdia.

CÁRDIA

Substantivo latino *Cor, Cordis,* coração. Cárdia é o nome dado para a parte do estômago conectada ao esôfago situada logo abaixo do hiato esofágico, próxima ao coração. A cárdia possui uma musculatura em forma de anel do tipo esfíncter permitindo que a boca do estômago permaneça mais fechada do que aberta, tornado esta região muito estreita, dificultando o refluxo dos alimentos para o esôfago.
Consulte também: carda.

CARDÍACO

Adjetivo latino *Cardiacus,* do grego *Kardía,* relativo ao coração. Por exemplo: Plexo cardíaco (conjunto de fibras autônomas na base do coração).
Consulte também: cárdia.

CÁRDICO

Adjetivo relativo à carda, de cárdia.
Por exemplo: Óstio cárdico (boca do estômago); linfonodos cárdicos (linfonodos adjacentes a cárdia).
Consulte também: carda, cárdia.

CARINA

Substantivo latino *Carina,* quilha de barco. Carina é o nome dado para a cartilagem em forma de T invertido, resultado da bifurcação da traqueia em brônquios principais direito e esquerdo, situado atrás do osso esterno.
Consulte também: traqueia.

CARNE

Substantivo latino *Caro, Carnis* de carne. Carne é o nome dado para o tecido muscular dos animais, da carne vermelha, o mesmo que ventre muscular.
Consulte também: ventre, carúncula.

CARÓTIDA

Substantivo grego *Karotídes, Karotídeon,* de *Káros, Károu,* letargo, torpor, sono pesado. Carótida é o nome dado para as duas artérias que levam o sangue do coração à cabeça, quando pressionadas provocam letargia, torpor e inconsciência. A artéria carótida comum margeia o pescoço de cada lado permeando a região cervical em direção a cabeça, se bifurcando ao nível da margem superior da cartilagem tireoide, dando origem a artéria carótida externa e interna. A artéria carótida interna não emite ramos superficiais, mais internamente possui muitas ramificações que devem suprir as principais partes do encéfalo, já a artéria carótida externa possui muitos ramos superficiais a partir da artéria maxilar e

temporal superficial.
Consulte também: aorta.

CARPO
Substantivo latino *Carpus, Carpi,* parte da mão conectado ao antebraço. Carpo é o nome dado para a parte do esqueleto da mão formado por oito ossos curtos alinhados em duas fileiras: proximal e distal.
Consulte também: mão.

CARTILAGEM
Substantivo latino *Carilago, Cartilaginis,* o âmago da cana, a polpa dos frutos, a carne entre os ossos. Cartilagem é o nome dado para o tecido conjuntivo de natureza macia, podendo ser mais elástico ou fibroso, de coloração esbranquiçada situada nas partes flexíveis do corpo, como na orelha, no nariz, na traqueia e nos brônquios. Com exceção da cartilagem que recobre as extremidades dos ossos, chamada de cartilagem articular as demais possuem um revestimento fibroso chamado de pericôndrio, o qual possui vasos sanguíneos e nervos, exceto no interior do tecido que é avascular.
Consulte também: articulação.

CARTILAGÍNEO
O mesmo que cartilaginoso.
Consulte também: cartilagem.

CARÚNCULA
Substantivo latino *Carúncula, Carunculae,* diminutivo de caro, *Carnis,* carne. Carúncula é o nome dado para as várias pequenas saliências carnosas sobre a superfície de certas mucosas. Por exemplo: Carúncula lacrimal (pequena tumefação saliente e avermelhada localizada na comissura medial do olho contendo glândulas sebáceas e sudoríparas); Carúncula mamária (pequenos botões sobre a aréola mamária); Carúncula himenal (pequena nodulação carnosa na margem do canal vaginal resultado do processo de retração do hímen rompido); etc.
Consulte também: ventre.

CAUDA
Substantivo latino *Cauda, Caudae,* rabo dos animais. Cauda é o nome dado para a estrutura em forma de cauda, constituída pela continuidade das vértebras inferiores da coluna vertebral anexa ao tronco. Em outras situações, a cauda representa a estrutura alongada de certos órgãos, cujo formato lembra a cauda dos quadrupedes ou de animais de hábito arborícola. Por exemplo: Cauda equina (conjunto de filamentos nervosos situados no interior do canal vertebral cuja forma lembra o rabo de

um cavalo); Cauda do pâncreas (parte alongada do pâncreas próximo ao baço); Lobo caudado do fígado (lobo esquerdo do fígado alongado feito uma cauda); etc.
Consulte também: caudal.

CAUDAL

Adjetivo relativo ou pertencente à cauda. O que é voltado para a cauda (inferior), plano oposto ao crânio (superior).
Consulte também: cauda.

CAVERNA

Substantivo latino *Caverna, Cavernae,* de *Cavus, Cavi,* fundo, cova, buraco, cavidade. Caverna é o nome dado para as escavações de certos órgãos que naturalmente estão interconectadas entre si. Por exemplo: Trabéculas cárneas (pequenas cavernas entranhadas no miocárdio, músculo de camada intermediária localizado no coração).
Consulte também: trabécula.

CAVERNOSO

Adjetivo latino *Cavernosus,* de caverna. Cavernoso é o nome dado para as pequenas cavidades em forma de caverna. Por exemplo: Corpo cavernoso do pênis (tecido situado no corpo do pênis semelhante a uma esponja); Seio cavernoso (anastomose de veias dilatadas situadas na base do crânio).
Consulte também: caverna, trabéculas.

CAVIDADE

Substantivo latino *Cavias, Cavitatis,* de *Cavum,* de fundo, cavado, vazio, oco. Cavidade é o nome dado para o interior de certos órgãos ocos e partes escavadas do corpo preenchidas por vísceras. Por exemplo: Coração (átrios e ventrículos constituem as cavidades do coração); Abdômen (cavidade abdominal constitui o espaço preenchido por vísceras); etc.
Consulte também: recesso, antro, câmara.

CAVITÁRIO

Adjetivo latino *Concerne,* cavidade do corpo ou de certos órgãos ocos, vazios. Por exemplo: Coração (átrios e ventrículos); Cérebro (ventrículos cerebrais); Tórax (cavidade torácica); Abdômen (cavidade abdominal); etc.
Consulte também: cavidade, antro.

CAVO

Adjetivo latino *Cavus,* de côncavo, profundo, cavernoso. No estudo da Anatomia, a palavra cava representa aquilo que é cavado profundamente, atribuindo uma concavidade à certos órgãos e estruturas. Por

exemplo: Veias cavas (vasos acoplados ao átrio direito).
Consulte também: cavidade.

CAVUM

Substantivo latino *Cova,* buraco, cavidade. *Cavum* é o nome dado antigamente para as fossas nasais, para designar estruturas cavadas detentoras de volumosas cavidades.
Consulte também: cavidade.

CECAL

Adjetivo latino *Caecum,* que pertence ou diz respeito ao ceco. Por exemplo: Óstio ileocecal (abertura do íleo para o interior do ceco).
Consulte também: ceco.

CECO

Substantivo latino *Caecum, Caeci,* intestino cego, oculto. Ceco é o nome dado para a dilatação de fundo cego e contínua com o colo ascendente do intestino grosso, próximo a junção ileocecocólica, que termina com a invaginação do íleo para dentro da bolsa cecal, formando os lábios superior e inferior da valva ileocecal. O ceco mede aproximadamente 7,5 centímetros de comprimento, podendo variar de tamanho à medida que se enche de fezes e gases. O ceco está situado no quadrante inferior direito do abdome sobre o apêndice vermiforme, que é contínuo com a bolsa cecal, revestido pelo peritônio e pregas peritoneais, mais está ausente de mesentério e por isso pode ser deslocado com facilidade sobre a fossa ilíaca.
Consulte também: divertículo.

CEFÁLICO

Adjetivo latino *Cephalicus,* que diz respeito à cabeça, relativo com as estruturas e órgãos que estão relacionadas com a cabeça ou que possuem alguma extremidade cuja forma lembra uma cabeça, devido seu aspecto esférico e globular. Por exemplo: Veia cefálica (veia que recebe sangue do membro superior e da cabeça).
Consulte também: cabeça, crânio.

CÉFALO

Substantivo grego *Kephalé,* de cabeça. Céfalo é o nome dado para as estruturas anatômicas relacionadas com a Anatomia clássica, o mesmo que cefálico.
Consulte também: cefálico, cabeça.

CEFALORRAQUIDIANO

Substantivo grego *Kephale,* cabeça, e *Rhakis,* coluna, espinha. Cefalorraquidiano é o nome dado para o líquido situado entre as meninges, no

espaço subaracnóideo.
Consulte também: líquido cerebrospinhal.

CELÍACO

Adjetivo latino *Coeliacus*, relativo ao estômago, cavidade do ventre, cavidade do estômago. Por exemplo: Tronco celíaco (artéria de médio calibre que emerge perpendicular a aorta abdominal, entre os pilares do músculo diafragma, trifurcando-se em artérias: gástrica esquerda, hepática e esplênica (tripé celíaco).
Consulte também: gáster, gastro.

CELOMA

Substantivo grego *Koilos*, de oco, *Kelos*, ventre, cavidade corpórea e *Oma*, proliferação, propagação. Celoma é o nome dado para a cavidade que se forma no embrião devido a separação dos dois folhetos mesodérmicos que separam as vísceras da parede do corpo.
Consulte também: peritônio.

CÉLULA

Substantivo latino *Cellula, Cellulae*, diminutivo de *Cella, Cellae*, diminutivo de quarto, pequeno espaço que se guarda coisas. Célula é o nome dado para a unidade microscópica que constitui os tecidos do corpo: epitelial, glandular, muscular e nervoso. Internamente, as células contêm organelas fundamentais para o seu funcionamento e metabolismo, separadas do meio intersticial por uma membrana citoplasmática. As células são especializadas e programadas para exercerem uma determinada função por toda vida. Por exemplo: Células adrenérgicas (definidas pela síntese de adrenalina); Células aminérgicas (definidas pela síntese de amina); Células colinérgicas (definidas pela síntese de acetilcolina); Células dopaminérgicas (definidas pela síntese de dopamina); etc. Do ponto de vista anatômico, célula é um pequeno espaço incrustado em um tecido ósseo, interligando-se por meio de pequenas cavidades (cavernas), dando aspecto poroso, aerado e esponjoso.
Consulte também: cavidade, trabéculas.

CELULAR

Adjetivo latino *Cellurari*s relativo à célula, o que é composto de células.
Consulte também: célula.

CEREBELAR

Adjetivo latino *Cerebellosus* relativo ao cerebelo, o mesmo que cerebeloso. Por exemplo: Pedúnculo cerebelar (parte do cerebelo que se prende ao tronco encefálico); Artéria cerebelar (ramo da artéria vertebral dentro

do crânio).
Consulte também: cerebelo.

CEREBELO

Substantivo latino *Cerebellum, Cerebelli,* diminutivo de *Cerebrum, Cerebri,* cérebro. Cerebelo é o nome dado para o órgão do encéfalo situado no interior do crânio sobre as fossas occipitais, separado do cérebro pelo tentório do cerebelo. O cerebelo, quando comparado com o cérebro, se parece com uma versão reduzida do telencéfalo. Do ponto de vista funcional, o cerebelo é responsável pela manutenção e propriocepção do corpo no espaço. É ele que coordena os movimentos finos das mãos, do equilíbrio e da deambulação. Juntamente com outros órgãos do encéfalo e dos sentidos, o cerebelo é capaz de identificar impulsos motores que surgem do córtex cerebral e corrigi-los se necessário, para que os movimentos sejam realizados de forma natural. Todo o esforço em processar várias informações ao mesmo tempo passa despercebido pela consciência, permitindo que o cérebro possa focar em outras atividades enquanto o cerebelo trabalha. A participação do cerebelo em inúmeras atividades diárias do corpo, se deve a quantidade de fibras nervosas em sua composição, possibilitando que o órgão ocupe o segundo lugar no critério tamanho, perdendo somente para o cérebro que preenche dois terços da cavidade craniana. Do ponto de vista anatômico, o cerebelo apresenta as seguintes estruturas básicas: lobo anterior, lobo posterior, verme, lobo flóculo-nodular, tonsila e pedúnculo.
Consulte também: cérebro.

CEREBRAL

Adjetivo latino *Cerebralis,* de *Cerebrum, Cerebri,* que pertence ao cérebro e por extensão, ao cerebelo. Termo utilizado para apontar estruturas anatômicas relacionadas com órgãos encefálicos: cérebro, cerebelo e tronco encefálico. Por exemplo: Artéria cerebral (vaso sanguíneo que dá origem à vários ramos no interior do cérebro); Hemisfério cerebral (uma das metades do cérebro alojadas na caixa craniana); Veia cerebral magna, de Galeno[10] (vaso sanguíneo que compõe o complexo de drenagem de sangue do cérebro); etc.
Consulte também: cérebro.

CÉREBRO

Substantivo latino *Cerebrum, Cerebri,* do grego *Enkéçhalos,* de dentro, interior e *Kephalé,* cabeça. Cérebro é o nome dado para o órgão formado

---

10 GALENO, Cláudio (129-217), importante médico grego da antiguidade, sua influência persistiu durante 15 séculos até o renascimento.

por uma porção considerável da massa encefálica que ocupa toda a parte superior e anterior da cavidade craniana. É o principal e maior órgão do encéfalo alojado no interior do crânio. O cérebro é formado por duas metades proporcionais, porém não simétricas, chamadas de telencéfalo. Cada telencéfalo representa uma central de processamento de dados capaz de processar e distribuir informações por todo sistema nervoso central e periférico. A superfície do cérebro de um adulto contém inúmeras dobras sinuosas chamadas de circunvoluções, que comprimem a grande massa de tecido nervoso, ocupa e preenche o espaço restrito da cavidade craniana, permitindo que milhares de neurônios possam ser agregados ao cérebro e ao cerebelo. O córtex cerebral é formado por dobras e invaginações do tecido, os giros e sulcos cerebrais. Do ponto de vista anatômico, cada telencéfalo é dividido em lobos: lobo frontal (1), situado anteriormente, corresponde a testa; lobo temporal (2), situado lateralmente logo acima das orelhas; lobo parietal (2), situado superiormente no topo da cabeça e o lobo occipital (1), situado posteriormente, corresponde a parte de trás da cabeça logo acima da nuca.
Consulte também: encéfalo.

CERÚMEN

Substantivo latino *Cerumen*, de cera. Cerúmen é o nome dado para a secreção depositada pelas células ceruminosas no canal auditivo externo, conhecida popularmente como cera de ouvido.
Consulte também: meato, orelha.

CERVICAL

Adjetivo *Cervicalis*, de *Cervix*, *Cervicis*, pescoço, colo, nuca. Refere-se há tudo que pertence à região do pescoço e ao que diz respeito ao colo uterino. Por exemplo: Vértebras cervicais (vértebras que compõem o pescoço); Ramo cervical (nervo descendente do nervo craniano facial que permeia o pescoço anterior e lateralmente); Plexo cervical (conjunto de nervos que tem origem nas raízes ventrais dos nervos espinhais cervicais); Artéria cervical transversa (artéria descendente do tronco tireocervical disposta transversalmente sobre o músculo escaleno anterior); etc.
Consulte também: colo, pescoço.

CERVIZ OU CÉRVIX

Substantivo latino *Cérvix*, *Cervicis*, pescoço, nuca. Cerviz é o nome dado para a parte mais estreita do pescoço, cuja a forma lembra um colarinho, o cerviz do útero, recesso situado entre o colo do útero e o fundo do canal vaginal, o mesmo que fórnice, local onde o sêmen é armazenado após a ejaculação, possibilitando os espermatozoides migrem para o

interior da cavidade uterina.
Consulte também: fórnice, colo.

CESURA

Substantivo latino *Caesura, Caesurae,* ação de cortar, de *Caedere,* cortar. Cesura é o nome dado por antigos anatomistas para o golpe realizado com instrumento cortante.
Consulte também: cissura.

CHANFRADURA

Substantivo do francês *Chanfreiner, Chanfra,* entalhar, corar em forma de meia lua. Chanfradura é o nome dado para o corte em forma decrescente ou semicírculo.
Consulte também: oblíquo.

CIANO

Adjetivo grego *Kyan,* azul escuro, referente a cianótico, termo utilizado quando o recém-nascido apresenta tom de pele azulado.
Consulte também: veia.

CIÁTICO

Adjetivo e Substantivo latino *Schiaticus,* do grego *Ischíon,* anca. Ciático é o antigo nome dado para o principal nervo que permeia a coxa. Em Anatomia a palavra anca, corresponde à parte superior das coxas, pronunciada pela abertura do quadril em forma de bacia. Corresponde também ao antigo nervo ciático, o maior e mais espesso conjunto de fibras nervosas do sistema nervoso periférico, o qual se estende desde a região do sacro até os músculos posteriores da coxa, chamados em conjunto de músculos do jarrete, ramificando-se por toda perna e pé. A terminologia anatômica substituiu apropriadamente o termo ciático por isquiático, agora, portanto, chamamos de nervo isquiático ao invés de ciático.
Consulte também: isquiático.

CIATO

Substantivo latino *Cyathus, Cyathi,* do grego *Kyatho, Kyathou,* copo, taça. Ciato é o nome dado para o infundíbulo do cérebro, próximo ao hipotálamo. A palavra faz referência ao vaso que retirava o vinho para servir os convivas, pessoas que tomavam parte em um banquete. Comparado a estrutura anatômica em forma de funil presa ao túber cinéreo da cavidade ventricular do diencéfalo.
Consulte também: hipotálamo.

CICATRIZ
Substantivo latino *Cicatric,* de cicatriz. Cicatriz é o nome dado para as marcas sobre a pele devido ao processo de regeneração do tecido.
Consulte também: umbigo.

CILIAR
Adjetivo latino *Ciliares,* relativo a *Cilium, Cilii,* celhas ou cílios, pestanas, dos pelos que crescem nas margens das pálpebras superior e inferior dos olhos.
Consulte também: cílio.

CILINDROCEFALIA
Substantivo grego *Kylindors,* cilindro e *Kephalé,* cabeça. Cilindrocefalia é o nome dado para a cabeça com formato de cilindro, resultado da deformação do crânio em forma de pilão, utensílio culinário de madeira muito utilizado para processar, macerar ou triturar alimentos. O mesmo que cilindrocéfalo.
Consulte também: pirgocefalia.

CILINDROCÉFALO
Substantivo grego *Kylindors,* cilindro e *Kephalé,* cabeça. Cilindrocéfalo é o nome dado para os crânios com formato cilíndrico, desenvolvidos no sentido ântero-posterior.
Consulte também: acrocefalia.

CILINDRO-EIXO
Nome dado para o prolongamento protoplasmático da célula nervosa central, um axônio capaz de transmitir um impulso nervoso a neurônios adjacentes e a órgãos efetores.
Consulte também: axis.

CILINDROIDE
Adjetivo grego *Kylindoidés,* de *Kylindros,* cilindro e *Êidos,* forma. Que tem a forma de um cilindro. Por exemplo: Tróclea do úmero (estrutura em formato de carretel de linha localizado na extremidade inferior do úmero).
Consulte também: tróclea.

CÍLIO
Substantivo latino *Cilium, Cilii, Celho,* pestana, do grego *Blepharís, Blepharídos.* Cílio (cílios) é o nome dado para os pelos longos e finos que crescem nas bordas livres das pálpebras superior e inferior.
Consulte também: pálpebra.

CIMENTO OU CEMENTO

Substantivo latino *Caementum, Caementi*, que significa pedra ou pó de alvenaria. Cimento é o nome dado para a substância cortical das raízes dos dentes, permitindo fixar cada dente da arcada dentária em uma cavidade alveolar. A palavra faz referência ao produto usado na construção de casas de tijolos e pedras, que possuem mais resistência contra impactos e choques do que as moradias feitas de madeira.
Consulte também: desmodonte.

CINEURA

Substantivo latino *Cineura* de cintura, cíngulo. Cineura é o nome dado antigamente para a articulação da escápula com a clavícula, formando um semicírculo sobre os ombros. O mesmo que cineura torácica, cineura espádua, cíngulo do membro superior ou cintura escápular. Atualmente o termo cintura escápular é o mais apropriado.
Consulte também: cintura, cíngulo.

CÍNGULO

Substantivo latino *Cingulum, Cinguli*, cintura, cinto. Cíngulo é o nome dado para o conjunto de fibras nervosas que constituem e ligam o corpo caloso ao hipocampo em ambos os hemisférios cerebrais. Do ponto de vista anatômico, refere-se a qualquer estrutura semelhante a uma cintura ou semicírculo. Por exemplo: Sulco do cíngulo (pequena fissura situada no córtex cerebral devido a invaginação do tecido); Giro do cíngulo (estrutura saliente da superfície cortical do cérebro em forma de semicírculo); Istmo do giro do cíngulo (extremidade caudal e afunilada do giro do cíngulo do cérebro); etc.
Consulte também: cintura.

CINTURA

Substantivo latino *Cinctura, Cincturae*, de *Cingere*, rodear. Cintura é o nome dado para a parte do corpo que corresponde ao cinto, ao meio do corpo, logo acima das ancas, situado próximo a margem das espinhas ilíacas. Do ponto de vista anatômico, corresponde também a parte do corpo cuja anatomia permite visualizar um círculo (cíngulo) completo ou semicírculo. Por exemplo: Cintura pélvica (constituída pelo quadril, compreendendo que tal osso é formado por três ossos: ílio, ísquio e púbis); Cintura escápular (constituída pela escápula e clavícula, semicírculo fechado anterior e aberto posteriormente nas costas). O mesmo que cineura.
Consulte também: cineura, cíngulo.

CIRCUNFLEXO

Substantivo latino *Circumflexus*, linha circular, de *Circum*, em roda e *Flexus*, flectido, dobrado, encurvado em torno de si ou de algo. Circunflexo é o nome dado para várias estruturas anatômicas, principalmente para as artérias, cujo formato apresenta uma linha semicircular ou semilunar ao longo do seu trajeto. Por exemplo: Ramo circunflexo da artéria coronária esquerda (vaso arterial que irriga o miocárdio); Vasos circunflexos ilíacos superficial e profundo (ramos da artéria e veia ilíaca externa); Sulco dos vasos circunflexos da escápula (escavação na margem lateral da escápula para a artéria de mesmo nome); Artéria circunflexa da escápula (vaso arterial que percorre o músculo subescápular); etc.
Consulte também: semilunar.

CIRCUNVOLUÇÃO

Substantivo latino *Circumvolutio, Circumvolutionis*, de *Circumvoluvere*, enroscar-se sobre dobras. Circunvolução é o nome dado para o contorno e dobras que os intestinos situados no abdome fazem ao longo do seu trajeto e, por analogia, as saliências sinuosas do córtex cerebral sobre a superfície do cérebro. Atualmente é mais apropriado chamar as circunvoluções cerebrais de giros cerebrais. Por exemplo: Giros curtos do lobo insular (pequenas dobras na superfície da ínsula sob o lobo temporal do cérebro); Giros orbitais (dobras do córtex do lobo frontal adjacente às órbitas oculares).
Consulte também: giro.

CISSURA

Substantivo latino *Scissura, Scissurae*, cortadura, arranhadura, de *Scindere*, fender, rachar. Cissura é o nome dado antigamente para a invaginação cavada sobre a superfície de um órgão; serve para dar passagem à pequenos ramos de vasos e nervos que percorrem o osso. O mesmo que incisura. Por exemplo: Incisura jugular (escavação sobre a pele entre a saliência da extremidade esternal da clavícula); Incisura supraorbital (forame orbital na borda superior do arco superciliar do osso frontal); Incisura mandibular (escavação que separa o côndilo do processo coronoide da mandíbula); Incisura mastoidea (escavação feita pela origem do músculo digástrico); etc.
Consulte também: incisura.

CISTERNA

Substantivo latino *Cisterna, Cisternae*, reservatório, sumidouro. Cisterna é o nome dado para certas partes dilatadas do corpo de fundo cego, análoga as cisternas (calhas) que recolhiam água da chuva em Roma. Do ponto de vista anatômico, as cisternas servem como reservatório para

algumas substâncias ou secreções produzidas pelo organismo.
Por exemplo: Cisterna lombar, de Pecquet[11] (o mesmo que cisterna do quilo: dilatação ampular posicionada a frente da segunda ou terceira vértebra lombar, onde se tem o início do ducto torácico); Cisterna colicular (espaço adjunto a veia cerebral magna preenchida por líquido cérebro- espinhal); Cisterna cerebelobulbar (espaço subaracnoídeo adjunto ao cerebelo e ao quarto ventrículo).
Consulte também: ampola.

CÍSTICO

Substantivo grego *Kystikós*, relativo à vesícula, a ampola. Cístico é o nome dado para o ducto que conecta a vesícula biliar ao ducto hepático comum.
Consulte também: colédoco.

CLAUSTRO

Substantivo latino *Claustrum*, de barreira, parede. Claustro é o nome dado para a estrutura que divide a superfície da ínsula no núcleo lentiforme.
Consulte também: ínsula.

CLAVA

Substantivo latino *Clavae*, pau nodoso e volumoso em uma das extremidades, maça, bastão grosso. Clava é o nome dado para a região localizada na face dorsal da medula oblonga (bulbo), que constitui parte do tronco encefálico, cuja forma lembra uma clava, objeto que possui uma extremidade fina e a outra grossa, semelhante a um cajado ou bengala.
Consulte também: pirâmide.

CLAVÍCULA

Substantivo latino *Claviculae*, diminutivo de *Clavis*, chave. Clavícula é o nome dado para o osso longo cuja a forma lembra a letra S do alfabeto, comparado ao ferrolho das antigas portas. A clavícula serve de escora à escápula como elemento importante da cintura (cíngulo) da escápula. É posicionada transversalmente na parte anterior e superior do tórax, se articulando medialmente com o esterno e lateralmente com o acrômio da escápula. Do ponto de vista anatômico, a clavícula apresenta extremidades esternal e acromial e o corpo do osso, que é mais liso em cima do que embaixo, resultado da passagem de vasos e da inserção de

---

11 PECQUET, Jean (1622-1674), foi um anatomista francês cuja pesquisa com animais vivos contribuiu para o entendimento da circulação do sangue e o sistema linfático.

ligamentos.
Consulte também: escápula.

CLAVICULAR

Adjetivo relativo a clavícula. Por exemplo: Parte clavícular do músculo esternocleidomastoideo (extremidade do músculo de mesmo nome que se origina na clavícula localizado no pescoço); Parte clavicular do músculo peitoral maior (extremidade do músculo de mesmo nome que se origina na clavícula); Ramo clavicular (vaso arterioso que se origina a partir da artéria toracoacromial, ramo da artéria subescapular); etc.
Consulte também: clavícula.

CLINOIDE

Adjetivo do grego *Kline, Klínes,* leito, cama e *Éidos,* forma ou semelhança, que se parece com uma cama para dormir. Termo referente ao processo clinoide situado no osso esfenoide cujo formato lembra a cabeceira de uma cama.
Consulte também: sela, corno.

CLITORIDIANO

Adjetivo que se relaciona com o clitóris. Por exemplo: Artéria clitoridiana (artéria dorsal do pênis).
Consulte também: clitóris.

CLITÓRIS

Substantivo grego *kleitorís,* certa pedra *eídos,* presumivelmente preciosa. Clitóris é o nome dado para o órgão do aparelho reprodutor feminino, análogo ao pênis em sua embriologia, outrora citado como uma pequena pedra preciosa, situado na parte superior da vulva entre os lábios maiores. O clítoris é o órgão sexual feminino, uma pequena massa cilíndrica constituída por dois tipos de tecidos cavernosos que retém o fluxo sanguíneo, permitindo que o órgão se torne erétil durante a relação sexual. Do ponto de vista anatômico, o clitóris possui: glande, prepúcio, corpo, frênulo e ramos. A glande do clitóris é homologo ao pênis diante da ereção, pois também aumenta de volume com a estimulação tátil e participa na excitação sexual.
Consulte também: pênis.

CLIVO

Substantivo latino *Clivus,* de inclinado, deitado. Clivo é o nome dado para a parte do osso occipital que se manifesta de modo inclinado, situado anteriormente a fossa que conduz para o forame magno.
Consulte também: básio.

CNÊMIOS

Adjetivo grego *Knemáios*, concernente, que pertence à perna, de *Knéme*, perna, se refere ao músculo situado na panturrilha, semelhante a uma perneira, conhecido popularmente como batata da perna.
Consulte também: gastrocnêmio.

CÓANO

Substantivo grego *Choáne, Choánes*, funil. Cóano é o nome dado para as duas aberturas arqueadas que encerram as fossas nasais (cavidade nasal) posteriormente, semelhante a um funil, serve de passagem para o fluxo de ar durante a respiração. Durante a inspiração vigorosa quando se está resfriado, ocorre a entrada de secreção pelo óstio da tuba auditiva, causando infecção de ouvido, escorrendo para a faringe e em seguida para boca.
Consulte também: faringe.

CÓCCIX

Substantivo latino *Coccyx, Coccygis*, cuco (ave). Cóccix é o nome dado para o pequeno osso, semelhante ao bico do cuco, situado na extremidade caudal da coluna vertebral, preso inferiormente a última vértebra do osso sacro, na parte posterior e inferior da bacia. O cóccix é considerado o vestígio embrionário da cauda do homem, sinal de uma herança evolutiva de um ancestral primitivo. Do ponto de vista anatômico, o cóccix possui de 3 a 4 vértebras fundidas e uma única peça óssea, algumas vértebras apresentam: corno, processo transverso e ápice.
Consulte também: vértebra.

CÓCLEA

Substantivo latino *Cochlea, Cochleae*, caracol. Cóclea é o nome dado para o canalículo situado no ouvido interno, cuja forma lembra um caracol. A cóclea é formada por um canal semicircular torcido ao redor do próprio eixo (columela), semelhante a carapaça dos caracóis, preenchida por um líquido (endolinfa) que se movimenta com as vibrações dos ossículos do ouvido médio, estimulando os receptores (cílios) que forram o interior do canal. Os estímulos são conduzidos pelas fibras cocleares do nervo vestibulococlear, transmitindo ao cérebro informações que serão processadas como sons concebidos na audição.
Consulte também: columela.

COCLEAR

Adjetivo latino *Cochlear*, relativo as estruturas torcidas ou circulares em torno do próprio eixo feito um caracol. Por exemplo: Nervo coclear (fibras sensitivas que compõem o nervo craniano vestibulococlear, o oitavo nervo de doze pares de nervos cranianos); Ducto coclear (situado na

cóclea, contendo o órgão de Corti[12]); Recesso coclear (espaço localizado no interior do vestíbulo do órgão vestibulococlear); Gânglio coclear (espiral da cóclea); Núcleos cocleares (centros neurais no interior do tronco encefálicos).
Consulte também: vestibulococlear.

COLATERAL

Adjetivo latino *Collateralis*, o que está ao lado, em direção paralela. Por exemplo: Sulco colateral (fissura do córtex cerebral adjacente ao giro occiptotemporal no cérebro); Eminência colateral (saliência longitudinal no assoalho do corno inferior do ventrículo lateral produzida pelo sulco colateral); Ramo colateral (ramo do nervo espinhal); Artéria colateral média (ramo arterial da artéria braquial profunda); etc.
Consulte também: recorrente.

COLÉDOCO

Substantivo grego *Cholé*, bile e *Dóchos*, que recebe, que pode conduzir. Colédoco é o nome dado para o canal que conduz a bile para o duodeno. O ducto colédoco permite que a bile escorra da vesícula biliar para dentro da parte descendente do duodeno, participando da digestão juntamente com o sulco pancreático produzido pelo pâncreas. O ducto colédoco se anastomosa com o ducto pancreático para formar a ampola hepatopancreática. O ducto hepatopancreático atravessa a musculatura da parte descendente do duodeno para forma a papila duodenal maior, também conhecida como papila de Vater[13]. O sistema de ductos extrínsecos do fígado consiste em: colédoco, cístico, hepático comum, hepático direito e esquerdo.
Consulte também: vesícula.

CÓLICO

Adjetivo latino *Colicus, Colici*, relativo ao cólon, parte do intestino grosso.
Consulte também: cólon, colo.

COLO

Substantivo latino *Collum*, pescoço sob uma cabeça. Colo é o nome dado para a parte estreita e curta que liga a cabeça ao corpo, análogo ao pescoço. Colo também é o nome dado para as partes do intestino grosso:

---

12 CORTI, Alfonso Giacomo Gaspare (1822-1876), anatomista e médico responsável pelo estudo inicial do órgão que leva o seu nome.

13 Consulte página 38.

colo ascendente, transverso, descendente e sigmoide.
Consulte também: pescoço, cólon.

CÓLON

Substantivo grego *Kólon*, alimento digerido. Cólon é o nome dado antigamente para as partes do intestino grosso, atualmente dividido como: colo ascendente, transverso, descendente e sigmoide.
Consulte também: divertículo.

COLOSTRO

Substantivo latino *Colostrum, Colostri*, primeiro leite, de *Cooloscere, Coalescere*, coalhar. Colostro é o nome dado para o leite materno com pouca gordura, rico em anticorpos produzido pelas glândulas lactíferas (mamárias), dias antes e após o parto. Nesse período, as concentrações de dopamina caem e a produção de prolactina se eleva. Poucos dias antes do parto, a progesterona e o estrogênio permanecem em alta induz as glândulas mamárias a produzirem o colostro.
Consulte também: glândula.

COLUMELA

Substantivo latino Columela, *Columellae*, diminutivo de *Columa*, de *Culumna, Colunae*, de coluna, pilar, estrutura de sustentação. Columela é o nome dado para a estrutura que separa as duas narinas situadas sobre o lábio superior, na base do nariz externo. Em outros animais, como nos tetrápodes, columela é o nome dado para o primeiro ossículo da audição a se diferenciar. Nos seres humanos este ossículo é chamado de estribo, situado no ouvido médio, sem a diferenciação primitiva como ocorre nos tetrápodes.
Consulte também: coluna.

COLUNA

Substantivo latino coluna, *Columnae*, coluna, pilar cilíndrico que serve de sustentação, apoio ou separação. Coluna é o nome dado para a estrutura de separação e sustentação de certas partes do corpo. Por exemplo: Coluna do fórnice (estrutura situada no interior do diencéfalo, constituído pelo fórnice e preso ao corpo mamilar); Coluna vertebral (conjunto de vértebras empilhadas verticalmente sobre o dorso); Coluna renal, de Morgagni[14] (córtex renal interposto entre as medulas renais no interior dos rins).
Consulte também: coluna vertebral.

---

14 MORGAGNI, Giovanni Battista (1682-1771), foi professor de anatomia na universidade de Pádua onde lecionou por 56 anos, é considerado o fundador da Anatomia patológica.

COLUNA VERTEBRAL

Substantivo latino *Columnae Vertebralis,* de espinha dorsal, raque. Coluna vertebral é o nome dado para o órgão formado pela sobreposição de vértebras verticalmente, situada no meio das costas, estrutura óssea que sustenta a cabeça e os membros acima da cintura. A coluna vertebral é formada por 31 a 33 vértebras irregulares, distribuídas da cabeça as nádegas, dividida em 5 regiões: cervical, (7 vértebras), torácica (12 vértebras), lombar (5 vértebras) sacral (4-5 vértebras) e coccígea (3-4 vértebras). A coluna vertebral possibilita que o tronco tenha resistência e flexibilidade necessária para todas as atividades físicas do corpo, é um bastão rígido, flexível e articulado, permitindo certo grau de mobilidade que varia de uma região à outra. A região cervical (pescoço) é a que apresenta maior grau de flexibilidade, contrapondo-se a região sacrococcígea, pois não apresenta qualquer grau de mobilidade entre as vértebras. A coluna vertebral se desenvolve a partir de dois tipos de curvaturas: a primária, que está presente deste o início do período fetal e a curvatura secundária, se desenvolve após o nascimento, condição necessária para que a criança possa equilibrar a cabeça e aprenda a andar. Demais curvaturas presentes na coluna vertebral de um adulto, são conhecidas como: cifose (curvaturas com concavidades voltadas para frente, situadas nas regiões torácica e sacrococcígea) e lordose (curvaturas com concavidades voltadas para trás, situadas nas regiões cervical e lombar).
Consulte também: espinha dorsal.

COLUNAS CARNUDAS

Substantivo latino *Columnae Carnis,* de coluna da carne. Colunas carnudas é o nome dado para os feixes musculares presentes nas cavidades do coração, mais apropriado como músculos papilares, colunas de músculos projetados como estalagmites do miocárdio em direção as valvas atrioventriculares.
Consulte também: miocárdio.

COMISSURA

Substantivo latino *Commissurae,* de *Committere,* juntar, ligar, unir, de encontro. Comissura é o nome dado para o ponto onde duas partes se encontram, como acontece com a comissura dos lábios superior e inferior no canto da boca. Comissuras são pontes de comunicação entre estruturas naturalmente separadas. Por exemplos: Comissura palpebral (situada no canto dos olhos, onde as duas pálpebras se encontram); Comissura anterior e posterior dos lábios maiores (encontro dos lábios maiores no pudendo feminino).
Consulte também: caloso.

COMISSURAL

Adjetivo latino *Commissurae*, que diz respeito às comissuras, fibras comissurais, que entram na constituição das comissuras do cérebro ou da medula vertebral.
Consulte também: comissura, caloso.

COMPARTIMENTO

Adjetivo latino *Compartimentum*, de divisão, separação, que é preservada, específica. Por exemplo: Compartimento anterior da coxa (região que anterior da coxa que abriga músculos extensores da perna); compartimento posterior da perna (região posterior da perna que abriga músculos flexores do pé e dos dedos); Compartimento anterior do braço (região anterior do braço que abriga músculos flexores do antebraço); etc.
Consulte também: câmara.

COMPLEXO

Substantivo latino *Complexus*, entrelaçado, complicado. Complexo é o nome dado para as estruturas que se tornam complicadas devido sua organização e arranjo estrutural. Por exemplo: Complexo estimulante do coração (conjunto de células especializadas chamadas de cardiomiócitos, cuja função é gerar o próprio impulso elétrico); Complexo olivar inferior (conjunto de neurônios que compõem o núcleo olivar situado no tronco encefálico).
Consulte também: plexo.

COMUNICANTE

Adjetivo latino de *Communicare*, misturar, juntar, unir. Por exemplo: Artérias comunicantes (artérias que sofrem anastomose permitindo que o sangue flua em ambos os lados).
Consulte também: colateral.

CONÁRIO

Substantivo latino *Conarium*, pião, pequeno cone, o mesmo que glândula pineal, de *Pinealis* que tem a forma do fruto do pinheiro. Conário é o nome dado para o pequeno órgão pardo situado na espessura da tela coroide, abaixo dos tubérculos quadrigêmeos anteriores ou dos colículos superiores e inferiores. O mesmo que glândula pineal.
Consulte também: pineal.

CONCHA

Substantivo latino *Conchae*, casca, côncavo. Concha é o nome dado para a cavidade presente na face externa da orelha, na qual está o meato acústico externo. É também o nome dado para outras estruturas anatômicas.

Por exemplo: Conchas nasais (estruturas curvas situadas no interior da cavidade nasal sobreposta uma a outra, como se fossem pequenas prateleiras chamadas de concha nasal superior, média e inferior).
Consulte também: corneto.

CONDILARTROSE

Substantivo grego *Cóndylos, Cóndylou*, nó e *Árthrou*, articulação. Condilartrose é o nome dado para as articulações sinoviais com superfície elípticas. Por exemplo: Articulação radio-ulnar proximal (condilartrose entre a cabeça do rádio e a incisura radial da ulna).
Consulte também: diartrose.

CONDILIANO

Adjetivo latino *Cóndylos*, relativo ao côndilo que se apoia sobre um receptáculo, como ocorre nas articulações do ombro e do quadril.
Consulte também: diartrose.

CÔNDILO

Substantivo latino *Condylus, Condyli*, junta, nó. Côndilo é o nome dado para a eminência articular de forma arredondada, podendo se manifestar com um platô com superfície achatada. Em geral, os côndilos são estruturas robustas e globosas ou achatadas na forma de platôs, permitindo grande amplitude de movimentos. Por exemplo: Côndilo do fêmur (estrutura óssea arredondada situada na extremidade distal do fêmur); Côndilo da tíbia (estrutura óssea achatada situada na extremidade proximal da tíbia).
Consulte também: tróclea, trocânter.

CONDILOIDE

Adjetivo latino *Condylus*, que apresenta forma de côndilo, de condilar.
Consulte também: côndilo.

CONDRAL

Adjetivo latino *Chondral*, referente a tecido de cartilagem, de estruturas compostas por tecido cartilaginoso. Por exemplo: Articulação costocondral (articulação entre as costelas e as cartilagens presentes no tórax presas ao osso esterno).
Consulte também: sindesmose.

CONDRO

Substantivo provavelmente grego *Chóndros*, cartilagem. Condro é o nome dado para as estruturas de composição cartilaginosa, que se desenvolvem a partir de modelos feitos de cartilagem. Por exemplo: Condrócitos (células que compõem o tecido cartilaginoso); Condroblastos

(células que compõem a matriz cartilaginosa).
Consulte também: cartilagem.

CONDROCRÂNIO

Substantivo grego *Chóndro,* cartilagem e *Kraníon,* crânio. Condrocrânio é o nome dado antigamente para o crânio cartilaginoso, resultado da invasão de condrócitos, por volta do segundo mês de vida do embrião. É neste período que se forma a base do crânio, originando os ossos: etmoide, o esfenoide, as porções inferiores dos parietais, a escama do temporal e uma parte da escama do occipital.
Consulte também: crânio.

CONDROIDE

Adjetivo do grego *Chóndros,* cartilagem e *Eidos,* semelhança. Estruturas anatômicas que se assemelham com cartilagem.
Consulte também: condro, condral.

CONDUTO

Substantivo latino *Conductus, Conductus,* de *Conducere,* conduzir, levar. Conduto é o nome dado para o canal, meato ou ducto. Por exemplo: Ducto parotídeo (ducto que se origina na glândula parótida, atravessa o músculo bucinador para se abrir próximo o segundo molar superior); Ducto torácico (ducto que atravessa o abdome até o pescoço, se unindo a veia braquiocefálica esquerda).
Consulte também: ducto.

CONDUTOR

Adjetivo latino *Conducere,* de conduzir e *Actor,* agente.
Consulte também: ducto, vaso.

CONE

Substantivo latino *Conus, Coni,* de pirâmide cuja base é um círculo. Cone é o nome dado para as estruturas cuja forma natural se assemelha a um cone. Por exemplo: Cone medular (estrutura em forma de cone situada na extremidade da medula espinhal, dentro do canal vertebral); Cone de luz (é a região que reflete a luz do otoscópio em exames clínicos sobre a membrana timpânica no quadrante ântero-inferior); Cone olfatório (células nervosas do primeiro par de nervos cranianos situadas no teto da cavidade nasal e sobre parte da concha nasal superior); Cone terminal (afunilamento da medula espinhal na forma de uma ponta de lápis, situado abaixo da décima segunda vértebra lombar).
Consulte também: olho.

CONFLUÊNCIA DOS SEIOS

Substantivo latino *Confluens Sinuum*, convergência, ponto de encontro dos seios da dura-máter, por onde flui o líquido cérebro-espinhal.
Consulte também: seio.

CÔNICO

Adjetivo latino *Conicus*, de cone, cônico.
Consulte também: clitóris, úvula.

CONJUNTIVA

Substantivo e Adjetivo latino *Conjunctivus*, de *Conjungere*, ligar, unir. Conjuntiva é o nome dado para a membrana que forma a parte anterior do globo ocular, sem avançar sobre a córnea, mas recobre a parte branca do olho (esclera) e a face interna das pálpebras, onde se situa o saco conjuntival, frequentemente inspecionada no exame físico para se verificar a ausência de rubor (vermelhidão), em casos de suspeita de anemia.
Consulte também: córnea.

CONOIDE

Adjetivo grego *Kónos*, cone e *Eídos*, forma, semelhança. Se trata das estruturas que tem a forma de um cone ou qualquer estrutura de aspecto cônico. Por exemplo: Tubérculo conoide (estrutura situada sobre a face inferior da clavícula ligada a escápula por meio da inserção do ligamento coracoclavicular); Dente conoide (característica do dente do áxis que é semelhante à forma cônica dos caninos de um cão).
Consulte também: cone.

CORAÇÃO

Substantivo latino *Cordis*, ato ou efeito de corar, pintar e do grego *Kurd*, o que salta, pula. Coração é o nome dado para o órgão central do sistema circulatório, situado no interior da caixa torácica, posicionado ligeiramente para frente e para a esquerda, entre as duas pleuras pulmonares, repousando sobre o músculo diafragma, cuja função primordial é pulsar para que o sangue possa fluir por entre suas câmaras. O coração é uma bomba muscular auto ajustável de forma triangular, parecido com um cone truncado, possui dois pares de câmaras superiores (átrios) e inferiores (ventrículos). O músculo cardíaco permite que o sistema nervoso autônomo controle o ritmo e a frequência cardíaca, induzindo o aumento (taquicardia) ou a diminuição (bradicardia) dos batimentos se necessário. A capacidade de contração do músculo cardíaco ocorre devido a existência de células especializadas (miócitos) na geração do impulso elétrico, mecanismo fisiológico conhecido como automatismo cardíaco. O coração é um órgão aspirante e premente, que recebe sangue das veias cavas superior e inferior no átrio direito, e pelas artérias

pulmonares no átrio esquerdo. Os ventrículos são câmaras ejetoras que conduzem o sangue para fora do coração por meio da artéria pulmonar, em direção aos pulmões e aorta, para o corpo como um todo. A chegada e saída de sangue pelo coração e suas respectivas câmaras cardíacas, permite dividir a circulação em: circulação pulmonar, também conhecida como pequena circulação (coração-pulmão-coração) e circulação sistêmica ou grande circulação (coração-sistema-coração). Para que o coração seja oxigenado adequadamente, o sangue arterial é desviado da raiz da aorta por duas artérias coronárias direita e esquerda. As artérias coronárias possuem dois ramos principais que se encarregam de distribuir o sangue pelo território do músculo cardíaco e a drenagem é realizada pelas veias cardíacas e por ramos de veias tributárias, que direcionam o sangue para o átrio direito.
Consulte também: átrio, ventrículo.

CORACOIDE

Adjetivo do grego *Kórax, Kórakos,* o corvo e *Ídeos,* forma, semelhança. Refere-se a extremidade que avança o limite do corpo da escápula, que serve para a inserção da cabeça curta do músculo coracobraquial, cujo formato lembra o bico de uma cotovia, ave encontrada na Europa, Ásia e África, muito parecido com o corvo, apreciada por seu canto melodioso.
Consulte também: coronoide, conoide.

CORACOIDIANO

Adjetivo referente à apófise na escápula.
Consulte também: coracoide.

CORDA

Substantivo latino *Funis* corda, amarra do grego *Kórde,* intestino, tripa. Corda é o nome dado para o conjunto de alças do intestino delgado enroladas na cavidade abdominal, as tripas ocultas do abdômen. Também é o nome dado para outras estruturas anatômicas. Por exemplo: Cordas tendíneas (conjunto de fibras tendinosas presas ao músculo papilar e as cúspides das valvas atrioventriculares); Corda do tímpano (nervo do ouvido médio); Cordas vocais (pregas membranosas da glote que vibram mediante a passagem do ar pela laringe).
Consulte também: funículo.

CORDÃO

Substantivo do Francês *Cordon,* diminutivo de *Corde,* do Latim *Funiculus,* corda fina, do grego *Klódion,* cordinha. Cordão é o nome dado para diversos órgãos cuja forma lembra uma corda fina. Por exemplo: Cordão espermático (conjunto de estruturas reunidas em um condutor que liga o abdômen a bolsa escrotal); Cordão nervoso (conjunto de nervos

associados em uma estrutura condutora,); Cordão umbilical (estrutura presente no feto até o nascimento); etc.
Consulte também: corda.

CÓRIO

Substantivo grego *Chórion, Chóriou,* placenta, secundinas, membrana que envolve o feto. Cório é o nome dado para a membrana que envolve o feto e a camada profunda das mucosas subjacentes ao epitélio e ao derma da pele, formada de tecido mais ou menos denso.
Consulte também: placenta, âmnio.

CÓRNEA

Substantivo do latim *Corneus,* chifre, corno. Córnea é o nome dado para o termo que descreve a membrana mais espessa e elipsoide sobre a pupila e a íris. É assim chamada devido a sua rigidez, dura como chifre. Entretanto, tal analogia deve ser considerada como mera força de expressão, já que a córnea propriamente dita é fina e delicada.
Consulte também: esclera.

CORNEAL

Adjetivo que diz respeito à córnea.
Consulte também: córnea, corno.

CORNETO

Substantivo latino *Cornu,* trombeta. Corneto é o nome dado para as pequenas lâminas ósseas enroladas sobre si mesmas, em forma de corneta, situadas no interior das fossas nasais. O nome mais apropriado seria conchas nasais. Entretanto, vale ressaltar que somente a concha nasal inferior é formada por tecido ósseo.
Consulte também: trompa, corno.

CORNICULADO

Adjetivo latino *Corniculatum,* de pequeno chifre e *Corniculum,* diminutivo de *Cornu,* corno, estrutura cuja forma lembra um chifre pequeno, referente ao penacho esculpido em metal, símbolo de conquista cedido aos soldados romanos em batalhas estrangeiras.
Consulte também: corno, corneto.

CORNO

Substantivo latino *Coruns,* chifre. Corno é o nome dado para diversas partes mais ou menos duras e salientes do corpo, frequentemente situadas na superfície dos órgãos em forma de chifres. Por exemplo: Corno sacral (estrutura óssea que guarnece o hiato sacral); Cornos anterior, lateral e posterior da substância cinzenta (estruturas que se projetam a partir da substância cinzenta no centro da medula espinhal); Corno

maior e menor do osso hioide (estrutura em formato de espinha projetado nas extremidades do osso hioide).
Consulte também: clinoide.

COROA

Substantivo latino *Coronae*, corona. Coroa é o nome dado para o órgão cujo forma estrutural lembra uma coroa sobre a cabeça, como à coroa de um rei. Por exemplo: Coroa dos dentes (parte esmaltada dos dentes que fica fora da cavidade alveolar da arcada dentária); Coroa da glande (estrutura que circunscreve externamente a base da glande).
Consulte também: coronária.

COROIDE

Substantivo latino *Choroideia*, de coroa, referente as estruturas cuja forma lembra uma coroa. Coroide (corioide, coroideia) é o nome dado para a membrana fina e vascular situada entre a retina e a esclera do olho. A coroide possui muitos melanócitos em sua composição que produzem pigmentos (melanina) que tornam a membrana mais escura, com coloração que varia do marron ao castanho escuro, essencial para que a luz seja absorvida pela membrana evitando que seja refletida dentro do globo ocular, o que prejudicaria a nitidez da imagem.
Consulte também: retina.

CORONAL

Substantivo e Adjetivo latino *Coronalis*, relativo a coroa, que tem forma de coroa. Coronal é o nome dado para o osso frontal que, a partir das bossas superciliares, descreve uma curva sobre a linha mediana. Por exemplo: Sutura coronal (juntura que recobre a parte superior do crânio separando o osso frontal dos parietais direito e esquerdo); Sutura coronal no frontal (juntura que reúne as duas peças ósseas de que se compõe o frontal na sua origem e que persiste, às vezes, no adulto conhecida como sutura metópica); Osso coronal ou frontal (osso impar e simétrico situado na parte anterior do crânio e superior da face).
Consulte também: coroa.

CORONÁRIO

Adjetivo latino *Coronarius*, de corona. Coronário é o nome dado para a estrutura cuja forma natural lembra uma coroa sobre a cabeça. Por exemplo: Artérias coronárias (duas artérias situadas sobre a base do coração); Artéria coronária estomática (ramo da artéria celíaca, apropriadamente chamada de artéria gástrica esquerda).
Consulte também: coroa, coração.

CORONOIDE

Adjetivo do grego *Koróne, Korónes,* cotovia e *Eidos,* semelhança. Coronoide é o nome dado para a eminência óssea cujo formato lembra o bico de um pássaro europeu, a cotovia, situado na extremidade anterior de cada um dos ramos da mandíbula e na margem anterior da incisura troclear da ulna.
Consulte também: coracoide, conoide.

CORPO

Substantivo latino *Corpus, Corporis,* aquilo que possui tronco ou coluna. Corpo é o nome dado para a estrutura principal (tronco), da anatomia de um determinado organismo. No estudo da Anatomia, a palavra corpo é usada para descrever a parte principal de certos órgãos, tornando-se preponderante diante de outras estruturas anatômicas. Por exemplo: Corpo amarelo (órgão de formação transitória constituído dos restos que ficam da ruptura dos folículos ovarianos após a maturação do óvulo); Corpo caloso (o mesmo que mesolobo e grande comissura cerebral, situado ao fundo da fissura longitudinal o cérebro); Corpo cavernoso (que tem cavernas ou que é de um tecido celular esponjoso encontrado no corpo de pênis).
Consulte também: tronco.

CORPUSCULAR

Adjetivo relativo a corpúsculo.
Consulte também: cápsula.

CORPÚSCULO

Substantivo latino *Corpusculus,* diminutivo de *Corpus,* corpo. Corpúsculo é o nome dado para um corpo de extrema pequenez. Por exemplo: Corpúsculo polar (pequena célula que surge a partir do resultado da meiose feminina durante o amadurecimento e expulsão dos ovócitos no ovário, também chamados de polócitos); Corpúsculo renal (também chamado de corpúsculo de Malpighi[15], estrutura microscópica situada no interior dos rins, presente na medula e córtex renal).
Consulte também: cápsula.

CORREDIÇA

Substantivo feminino de corrediço. Corrediça é o nome dado para estrutura que é suscetível de correr, escorregar, como a ranhura na superfície de um osso onde o tendão desliza, forrado de periósteo, de membrana

---

15 MALPIGHI, Marcello (1628-1694), médico e biólogo italiano pioneiro na utilização do microscópio, fundador da anatomia microscópica.

sinovial para diminuir o atrito entre os tecidos. As corrediças servem para acomodar as bainhas tendíneas, permitindo que os tendões escorreguem sem que haja atrito durante a contração e relaxamento dos músculos.
Consulte também: goteira, sulco.

CORRUGADOR

Adjetivo latino *Con*, junto, e *Rugare*, preguear e *Actor*, agente, referente ao músculo da mímica facial que enruga a pele, descrito por Coiter[16].

CORTE

Adjetivo latino *Sectio*, corte, secção, divisão que se produz a partir de um corte.
Consulte também: dissecção.

CÓRTEX

Substantivo latino córtex, *Corticis*, *Coriça*, casca. Córtex é o nome dado para a camada superficial e sinuosa do cérebro e de certos órgãos e glândulas. O córtex cerebral de um adulto apresenta superfície formada por giros, fissuras e sulcos, dando a aparência convoluta aos hemisférios cerebrais direito e esquerdo. Outros órgãos possuem camada cortical que recebem a mesma definição terminológica. Por exemplo: Córtex renal (superfície cortical lisa dos rins, que se sobrepõem as pirâmides renais); Córtex da medula suprarrenal (superfície cortical que circunda a medula adrenal ou suprarrenal).
Consulte também: cérebro.

COSTA

Substantivo latino *Costae*, de costa. Costa (costas) é o nome dado a face que se projeta para trás do tronco em direção ao dorso, que se estende da nuca até as nádegas, que faz referência aos pares de costelas e ao sulco que divide o dorso ao meio, dando a impressão que há duas costas.
Consulte também: costela.

COSTAL

Adjetivo latino *Costallis*, de costa, *Costae*, costela. Costal é o nome dado para estrutura que pertence as costas. Por exemplo: Fóvea costal (pequena face articular das vértebras torácicas para a cabeça da costela correspondente); Cartilagem costal (cartilagem de articulação entre o esterno e o corpo da costela); Parte costal do diafragma (região do músculo

---

16 COITER, Volcher (1534-1576), foi um anatomista holandês associado ao estudo da osteologia comparativa, descreveu pela primeira vez a meningite.

que se fixa a margem da abertura inferior da caixa torácica).
Consulte também: costela, costa.

COSTELA

Substantivo latino costa, *Costae*, de ilharga, flanco, cada um dos lados das costas. Costela é o nome dado para cada um dos ossos chatos, longos e curvados, presos a coluna vertebral em pares, um de cada lado. Ao todo são 12 pares de costelas, totalizando 24 ossos classificados da seguinte forma: costelas verdadeiras (vertebroesternais), da primeira a sétima costela; costelas falsas (vertebrocondrais), da oitava a nona ou décima costela e costelas flutuantes (vertebrais), da décima primeira a décima segunda costela. Do ponto de vista anatômico, uma costela típica, que vai do terceiro ao nono par, possui as seguintes estruturas: uma cabeça, de aspecto cuneiforme com duas faces articulares dividida por uma crista óssea, um colo com estrutura estreita que liga a cabeça ao corpo da costa, um tubérculo costal, que serve para inserção do ligamento costotransversário, e um corpo que se estende da cabeça até a inserção da cartilagem costocondral, ligando a costela ao corpo do osso esterno. A primeira e a segunda costela são consideradas costelas atípicas, pois são naturalmente diferentes e apresentam características anatômicas individuais.
Consulte também: vértebra.

COSTUREIRO

Substantivo latino *Sartor, Sartoris, Alfaiaae*, costureiro. Costureiro é o nome dado antigamente para o músculo sartório, situado na face anteromedial da coxa. Foi Spigelius [17] que batizou o músculo da coxa de sartório, ao perceber que era o músculo seria o responsável pelo movimento de cruzar uma perna sobre a outra, gesto repetido frequentemente pelos alfaiates.
Consulte também: sartório.

CÓTILO

Substantivo latino *Ctyle, Cotyles*, de medida. Cótilo é o nome dado para a prática de se calcular o volume de certos líquidos utilizada na antiga Grécia. O parâmetro de medida utilizado corresponde a 27 decilitros, sendo a mesma proporção de armazenamento dos acetábulos utilizados como tigelas na antiga Roma.
Consulte também: acetábulo.

---

17 SPIGELIUS, Adrianus (1578-1625), médico e professor de Anatomia em Veneza e depois em Pádua.

COTILOIDE

Adjetivo do grego *Cotyle*, de cavidade e *Eidos*, semelhança. Que tem a forma de cótilo.
Consulte também: cótilo.

COTOVELO

Substantivo latino *Cubitus*, de *Cubitellum*, diminutivo de *Cubitum*, coto, cotovelo. Cotovelo é o nome dado para a articulação entre o braço e o antebraço, formada pela união de três ossos, o úmero, o rádio e a ulna.
Consulte também: cúbito, ulna.

COURO CABELUDO

Substantivo latino *Corium*, de couro e *Capillum*, *Pellis*, cabelo, cabeludo. Couro cabeludo é o nome dado para a pele espessa e densa que recobre o crânio, sob a qual estão os folículos capilares. O couro cabeludo é a pele frouxa e sobreposta a uma cada fina de gordura hipodérmica sobre o epicrânio, onde se encontra a gálea aponeurótica e músculo occipitofrontal, permitindo que se movimente quando as sobrancelhas são elevadas.
Consulte também: escalpo.

COXA

Substantivo latino *Coxae*, perna. Coxa é o nome dado para a parte do membro inferior entre o quadril e o joelho. A coxa é o segmento do membro inferior de maior volume, devido a presença de grandes músculos que atuam sobre a perna, permitindo-a estender e flexionar durante a caminhada.
Consulte também: segmento, fêmur.

COXAL

Adjetivo que pertence ao quadril ou as ancas. Atualmente, as estruturas situadas na coxa recebem o adjetivo femoral ou invés de coxal. Por exemplo: Músculo reto femoral (músculo situado na face anterior da coxa).
Consulte também: coxa, fêmur.

COXIM

Substantivo latino *Pulvinus*, de almofada. Coxim é o nome dado para descrever as estruturas que apresentam capacidade de absorção de impacto ou vibrações pelo corpo. Por exemplo: Meniscos (placas de fibrocartilagem em forma de meia lua entre os côndilos do fêmur e da tíbia); Discos intervertebrais (discos de fibrocartilagem situados entre uma vértebra e outra na coluna vertebral); etc.
Consulte também: disco.

CRANIAL

Adjetivo relativo ao crânio, plano que permeia o topo da cabeça, oposto ao caudal que passa sobre a plana dos pés.
Consulte também: calvária, escalpo.

CRANIANO

Adjetivo relativo ao crânio.
Consulte também: crânio.

CRÂNIO

Substantivo latino *Cranium, Cranii*, esqueleto da cabeça. Crânio é o nome dado para os ossos que se articulam na cabeça. O mesmo que cabeça óssea. O crânio é a estrutura óssea que protege o cérebro, o cerebelo e o tronco encefálico, constituído por 22 ossos unidos por articulações imóveis (suturas), exceto para a mandíbula, único osso móvel do crânio. O crânio possui 8 ossos articulados no crânio neural (neurocrânio), sendo 4 ossos ímpares (frontal, etmoide, esfenoide e occipital) e 2 ossos pares (temporal e parietal). O esqueleto da face possui 15 ossos irregulares que constituem o crânio facial (viscerocrânio), sendo 3 ossos ímpares (mandíbula, etmoide e vômer) e 6 ossos pares (maxila, concha nasal inferior, zigomático, palatino, nasal e lacrimal). Muitos ossos do crânio facial possuem cavidades cheias de ar (maxila, frontal e esfenoide), diminuindo o peso da cabeça sobre o pescoço. Estes ossos são classificados como ossos pneumáticos. A base do crânio é cravejada de forames, canais e óstios, permitindo a passagem de artérias, veias e nervos para o pescoço.
Consulte também: cabeça.

CREMASTER

Substantivo grego *Kremastér, Kremastérios*, o que serve para suspender, nome dado por Galeno[18], adotado por Celso[19], introduzido por Riolan[20] e descrito por Scarpa[21]. Cremaster é o nome dado para o músculo cremaster, preso em ambos os testículos com extensões do músculo oblíquo interno do abdômen, elevando os testículos em temperaturas mais baixas. A suspensão dos testículos implica em sua aproximação da

---

18 Consulte página 70.

19 CELSO, Aulo Cornélio (25 a.C – 50), foi médico romano que viveu em Gália Narbonense, cujos trabalhos sobre a prática médica em Alexandria sobreviveu a partir de uma vasta enciclopédia contendo tratados sobre dietas, farmacologia e cirurgia.

20 Consulte página 173.

21 Consulte página 75.

cavidade abdominal, que é mais quente que a bolsa escrotal, deixando as gônadas com temperatura próxima a 37 graus célsius.
Consulte também: dartos, escroto.

CRIBRIFORME
Substantivo latino *Cribrum, Cribri,* crivo e *Forme,* aparência. Cribriforme é o nome dado para a lâmina cribriforme do etmoide, situada sobre o assoalho da fossa craniana anterior, cravejada de pequenos forames por onde passam os filamentos do nervo olfatório, partindo do bulbo em direção a cavidade nasal.
Consulte também: etmoide.

CRICOIDE
Adjetivo grego *Krikós, Krikóu,* anel e *Eidos,* forma. Que tem a forma de anel. Por exemplo: Cartilagem cricoide (cartilagem situada na parte inferior da laringe).
Consulte também: laringe.

CRIPTA
Substantivo latino *Crypta, Cryptae,* caverna, gruta. Cripta é o nome dado para as pequenas glândulas situadas nas membranas mucosas dos tegumentos. Por exemplo: Cripta de Lieberkühn[22] (glândulas que se abrem na superfície da túnica mucosa do intestino e secretam enzimas durante a digestão).
Consulte também: folículo.

CRIPTÓZIGO
Adjetivo grego *Kryptós,* oculto e *Zygon,* prisão. Referente ao formato mais estreito da face, de modo que o crânio, quando visto de cima termina ocultando os zigomas.
Consulte também: zigoma.

CRISTA
Substantivo latino *Cristae,* elevação, crista. Crista é o nome dado para a estrutura saliente, estreita, fina e cortante, que se sobressai a superfície. Por exemplo: Crista ilíaca (proeminência rugosa na borda do osso ilíaco do quadril); Crista uretral (proeminência mucosa da uretra prostática, próxima ao utrículo prostático); Crista intertrocantérica (proeminência óssea entre os dois trocanteres do fêmur); Crista *Galli* (proeminência com a forma de uma crista de galo, porção superior intracraniana da lâmina crivada do osso etmoide, serve como ponto de inserção para a

22 LIEBERKÜHN, Johann Nathanael (1711-1756), anatomista, físico e médico alemão.

foice do cérebro).
Consulte também: etmoide.

CRISTALINO

Adjetivo latino *Crystallinus*, de cristal, vidro, cristal, que tem a aparência de cristal ou vidro. O cristalino é a estrutura em forma de lente biconvexa (corpo lenticular) situado entre o humor aquoso e o corpo vítreo do olho.
Consulte também: orbita.

CROSSA

Substantivo francês *Crosse*, cajado pastoral dos bispos símbolo de poder episcopal, do latim *Arcus, Arci*, arco, cajado, báculo. Crossa é o nome dado para a estrutura em forma de arco, cajado. Por exemplo: Cajado do aórtico (porção curvada da aorta, da base do coração até o nível da terceira vértebra torácica).
Consulte também: arco.

CRUCIFORME

Adjetivo latino *Crux*, cruz e *Formis*, em forma, semelhança. Por exemplo: Ligamento cruciforme (ligamento em forma de cruz, situado sobre a face posterior do dente do áxis, fixando o processo odontóide ao arco vertebral anterior do atlas).
Consulte também: atlas, áxis.

CRURAL

Substantivo latino *Cruaralis*, crus, *Cruris*, cruzar, o que atravessa. Crural é o nome dado para a estrutura que pertence à perna. Por exemplo: Fáscia crural (fáscia da perna que funciona como uma cinta de contensão para os músculos que cruzam o joelho); Bíceps crural (bíceps femoral, situado na parte posterior da coxa com inserção que cruza o joelho); Músculo quádriceps femoral (músculo situado na face anterior da coxa cuja as inserções cruzam o joelho).
Consulte também: gastrocnêmio.

CUBITAL

Adjetivo latino *Cubitalis* ou *Ulnaris*. Relativo ao cúbito, ulna. Referente as estruturas que pertencem a região do cotovelo, também chamada de cúbito.
Consulte também: Ulna, cúbito.

CÚBITO

Substantivo latino *Cubitus, Cubiti*, cana do braço, cúbito, cotovelo. Cúbito é o nome dado antigamente ao osso medial do antebraço, a ulna, derivdo da palavra *Cubare*, de reclinar, deitar, devido ao costume dos

romanos se apoiarem sobre os cotovelos durante as refeições, adotando uma postura reclinada sobre a mesa.
Consulte também: ulna.

CUBOIDE

Adjetivo grego *Kuboeidés*, de *Kubos*, cubo e *Êides*, forma. Quem tem a forma de um cubo. Por exemplo: Cúbito (osso curto em forma de cubo, situado na parte superior e lateral do pé).
Consulte também: metatarso.

CUCULAR

Adjetivo latino *Cucullaris*, de *Cucullus*, capuz de frade. Por exemplo: Músculos trapézio (músculo situado sobre os ombros que, junto com seu par contralateral, lembra um capuz, antigamente chamado de multângulo).
Consulte também: trapézio.

CÚLMEN

Adjetivo latino *Culmen*, ponto mais alto. Por exemplo: Cúlmen do epicrânio (parte mais alta do crânio).
Consulte também: calvária.

CUNEIFORME

Adjetivo latino cuneiformes, de *Cuneus*, cunha e *Formis*, forma. Que tem a forma de cunha. O cuneiforme é um dos três pequenos ossos do pé que, junto com o cuboide e o navicular, formam a parte anterior do tarso.
Consulte também: tarso.

CÚNEO

Substantivo latino *Cuneus, Cunci*, cunha. Cúneo é o nome dado para o pequeno lóbulo triangular situado na face interna dos hemisférios cerebrais, limitado anteriormente pelo sulco parietooccipital e posteriormente pelo sulco calcarino.
Consulte também: calcarino.

CÚPULA

Substantivo latino cúpula, *Cupulae*, cuba pequena. Cúpula é o nome dado para a forma curvada do alto da cabeça, o mesmo que abóbada.
Consulte também: abóbada, calota.

CURSO DOS PELOS

Substantivo latino *Flumina Pilorum*, direção dos pelos. Curso dos pelos é o nome dado para o rumo em que os pelos tomam ao crescerem sobre a superfície da pele a contar do folículo piloso, como ocorre com o

redemoinho característico no centro do couro cabeludo, as vezes sobre a linha de implante de cabelo situado na nuca.
Consulte também: cabelo.

CURVATURA

Adjetivo relacionado com a estrutura que é curvada. Por exemplo: Arco palatoglosso (arco musculomembranoso situado próximo ao istmo da cavidade oral).
Consulte também: Arco.

CÚSPIDE

Substantivo latino *Cuspis, Cuspidis,* ponta. Cúspide é o nome dado para a eminência de esmalte situado na face triturante dos dentes molares e pré-molares. É também o nome dado para os folhetos triangulares das valvas atrioventriculares direita e esquerda do coração. Cada cúspide representa uma válvula da valva tricúspide ou bicúspide.
Consulte também: valva, válvula.

CUTÂNEO

Substantivo latino *Cutaneus,* de cútis, pele. Cutâneo é o nome dado para a estrutura que pertence a pele, o mesmo que derme.
Consulte também: derme.

CUTÍCULA

Substantivo latino *Cuticulae,* diminutivo de cútis, pele. Cutícula é o nome dado para a fina faixa de camada córnea sobre a margem situada próxima a raiz da unha, entre a pele e a inserção ungueal.
Consulte também: Unha.

CUTICULAR

Adjetivo relativo à cutícula ou à cútis, pele.
Consulte também: cútis.

CÚTIS

Substantivo latino *Cútis* relativo à pele. Cútis é o nome dado para o conjunto de tecido epitelial e conjuntivo que reveste externamente o corpo dos animais.
Consulte também: pele.

D

DÁCRIO

Substantivo grego *Kákryon, Dádryou,* do que vem da lágrima. Dácrio é o nome dado antigamente para o ponto craniométrico situado na raiz do nariz, a partir do encontro do osso frontal com o lacrimal e os ramos ascendentes da maxila.
Consulte também: glabela.

DARTOS

Adjetivo grego *Dartós,* escorchado, descascado, esfolado, arrancado. Invólucro dos testículos pertinente as camadas que compõem o escroto ao qual se adere intimamente. Por exemplo: Túnica dartos (responsável pela manutenção da temperatura dos testículos em ação conjunta com o músculo cremaster). A contração das fibras musculares da túnica dartos, faz com que a bolsa escrotal tenha um aspecto rugoso. De forma semelhante e atendendo o mesmo propósito, o músculo cremaster se contrai para elevar os testículos para perto da cavidade abdominal. As fibras do músculo cremastérico são do tipo estriado esquelético e estão associadas as fibras do músculo oblíquo interno do abdome.
Consulte também: cremaster.

DECLIVE

Adjetivo do latim *Declivis,* relativo a estrutura situada em ladeira.
Consulte também: chanfrado.

DECUSSAÇÃO

Substantivo latino *Decussatio, Decussationis,* de *Decussare,* de cruzar. Decussação é o nome dado para a estrutura que cruza em forma de X, passando de um lado para o outro. Por exemplo: Quiasma óptico (decussação das fibras aferentes entre os dois nervos ópticos, ambos se cruzam de um lado para o outro, mais não completamente, dando a entender que mudaram completamente de lado).
Consulte também: quiasma.

DEDO

Substantivo latino *Digitus, Digiti*, de digito, do grego *Dáktylos, Dáktylou*, dedos, artelhos. Dedo (dedos) é o nome dado para os antigos artelhos, ou seja, para os dedos das mãos e dos pés. Os dedos são prolongamentos de tamanho variável situados nas mãos e nos pés, num total de cinco dedos para cada segmento, sendo que o primeiro dedo da mão é o polegar, conhecido como dedo opositor, e do pé o hálux, conhecido popularmente como dedão. Do ponto de vista anatômico, cada dedo apresenta três falanges: proximal, média e distal, exceto para o primeiro dedo, pois o polegar e o hálux não possuem a falange média.
Consulte também: artelho.

DEFERENTE

Adjetivo latino *Deferens, Deferentis*, de *de*, para fora e *ferre*, levar, conduzir. Que leva para fora. Por exemplo: Ducto deferente (ducto que conduz e armazena o esperma do testículo até as vesículas seminais).
Consulte também: eferente.

DELTOIDE

Substantivo e adjetivo da letra grega *Delta*, igual a letra delta maiúscula. Deltoide é o nome dado para a estrutura cuja forma lembra um triângulo isóscele. Por exemplo: Músculo deltoide (músculo situado na extremidade do ombro).
Consulte também: pirâmide, piramidal.

DENTADO

Adjetivo latino *Dentatus*, de *Dens, Dentis*, do grego *Odontotós*, de *Ondóus, Odóntos*, dente. Por exemplo: Corpos (núcleos) dentados (situados na parte interna dos hemisférios cerebrais); Músculos dentados (músculos do tórax cuja as inserções se fazem nas costelas por meio de digitações).
Consulte também: dente.

DENTAL

Adjetivo latino *Dentalis*, relativo aos dentes. O mesmo que dentário.
Consulte também: dente.

DENTE

Substantivo latino *Dens, Dentis*. do grego *Odóus, Odóntos*, dente. Dente é o nome dado para cada um dos órgãos duros implantados nas arcadas dentárias que constituem a margem inferior da maxila e superior da mandíbula. Os dentes são órgãos duros da mastigação, com funções diferenciadas devido a seu formato. Os incisivos servem para cortar, os caninos, devido o formato pontiagudo, são úteis para perfurar e rasgar a carne e os molares, para macerar e triturar alimentos mais duros. Para

os seres humanos, a ordem natural de crescimentos dos dentes ocorre a partir de duas dentições: a dentição de leite, com 20 dentes e a dentição permanente, com 32 dentes, cuja a troca se inicia a partir dos seis anos de idade. Os dentes de leite, termo extraído do latim *Decídua,* que está propenso a cair, recebem esta denominação devido sua coloração leitosa. O siso é o último dente permanente a crescer a partir dos 18 anos de idade, por isso é chamado de dente do juízo, da responsabilidade. A ordem natural dos dentes permanentes ocorre em pares: incisivos centrais (4), incisivos laterais (4), caninos (4), pré-molares (8) e molares (12), totalizando 32 dentes. Do ponto de vista anatômico, um dente apresenta: raiz, colo, corpo, coroa, esmalte, dentina e cavidade pulpar.
Consulte também: odontoide, dentina.

DENTE BARRADO
Adjetivo relativo ao dente molar cuja raiz alcança a porção do osso que compõem a arcada dentária.
Consulte também: dente

DENTE DE LEITE
Adjetivo relativo aos primeiros dentes que crescem na boca e depois caem, sendo substituídos por outros mais fortes. Recebem este nome devido seu surgimento no período em que a criança está amamentando e pela sua cor leitosa.
Consulte também: dente.

DENTE DO SISO
Adjetivo relativo aos últimos dentes que crescem na boca, que só nascem depois da puberdade, quando se presume que o jovem começa a ter juízo.
Consulte também: dente.

DENTINA
Substantivo *Dentinum,* substância do dente. Dentina é o nome dado para o tecido conjuntivo calcificado que é mais duro que o próprio osso, devido a concentração de hidroxiapatita.
Consulte também: dente, esmalte.

DEPRESSOR
Adjetivo latino *Deprimere,* abaixar, descer e *Actor,* agente, referente os músculos que deprimem certas partes do corpo. Por exemplo: Músculo abaixador do ângulo da boca (músculo da mímica facial que traciona para baixo o canto da boca, resulta na expressão de depressão, tristeza, angústia).
Consulte também: detrusor.

DERMÁTOMO

Substantivo grego *Derm*, pele, *Tomos*, corte, o mesmo que corte de pele. Dermátomo é o nome dado para a região de pele inervada por fibras aferentes provenientes do gânglio sensitivo do nervo espinhal, contínuo com a raiz posterior do nervo espinhal.
Consulte também: nervo.

DERME

Substantivo latino *Dermis, Corium*, de couro, pele. Derme é o nome dado para o tecido conjuntivo espesso e vascularizado situado abaixo da epiderme.
Consulte também: epiderme, pele.

DESMOCRÂNIO

Substantivo grego *Desmós, Demóu*, ligamento e *Kraníon*, crânio. Desmocrânio é o nome dado para o crânio membranoso em desenvolvimento no embrião, constitui a abóbada craniana a partir do amadurecimento dos ossos do crânio neural e facial.
Consulte também: abóbada, crânio.

DESMODONTE

Substantivo do latim *Desmodontium*, de *Desmós*, ligamento e *Odous*, dente. Desmodonte é o nome dado para o ligamento dentário que fixa a raiz do dente a parede óssea da cavidade alveolar da arcada dentária.
Consulte também: cimento (cemento).

DETRUSOR

Adjetivo latino *Detrudere*, repelir, expulsar, e *Actor*, agente de ação. Por exemplo: Músculo detrusor da bexiga (músculo que comprime a bexiga durante a micção).
Consulte também: depressor.

DIAFANIZAÇÃO

Adjetivo latino de *Dia*, através e *Phánein*, brilhar, referente a prática e a técnica de diafanizar, ver através, claramente, de translúcido. Consiste no processo químico empregado no estudo da Anatomia, Histologia e Fisiologia, para tornar transparentes os tecidos, permitindo visualizar as camadas e a compartimentação dos órgãos.
Consulte também: epitélio.

DIÁFISE

Substantivo grego *Diaphysis, Diá*, separação e *Physis, Physeos*, produção natural. Diáfise é o nome dado para a estrutura separada da extremidade do corpo de um osso em crescimento. Por exemplo: Diáfise do úmero

(corpo do osso separando das duas epífises ou extremidades).
Consulte também: epífise.

DIAFRAGMA

Substantivo latino *Diaphragmatis*, do grego *Diaphrágmatos*, de *Diá*, entre, através e *Phrágma*, septo, parede. Diafragma é o nome dado para o músculo diafragma situado entre a cavidade do tórax e do abdômen, cuja forma lembra um guarda-chuva aberto, ligeiramente circular, carnudo, com o centro perfurado para a passagem do esôfago, veia cava inferior e aorta abdominal, sendo o principal músculo da respiração. Diafragma é também o nome dos músculos do assoalho pélvico.
Consulte também: septo.

DIARTRANFIARTROSE

Substantivo latino *Diarthrósis*, de *Diá*, extensão, mais de um e *Arthrósis*, junta, articulação e do grego *Amphiartrósis*, de *Amphí*, iguais, de ambiguidade, e *Arthrósis*, articulação, de junta. Diartranfiartrose é o nome dado antigamente para as articulações com características diartrodiais e de anfiartroses, cujo material interposto (fibrocartilaginoso) permite certo grau de movimento e resistência. Por exemplo: Sínfise púbica (diartranfiartrose situada entre os púbis, articulação do tipo sínfise); Sacroilíaca (diartranfiartrose situada entre as faces auriculares do osso ílio e do osso sacro, articulação composta sinovial anterior e uma sindesmose posterior).
Consulte também: anfiartrose, diartrose.

DIARTRODIAL

Adjetivo relativo à diartrose, articulações móveis com alto grau de mobilidade.
Consulte também: diartrose.

DIARTROSE

Substantivo grego *Diarthrósis*, de *Diá*, extensão, mais de um e *Arthrósis*, junta, articulação. Diartrose é o nome dado para as articulações sinoviais que apresentam diferentes tipos de movimentos: flexão, extensão, abdução, adução, rotação e circundação. As articulações sinoviais são classificadas com base no formato da extremidade articular do osso, podendo ser: plana, gínglimo, trocoide, elipsoide (condilar), selar e esferoide. Por exemplo: Articulação escapuloumeral (diartrose situada no ombro, articulação sinovial do tipo esferoide, entre a cabeça do úmero e a cavidade glenoidea da escápula); Atlantoaxial (diartrose situada entre as vértebras o atlas C1 e o áxis C2, articulação sinovial do tipo trocoide); Articulação capometacarpal (diartrose situada entre o osso trapezoide

do carpo e o primeiro metacarpo); etc.
Consulte também: sinovial, sindesmose.

DIÁSTEMA

Adjetivo grego *Diastema*, espaço, intervalo e *Dia*, entre, através e *Temein*, afastar.
Consulte também: antro, abdução.

DÍDIMO

Adjetivo latino *Didymus*, do grego *Dídymos*, duplo, gêmeo. Antigo nome usado para designar os testículos, por estarem quase sempre juntos, um ao lado do outro, como se fossem gêmeos.
Consulte também: epididímo, testículo.

DIENCÉFALO

Substantivo latino *Diencephalon*, de estrutura que está entre, de modo intermediário e *Enkephalos*, cérebro, de cerebral. Diencéfalo é o nome dado para o conjunto de estruturas e órgãos neurais situados de maneira intermediária entre os dois hemisférios do cérebro, ocupando uma posição central e estratégica do ponto de vista funcional. O diencéfalo está dividido em dois, de modo que o terceiro ventrículo ocupa o centro do diencéfalo, acima do mesencéfalo e do cerebelo, abaixo do corpo caloso. Do ponto de vista anatômico, o diencéfalo é formado pelo tálamo, hipotálamo e pela hipófise, sendo que o tálamo constitui mais da metade do diencéfalo. O diencéfalo é o núcleo central do encéfalo, circundado pelos hemisférios cerebrais, contendo vários núcleos neurais responsáveis pelo processamento sensitivo e motor. A glândula hipófise se estende do hipotálamo até a fossa hipofisária, situada no centro do osso esfenoide, onde fica alojada.
Consulte também: Encéfalo.

DIGÁSTRICO

Adjetivo e substantivo latino *Digastricus*, do grego *Dis*, duas vezes e *Gastér*, de ventre. Digástrico é o nome dado para o músculo formado por dois ventres conectados por um tendão intermediário. Por exemplo: Músculo digástrico (situado no assoalho da cavidade da boca, eleva o osso hioide e a laringe durante a mastigação e a fala); Músculo omo-hioideo (situado inferiormente ao osso hioide durante a deglutição); Músculo milo-hioideo (compõem o assoalho muscular da cavidade da boca, comprimindo o palato durante a deglutição).
Consulte também: bíceps.

DIGESTÓRIO

Adjetivo latino *Digestorius*, de *Digere*, de trânsito, que transita para outras partes. Refere-se ao sistema digestório, formado por órgãos e glândulas onde ocorre as funções digestivas. O sistema digestório (digestivo) é composto por um canal alimentar, um longo tubo longo, sinuoso de calibre variável, chamado também de tubo digestivo, que se estende da boca ao ânus. Durante seu trajeto, o canal alimentar sofre inúmeras modificações anatômicas, determinando o surgimento de inúmeros órgãos (boca, esôfago, estômago, intestino delgado, grosso e ânus) e glândulas anexas (fígado e pâncreas).
Consulte também: estômago.

DÍPLOE

Adjetivo latino *Diplois, Diploidis*, vestido dobrado, do grego *Diplóe, Dplóes*, coisa dupla ou duplicado. Refere-se a camada de tecido ósseo esponjoso situada entre as duas lâminas compactas dos ossos do crânio. De acordo com a origem terminológica, díploe é a duplicidade das duas lâminas interna e externa. Mais a díploe propriamente dita, e é o que frequentemente determinamos no estudo prático da anatomia, está situada de maneira intermediária entre as duas camadas compactas. Repare que a díploe é porosa e cavernosa, um forte indício de adaptação evolutiva dos ossos do crânio, pois permite dar leveza e capacidade de absorção de impactos sobre a cabeça.
Consulte também: crânio.

DIPLOICO

Adjetivo relativo à díploe.
Consulte também: díploe.

DISCO

Substantivo latino *Discus*, disco, discoide. Disco é o nome dado para as estruturas achatadas e arredondadas nas bordas, cuja forma circular apresenta espessura variável. Por exemplo: Disco intervertebral (estrutura discoide de fibrocartilagem feito um coxim entre as vértebras da coluna vertebral, exceto para as vértebras sacrais e coccígeas); Disco articular (estrutura discoide entre os púbis, disco interpúbico).
Consulte também: coxim.

DISSECAR

Verbo latino *Dissecare*, cortar, retalhar. Consiste no ato de separar em parte menores, cortando e retirando a carne presa aos ossos sem danificá-los, de modo que as partes separadas possam ser reunidas novamente para o estudo da Anatomia dos sistemas e aparelhos do corpo.
Consulte também: anatomia, dissecção.

DISSECÇÃO

Substantivo latino *Dissectio, Dissectionis* de *Dis,* partícula disjuntiva e *Sectio, Sectionis,* ação de dividir, cortando. Do grego, *Anatomé, Antomés,* de *Aná,* através, de permeio e *Tomé,* corte. Consiste na prática de cortar e separar em partes o corpo, para em seguida estudá-las sistematicamente. O mesmo que dissecação.
Consulte também: anatomia, dissecar.

DISTAL

Adjetivo latino *Distare,* aquilo que está distante, afastado. Refere-se as extremidades dos membros que ficam naturalmente afastadas de sua origem. Por exemplo: Falange distal (último osso do dedo, falange mais afastada da raiz do dedo).
Consulte também: proximal, medial.

DIVERTÍCULO

Substantivo latino *Diverticulum, Diverticula,* caminho secundário. Divertículo é o nome dado para as formações saculares que percorrem os colos: ascendente, transverso, descendente e sigmoide, contribuindo para a aparência enrugada do intestino grosso. Os divertículos formam pequenas bolsas sequenciais, podendo ser associados a pequenos caminhos, rumos diferentes ou secundários que são encontrados no último intestino do canal alimentar. A diverticulite é uma condição patológica que atinge o intestino grosso, causando inflamação e podendo, em situações mais graves, provocar ulcerações na parede do órgão provocando hemorragia interna. Foi esta a situação clínica que matou o candidato e presidente eleito Tancredo Neves[23].
Consulte também: haustro.

DOLICOCEFALIA

Substantivo do grego *Dolchós,* alongado e *Kephalé,* cabeça. Dolicocefalia é o nome dado para o crânio com características antropológicas associadas a Anatomia de um ancestral comum dos seres humanos, cuja forma alongada no sentido ântero-posterior ultrapassa o diâmetro horizontal no sentido lateral da cabeça.
Consulte também: acrocefalia, braquicefalia.

DOLICOCÉFALO

Refere-se ao indivíduo que tem o crânio oval, sendo o diâmetro transversal menor. Pessoas com crânios dolicocéfalos são mais frequentes em

---

23 Tancredo Neves (1910-1985), foi candidato e presidente eleito no Brasil em 21 de abril de 1986, faleceu devido as complicações clínicas de uma diverticulite severa, antes de tomar posse como presidente da república.

países do ocidente e do mediterrâneo.
Consulte também: dolicocefalia.

DORSAL

Adjetivo latino *Dorsualis*, de *Dorsum, Dorsi*, dorso, costas, do grego *Nótos*, notou. O que tem relação com a parte posterior do tronco, dorso. É também a característica da face que se opõem ao ventre. Por exemplo: Dorso da língua (oponente ao céu da boca, face dorsal onde se entra as papilas gustativas). Utilizamos o termo dorsal, principalmente para as partes que compõem o tronco, como face dorsal ao invés de face posterior, da mesma forma que se diz face ventral ao invés de face anterior.
Consulte também: costas.

DORSO

Substantivo latino *Dorsum, Dorsi*, costas, do grego *Nôtos*, referente ao dorso do homem. Dorso é o nome dado para a parte posterior do tronco, da última vértebra cervical até a última vértebra lombar. Também é como chamamos a parte superior e convexa da língua, da parte que vai da raiz a ponta do nariz, da face referente as costas da mão, da superfície exposta do pé e de qualquer outra parte do corpo que apresenta uma face ventral oposta ao dorso.
Consulte também: costas.

DÚCTULO

Substantivo latino *Ductulus*, diminutivo de *Ductus*, de ducto. Ducto é o nome dado para os condutos tubulares necessários para conduzir de um lugar para o outro certas substâncias e fluídos do corpo.
Consulte também: vaso, ducto.

DUODENAL

Adjetivo latino *Duodenalis*, de *Duodenum*, relativo ao duodeno e a qualquer órgão, glândula ou estrutura que se liga ao duodeno. Por exemplo: Recesso duodenal superior e inferior (abertura no peritônio que emborca a flexura duodenojejunal); Prega duodenal superior e inferior (dobras do peritônio fixadas na flexura duodenojejunal); Impressão duodenal (escavação no fígado causado pela pressão de contato da alça do duodeno).
Consulte também: duodeno, intestino.

DUODENO

Substantivo latino *Duodenos, Duodeni*, doze. Duodeno é o nome dado para a primeira parte do intestino delgado que mede 25 centímetros de comprimento, o que resulta aproximadamente no comprimento de 12 dedos perfilados. O duodeno é um órgão retroperitoneal, sendo mais

curto, largo e fixo em comparação com as outras alças intestinais que são contínuas a ele. O duodeno tem a forma da letra C do alfabeto, com concavidade que abraça a cabeça do pâncreas. Inicia-se a partir do esfincter pilórico e vai até a flexura duodenojejunal. Do ponto de vista anatômico, o duodeno apresenta: porção superior (5 cm), descendente (7-10 cm), inferior (6-8 cm) e ascendente (5 cm). A papila duodenal maior, de Vater[24], e a papila duodenal menor, trazem o sulco pancreático e a bile para o interior do intestino, ambas se abrem na porção descendente do duodeno.
Consulte também: intestino.

DURAL

Adjetivo relativo à dura-máter, um dos folhetos meníngeos que envolve o encéfalo.
Consulte também: dura-máter.

DURA-MÁTER

Substantivo latino *Dura, Durae,* firme, forte e *Mater, Matris,* mãe. Dura-máter é o nome dado para a meninge mais externa e espessa das meninges que envolvem o encéfalo e a medula espinhal. A dura-máter está aderida a lâmina óssea compacta da calota craniana, podendo ser vista assim que os ossos são removidos. É uma membrana bilaminar (paquimeninge), sendo o folheto externo (periosteal) formado pelo periósteo que recobre a superfície interna da calota craniana, e o folheto interno é contínuo com o forame magno que reveste e acompanha a medula espinhal. A relação entre a calota craniana e a dura-máter ocorre de forma tão intima, que os vasos sanguíneos que percorrem entre os folhetos externo e interno da meninge, deixam as suas marcas (impressões) na superfície interna do osso.
Consulte também: aracnoide e pia-máter.

---

24 Consulte página 38.

E

ÉCRINO

Adjetivo grego *Ek,* fora, de dentro para fora e *Krynos,* secreção, *Krin,* secretar, segregar, separar, relativo as glândulas que produzem secreção sem ruptura do citoplasma celular.

Consulte também: endócrino.

ECTÓPICO

Adjetivo grego *Ek,* fora e *Topos,* de deslocado, fora de lugar, referente a gestação ectópica, fora do útero, associada a gravidez tubária.

Consulte também: tuba, trompa.

EFERENTE

Adjetivo latino *Eferens, Efferentis,* de *Ef,* para fora e *Ferre,* levar, conduzir. Característica de um ducto que transporta para fora as secreções de uma glândula exócrina; de uma fibra nervosa (neurônio) que conduz a informação química (impulso) do centro para a parte periférica do sistema nervoso; de um vaso linfático que saí de um gânglio para desembocar em outro; etc. Por exemplo: Fibras eferentes do bulbo olfatório (neurônios estimulados devidos as reações químicas disparadas pelos receptores olfatórios presentes na mucosa olfatória do nariz); Arteríola glomerular eferente (pequena artéria que saí do glomérulo renal); Veia hipofisária eferente (pequena veia que contribui para a formação do seio cavernoso no cérebro).

Consulte também: aferente.

EFÍPIO

Substantivo grego *Epghíppion, Ephíppiou,* sela, selim, de *Epí,* sobre e *Hippos,* cavalo. Efípio é o nome dado antigamente para a chamada sela túrcica situada no osso esfenoide. Refere-se a cavidade localizada na face superior do corpo do osso esfenoide, também conhecida como sela turca ou túrcica, devido a semelhança com o assento utilizado sobre o lombo dos cavalos usados pelos turcos.

Consulte também: sela.

EIXO
Substantivo latino *Axis*, do grego *Áxon, Áxonos*, de eixo. Eixo é o nome dado para a linha imaginária que passa pelo centro do corpo ou de qualquer órgão que o corte ao meio, permitindo que as metades possam se equilibrar feito uma balança.
Consulte também: áxis.

EJACULATÓRIO
Adjetivo latino *Ejaculare*, jorrar e *Ex*, para e *Jactare*, lançar. Por exemplo: ducto ejaculatório (ducto conectado a vesícula seminal que atravessa a porção posterior da próstata até o óstio do ducto ejaculatório na uretra prostática).
Consulte também: ducto.

ELÍPTICO
Adjetivo grego Elleiptykós, relativo à elipse, das articulações elipsoides ou condilares.
Consulte também: diartrose, côndilo.

EMBRIÃO
Substantivo grego *Émbryon, Émbryou*, de dentro e *Bryo*, germinar. Embrião é o nome dado para o organismo vivo que se desenvolve dentro do útero materno, a partir da fecundação de um óvulo por um espermatozoide. No estudo da embriologia, consideramos que o embrião é o indivíduo que se desenvolve durante o primeiro trimestre de vida intrauterina, a partir deste período o embrião passa a ser chamado de feto até o nascimento.
Consulte também: feto.

EMBRIOLOGIA
Substantivo grego *Embryologia*, de *Émbryon*, embrião e *Logia*, coleta. Embriologia é o nome dado para a ciência que abrange tudo sobre o embrião e seu desenvolvimento. Em sentido mais amplo, Embriologia é a ciência que estuda a formação dos animais desde a sua concepção até o nascimento, considerada ramo da Morfologia.
Consulte também: embrião.

EMBRIONÁRIO
Que diz respeito ao embrião ao estudo da embriologia.
Consulte também: embriologia.

EMINÊNCIA
Substantivo latino *Eminencia, Eminenciae*, altura, elevação, do grego *Hypsolótes, Hypsolótetos*, elevação, sublimidade, altura. Eminência é o nome dado para uma estrutura saliente sobre a superfície de um órgão.

Por exemplo: Eminência intercondilar (estrutura saliente situada entre os côndilos medial e lateral da tíbia); Eminência iliopúbica (saliência entre o ílio e o ramo superior do púbis); Eminência hipotenar (pequena almofada sobre a palma da mão, logo abaixo do dedo mínimo); etc.
Consulte também: côndilo, tubérculo.

EMUNCTÓRIO

Substantivo latino *Emunctorium, Emunctorii*, de *Emungere*, assoar, expelir. Emunctório é o nome dado antigamente para o órgão utilizado para eliminar os líquidos excretados pelo organismo. Por exemplo: Uretra (canal ligado a bexiga para eliminação de urina). Mictório, deriva do conceito associado ao processo de urinar e o que estimula a micção.
Consulte também: uretra.

ENARTRODIAL

O que diz respeito às enartroses, o mesmo que diartroses, articulações sinoviais do tipo esferoide, cuja extremidade arredondada se encaixa sobre uma face articular côncava e profunda.
Consulte também: enartrose, sinovial.

ENARTROSE

Substantivo grego *Enartrôsis*, de *En*, dentro e *Artrôsis*, articulação. Enartrose é o nome dado antigamente para as diartroses. Por exemplo: Articulação do quadril (articulação entre a cabeça do fêmur e a cavidade do acetábulo no quadril).
Consulte também: diartrose.

ENCAIXE

Substantivo referente ao ato de encaixar, acoplar, assentar. Encaixe é o nome dado para uma estrutura em forma de cavidade (receptáculo), destinada à receber outra estrutura cuja forma se adapta perfeitamente a superfície do receptáculo, a isso chamamos de encaixe recíproco, onde ocorre com maior frequência nas articulações sinoviais, na qual a superfície articular das extremidades dos ossos são destinadas uma para a outra. Por exemplo: Acetábulo (cavidade profunda do quadril que recebe a cabeça do fêmur).
Consulte também: encaixe recíproco.

ENCEFÁLICO

Adjetivo relativo ao encéfalo e as estruturas que habitam o interior do crânio, incluindo a medula espinhal que, apesar de não residir dentro do crânio, mantém sua conexão com o tronco encefálico.
Consulte também: encéfalo.

ENCÉFALO

Substantivo grego *Enképhalos*, de em, dentro e *Kaphalé*, cabeça. Encéfalo é o nome dado para o conjunto de órgãos e estruturas situados dentro do crânio. O encéfalo é o conjunto de todas as partes contidas na cavidade craniana que se originam do tubo neural, e que o mesmo se modifica a partir do folheto embrionário (germinativo) do ectoderma. Apesar do cérebro ser o maior órgão situado no interior da caixa craniana, frequentemente observarmos estudantes aprendendo erroneamente que a palavra cérebro é sinônimo para encéfalo. Portanto, encéfalo é o conjunto de órgãos, estruturas e glândulas situadas no interior do crânio. Fazem parte desse conjunto: o cérebro, formado pelos dois hemisférios cerebrais, o diencéfalo, situado abaixo do corpo caloso, o cerebelo, posicionado atrás do tronco encefálico e abaixo dos lobos occipitais, o tronco encefálico, formado pelo mesencéfalo, pela ponte e pelo bulbo. O encéfalo é protegido pelo revestimento de três meníngeas: dura-máter (a mais externa e espessa) aracnoide (membrana intermediária cujo arranjo estrutural lembra uma teia de aranha) e a pia-máter (a mais íntima, fina e delicada das meninges que está aderida a superfície externa dos órgãos encefálicos).
Consulte também: cérebro, cerebelo, meninge.

ENDOCÁRDIO

Substantivo grego *Éndon*, para dentro e *Kardía, Kardías*, coração. Endocárdio é o nome dado para a camada endotelial fina e lisa que reveste o interior dos átrios e ventrículos, das valvas cardíacas e dos grandes vasos da base do coração, diminuindo o atrito da parede do endotélio com o sangue. Ao contrário do miocárdio, o endocárdio não possui a mesma capacidade contrátil.
Consulte também: epicárdio, miocárdio.

ENDOCÉRVICE

Substantivo grego *Endo*, de dentro e latino *Ceruic*, de colo. Endocérvice é o nome dado para a porção do colo do útero que se encontra logo após o orifício cervical externo, que se dobra para o interior do canal vaginal.
Consulte também: cérvice.

ENDÓCRINO

Adjetivo grego *Endo*, dentro e *Krin*, secreta, relativo as glândulas que produzem e secretam substâncias internamente, diretamente na corrente sanguínea, agindo de maneira sistêmica pelo corpo. Por exemplo: Pâncreas (glândula responsável pela secreção de insulina depositada diretamente na corrente sanguínea).
Consulte também: exócrino.

ENDOLINFA

Substantivo latino *Endolympha*, dentro *En*, da linfa, *lympha*. Endolinfa é o nome dado para a pequena quantidade de líquido aquoso contido no interior do labirinto membranoso do aparelho vestibulococlear, situado no interior do osso temporal.
Consulte também: cóclea, labirinto.

ENDOMÉTRIO

Substantivo latino *Endometrium*, camada mais interna do útero, de *En*, dentro. Endométrio é o nome dado para o revestimento interno do útero, sujeito a descamação periódica a cada ciclo menstrual, devido a alteração da taxa hormonal de progesterona, induzindo a vasoconstrição das artérias endometriais causando consequentemente a anóxia do estrato esponjoso. Decorrente a este efeito, parte do tecido morre por falta de oxigenação, precipitando a camada funcional do endométrio, lesionando os pequenos vasos sanguíneos da camada basal do miométrio fazendo-os sangrar por alguns dias. O sangramento escorre pelo colo do útero e pelo canal vaginal até o vestíbulo da vagina, entrando em contato com o meio externo.
Consulte também: perimétrio, miométrio.

ENDOMÍSIO

Substantivo latino *Endomysium*, *En*, dentro, *Mysium*, músculo. Endomísio é o nome dado para a camada profunda de tecido conjuntivo que envolve as fibras musculares. O endomísio é o involucro que penetra no interior de cada fascículo contido no ventre dos músculos esqueléticos, separando individualmente as fibras musculares.
Consulte também: epimísio, perimísio.

ENDONEURO

Substantivo latino *Endoneurium*, *En*, dentro, *Neuron*, fibra nervosa. Endoneuro é o nome dado para a camada conjuntiva que envolve as fibras nervosas. Diferente da bainha de Mielina, que envolve diretamente o axônio do neurônio, o endoneuro reveste o fascículo de um nervo, comprimindo centenas de milhares de neurônios, lado a lado, dentro do endoneuro, como se fossem pequenos bastões encapados.
Consulte também: epineuro.

ENDÓSTEO

Substantivo latino *Endosteum*, *En*, dentro, *Osteon*, osso. Endósteo é o nome dado para a camada conjuntiva que reveste a superfície dos ossos, exceto nas extremidades articulares cobertas por cartilagem. O endósteo contém vasos sanguíneos e terminações nervosas livres especializadas na condução do estímulo doloroso, provocando dor escruciante em

fraturas ósseas.
Consulte também: periósteo.

ENDOTELIAL
Adjetivo relativo ao endotélio.
Consulte também: endotélio.

ENDOTÉLIO
Substantivo latino *Endothelium, Endothelii,* do grego *Éndon,* para dentro e *Thelé,* mama. Endotélio é o nome dado para o epitélio pavimentoso que reveste internamente vasos sanguíneos do aparelho circulatório.
Consulte também: epitélio.

ENSIFORME
Adjetivo latino *Ensiformis* de *Ens, Ensis,* espada e *Forme,* do grego *Xíphos,* espada e *Eidos,* forma, semelhança. Toda estrutura cujo formato lembra uma espada. Por exemplo: Processo xifoide (estrutura pontiaguda cuja forma lembra a ponta de uma espada, situada na extremidade do esterno).
Consulte também: esterno, xifoide.

ENTÉRICO
Substantivo grego *Enterykos, Enteron,* de intestinal, intestinos. Entérico é o nome dado para as estruturas associadas as vísceras abdominais, em relação aos intestinos e ao controle autônomo da musculatura, dos movimentos peristálticos e da atividade glandular entérica, devido a distribuição de nervos eferentes da parte entérica do sistema nervoso autônomo situado no interior da cavidade abdominal.
Consulte também: víscera.

ENTRECRUZAMENTO
Adjetivo latino *Entre,* entre e *Cruciare,* cruzar, o mesmo que cruz. Por exemplo: Ligamento cruciforme (ligamento em forma de cruz preso ao dente do áxis).
Consulte também: cruciforme.

EPACTAL
Adjetivo grego *Epáctos,* acrescentado, intercalado. Palavra que antigamente era utilizada para ressaltar a característica dos ossos vormianos (wormiano), de Wormius[25], de aspecto triangular, que substitui, às vezes, o ângulo superior do osso occipital. Os ossos vormianos são ossos

---

25 WORMIUS, Olaus (1588-1654), foi médico e mestre em Artes, contribuiu para o estudo da embriologia com a descoberta de pequenos ossos que aparecem em alguns espaços do crânio durante o seu desenvolvimento.

supranumerários (sesamoides) que crescem em meio as suturas do crânio e próximo aos centros de ossificação dos ossos em crescimento. Apesar de incomuns, não são tão raros.
Consulte também: sesamoide.

EPÊNDIMA

Substantivo grego *Epéndyma, Ependymatos,* de *Epí* sobre, acima e *Endyma,* revestimento. Epêndima é o nome dado para a membrana delicada que reveste por dentro os ventrículos cerebrais e o canal central da medula.
Consulte também: ventrículo.

EPENDIMÁRIO

Adjetivo que pertence ao epêndima ou de estruturas que recebem este tipo de revestimento.
Consulte também: epêndima.

EPICONDILIANO

Adjetivo que diz respeito ao epicôndilo.
Consulte também: epicôndilo.

EPICÔNDILO

Substantivo grego *Epicôndylos, Epicôndylou,* e *Epí,* sobre o *Kôndylos,* articulação, espessamento. Epicôndilo é o nome dado para as duas tuberosidades situadas na extremidade distal do úmero, uma de cada lado, medial e lateral, servindo de inserção para os músculos epicondilianos.
Consulte também: côndilo.

EPIDERME

Substantivo latino *Epidermis,* do grego *Epidermís, Epidermídos,* de *Epí,* sobre e *Dérma, Dérmatos,* pele, couro. Epiderme é o nome dado para a camada fina sobre a derme e hipoderme. É a camada da pele que está em contato com o meio externo e em permanente processo de renovação das células epiteliais.
Consulte também: derme, hipoderme.

EPIDÉRMICO

Adjetivo que pertence ou está associado à epiderme.
Consulte também: epiderme.

EPIDIDIMÁRIO

Adjetivo que pertence ao epidídimo.
Consulte também: epidídimo.

EPIDÍDIMO

Substantivo grego *Epidídymos,* de *Epí,* sobre o *Dídymos,* duplo, gêmeo, testículo. Epidídimo é o nome dado para o pequeno corpo alongado, vermiforme, pardo de aproximadamente 4 centímetros de comprimento, situado na margem superior e posterior dos testículos. O epidídimo é o órgão onde os espermatozoides sofrem os últimos estágios do processo de maturação. Surge a partir da união dos ductos eferentes que emergem dos testículos, formando inicialmente a cabeça do epidídimo, depois o corpo do epidídimo, em seguida a cauda do epidídimo e por fim, o ducto deferente propriamente dito, responsável pela ejeção do esperma durante a ejaculação, devido a contração espasmódica da parede muscular.

Consulte também: funículo.

EPIFISÁRIO

Adjetivo que concerne às epífises.

Consulte também: apófise.

EPÍFISE

Substantivo grego *Epíphysis, Epiphyseos,* acima, superior, de *Epí* e *Physis,* crescimento. Epífise é o nome dado para as extremidades de um osso longo separadas por um disco de crescimento epifisário. Durante o processo de ossificação, esta cartilagem epifisária é invadida por células ósseas (osteoblastos), que determinam o crescimento a medida que o disco vai ficando mais fino.

Consulte também: diáfise.

EPIGÁSTRICO

Adjetivo que pertence ao epigástrio.

Consulte também: epigástrio.

EPIGÁSTRIO

Substantivo latino *Epigastrium, Epigastrii,* acima do ventre, do grego *Epigástrion,* de *Epí,* sobre, acima e *Gastér,* ventre. Epigástrio é o nome dado para a região situada na parte superior do abdome, entre o apêndice xifoide e o plano subcostal, acima da cicatriz umbilical (umbigo), limitado lateralmente pelo plano lateral direito e esquerdo e posteriormente pela décima segunda vértebra torácica.

Consulte também: gáster.

EPIGLOTE

Substantivo grego *Epiglôttis,* de *Epí,* sobre, acima a *Glôssa* ou *Glôtta,* língua. Epiglote é o nome dado para a cartilagem situada atrás da raiz da língua, próxima a garganta, de consistência elástica, cuja forma lembra

uma folha. Ao deglutir, a língua empurra a epiglote contra o ádito da laringe, desviando a passagem do alimento ingerido para o esôfago.
Consulte também: glote.

EPIGLÓTICO
Adjetivo relativo à epiglote.
Consulte também: epiglote.

EPIMÍSIO
Substantivo latino *Epimydium*, de *Epi*, acima, sobre e *Mydium*, músculo. Epimísio é o nome dado para a camada de tecido conjuntivo que reveste as fibras musculares por fora, reunindo-as em pequenos grupos de fibras chamadas de fascículos.
Consulte também: perimísio, endomísio.

EPINEFRINA
Substantivo grego *Epi*, em cima e *Nephros*,de rim. Epinefrina é o nome dado para o hormônio conhecido como adrenalina, sintetizado pelas glândulas suprarrenais. O termo epinefrina foi descrito por Abel[26].
Consulte também: adrenalina.

EPINEURO
Substantivo latino *Epineurium*, de *Epi*, acima, sobre e *Neuron*, nervo, neurônio. Epineuro é o nome dado para a camada de tecido conjuntivo que reveste as fibras nervosas (nervo) por fora, formado por fibroblastos e por fibras grossas de colágeno.
Consulte também: endoneuro.

EPIPLOICO
Adjetivo que pertence ou se relaciona com o epíploo.
Consulte também: epíploo.

EPÍPLOO
Substantivo latino *Omentum*, *Omenti*, membrana serosa que envolve os intestinos, do grego *Epiploon*, de *Epí*, sobre, acima e *Ploós*, navegação, flutuação. Epíploo é nome dado para as pequenas vesículas peritoneais de gordura que se prendem as vísceras abdominais, de modo que parecem flutuar dentro da cavidade abdominal, sem prejudicar as contrações peristálticas da digestão. Por exemplo: Apêndice epiploico (vesículas de gordura peritoneal semelhante à pequenos cachos de uva presos

---

26 ABEL, John Jacob (1857-1938), da Johns Hopkins Medical School, foi um farmacologista norte-americano que isolou o princípio ativo da adrenalina a partir do extrato da glândula suprarrenal e chamou esta substância de epinefrina.

ao omento maior).
Consulte também: gordura.

EPITÁLAMO
Substantivo latino *Epithalamus*, de diencéfalo, *Epi*, de sobre, acima e *Thalamus*, de tálamo, leito. Epitálamo é o nome dado para a parte do diencéfalo que representa uma divisão do tálamo, assim como o corre com o metatálamo e o hipotálamo, situado na face posterior do diencéfalo, constituindo a parede dorsal do terceiro ventrículo cerebral.
Consulte também: tálamo, metatálamo e hipotálamo.

EPITELIAL
Adjetivo que ser refere ao epitélio.
Consulte também: epitélio.

EPITÉLIO
Substantivo grego *Epí*, sobre, acima e *Thlé, Thelés*, mama, mamilos, papilas. Epitélio é o nome dado para o tecido que antigamente era confundido com a epiderme dos mamilos e dos lábios da boca. O epitélio é o revestimento sobre a superfície de qualquer parte interna do corpo. Por exemplo: Mucosa (epitélio que reveste o interior da cavidade oral, da laringe, da cavidade nasal, do esôfago, etc.).
Consulte também: epiderme.

EPITRÓCLEA
Substantivo grego de *Epí*, sobre, acima e *Trochilía*, polia, molinete, carretel. Epitróclea é o nome dado para a eminência irregular e ligeiramente arredondada situada na parte interna (medial) do úmero, acima da tróclea, sinônimo de epicôndilo medial.
Consulte também: tróclea.

EPITROCLEANO
Adjetivo relativo à epitróclea.
Consulte também: epitróclea, epicôndilo e tróclea.

EPONÍQUIO
Substantivo grego *Eponychium*, de *Epi*, sobre, acima e *Onyx*, unha. Eponíquio é o nome dado para a parte da unha junto a pele dos dedos, conhecida popularmente como cutícula.
Consulte também: cutícula.

EPOÓFORO
Substantivo grego *Epoophoron*, de *Epi*, sobre, acima e *Oon*, de ovo e *Phoro*, do ato de conduzir, levar. Epoóforo é o nome dado para a estrutura que se forma sobre os ovários, como parte remanescente (rudimentares)

do sistema mesonéfrico, de tubos excretores presos no mesovário. Posteriormente, na vida adulta o epoóforo pode se transformar em um cisto de Gärtner[27] que resulta da má formação do feto durante a gestação.
Consulte também: ovário.

EQUADOR
Substantivo latino *Equator*, de equilibrado, igual. Equador é o nome dado antigamente para a divisão equilibrada em ambas as partes, aquilo que está entre o ponto médio de duas metades.
Consulte também: medial, sagital.

EREÇÃO
Adjetivo latino *E*, para fora com intensidade e *Reg*, levantar, erguer, termo relativo ao endurecimento e aumento do pênis, do clitóris e dos mamilos a partir da interação física e neurológica, desencadeando processos fisiológicos que alteram o estado vascular e endócrino do organismo, vinculado ao estímulo e atividade sexual.
Consulte também: pênis, clitóris.

ESCAFA
Adjetivo latino e grego *Scapha*, de canoa, barco. Por exemplo: Escafoide (pequeno osso da fileira proximal do carpo, cuja forma lembra uma pequena embarcação, canoa).
Consulte também: escafoide.

ESCAFA
Substantivo provavelmente grego *Scapha*, de canoa. Escafa é o nome dado para a região da orelha em forma de canoa próximo ao tubérculo da orelha, de Darwin[28].
Consulte também: orelha.

ESCAFOCEFALIA
Substantivo do grego *Skáphos*, de cavidade e *Kephalé*, cabeça, crânio. Escafocefalia é o nome dado para o crânio cujo formato lembra um pequeno barco.
Consulte também: escafoide, pirgocefalia.

---

27 GÄRTNER, Joseph (1732-1791), foi professor de anatomia e botânica em Tübingen e São Petersburgo.

28 DARWIN, Charles (1809-1882), como indicado por ele, um dos sinais de que o corpo humano está evoluindo e se adaptando, modificando estruturas sem utilidade.

ESCAFOCÉFALO

Adjetivo que tem escafocefalia.
Consulte também: escafocefalia.

ESCAFOIDE

Substantivo e adjetivo grego *Skaphós,* barco e *Eidos,* forma. Escafoide é o nome dado para a estrutura cuja forma lembra um pequeno barco. Por exemplo: Osso escafoide (osso situado entre os ossos do carpo na mão, é o mais grosso e externo da fileira proximal do carpo, articulando-se com o trapézio e o semilunar pelas laterais e adiante, com o trapezoide e o capitato).
Consulte também: escafa, carpo.

ESCAFOIDIANO

Adjetivo que diz respeito ao escafoide.
Consulte também: escafoide.

ESCALENO

Adjetivo latino *Scaleuns,* que tem três lados desiguais, do grego *Skalenós,* desigual, oblíquo. Por exemplo: Músculos escaleno (músculo situado no pescoço com porção anterior, médio e posterior, que vão das extremidades transversais das vértebras cervicais até a primeira e segunda costelas). Os escalenos atuam principalmente no pescoço, mais auxiliam na elevação dos dois primeiros arcos costais durante a inspiração, aliviando a compressão e diminuindo a pressão intratorácica, permitindo que o ar entre pelos pulmões.
consulte também: pescoço.

ESCAMA

Substantivo latino *squama, squamae,* de escama, do grego *Lepís, Lépidos,* cola, de *Lépos, Lépou,* saltado. Escama é o nome dado para a lâmina óssea análoga as escamas dos peixes de água doce. Por exemplo: Escama do osso frontal (parte do osso frontal que se sobrepõem aos demais ossos); Escama do osso temporal (parte do osso temporal que se sobrepõem aos demais ossos). O crescimento de ossos escamados é chamado de cavalgamento ósseo, resultando na sobreposição de um osso sobre o outro, de modo que pode ser apalpado sobre a superfície do crânio. O cavalgamento ósseo pode ser considerado uma deformidade do processo de ossificação, em decorrência do encaixe irregular dos ossos do crânio.
Consulte também: sutura, sinostose.

ESCAMOSO

Adjetivo latino *Squamosus,* de escama, do grego *Lepidôdes,* cuja forma lembra as escamas dos peixes de água doce.
Consulte também: escama.

ESCÁPULA

Substantivo latino *Scapula, Scapulae,* ombro, ombreira, do grego *Ômos, Ômu,* de ombro. Escápula é o nome dado para o osso que compreende o ombro, um de cada lado, juntamente com a clavícula constituem a cintura escapular, responsável pela estrutura óssea que prende os braços ao tronco. A escápula é um osso plano de formato triangular, o maior osso da cintura escapular, situado sobre o tórax, projetado para trás e ligeiramente para fora, alinhado superiormente com a segunda e inferiormente com a sétima costela. Do ponto de vista anatômico, a escápula apresenta: face subescapular, processo coracoide, acrômio, espinha da escápula, incisura da escápula, fossa supra e infraespinhal, cavidade glenoidea, ângulo superior, lateral e inferior, e margens, superior, medial e lateral.
Consulte também: omoplata.

ESCAPULAR

Adjetivo que pertence a escápula, o mesmo que omoplata.
Consulte também: escápula, omoplata

ESCAVAÇÃO

Substantivo latino *Excavatio,* de escavado, buraco fundo. Escavação é o nome dado para a cavidade ligeiramente funda e proeminente. Por exemplo: Escavação reto uterina (espaço situado entre o reto e o útero); Escavação reto vesical (espaço situado entre o reto e a bexiga urinária masculina); Escavação vesico uterina (espaço situado entre a bexiga urinária e o útero).
Consulte também: espaço.

ESCAVAÇÃO PELVIANA

Substantivo latino *Excavatio,* de escavado e *Pelvis,* pelve, bacia. Escavação pelviana é o nome dado antigamente para a cavidade pélvica situada no quadril, popularmente conhecida como bacia.
Consulte também: pelve, bacia.

ESCLERA

Substantivo latino *Sclera,* de duro, seco, do grego *Skleros,* duro, firme. Esclera é o nome dado para a parte branca e opaca do olho. A esclera faz parte da túnica fibrosa do bulbo do olho que compreende o esqueleto fibroso externo, garantindo a forma globosa e, de certa forma, resistente

do globo ocular. A esclera é o local de fixação dos seis músculos extrínsecos: reto superior, inferior, medial, lateral, oblíquo superior e inferior, responsáveis pela movimentação do globo ocular, e dos músculos intrínsecos da íris (músculo dilatador e esfíncter da pupila) e do corpo ciliar (músculo ciliar). O mesmo que esclerótica.
Consulte também: corioide.

ESCOLIOSE
Substantivo provavelmente latino *Scoliosis*, de oblíquo, curvado. Escoliose é o nome dado para a curvatura lateral e anormal da coluna vertebral, juntamente com a rotação das vértebras, de modo que o indivíduo ao se curvar para frente arrasta os processos espinhosos das vértebras para o lado da concavidade da curva, ao mesmo tempo que gira as costelas para trás e para o lado da convexidade. A escoliose é prejudicial à saúde e desestrutura a coluna vertebral, dando a coluna a forma da letra S do alfabeto.
Consulte também: cifose, lordose.

ESCROTAL
Adjetivo relativo ao escroto ou bolsa escrotal.
Consulte também: escroto.

ESCROTO
Substantivo latino *Scrotum, Scroti*, saco, bolsa, do grego *Orchípedon, Orchípedou*, de *Orchís*, testículo e *Pédon*, morada, abrigo. Escroto é o nome dado para a bolsa escrotal, envoltório cutâneo que abriga e protege os dois testículos, direito e esquerdo. O escroto, ao ser examinado externamente, observa-se uma linha escura de pele (rafe do escroto) que divide a bolsa em duas partes. A pele que recobre a bolsa escrotal é contínua com a pele do períneo, porém de aparência rugosa, principalmente em temperaturas mais baixas, é coberta por pelos longos, finos e esparsos e provida de folículos sebáceos. A manutenção da temperatura interna da bolsa escrotal ocorre por meio de um sistema de fibras musculares, que inclui o músculo oblíquo interno (músculo cremáster) e fibras de músculo liso (músculo dartos), fazendo com que a bolsa se aproxime ou se afaste da cavidade abdominal. Ou seja, em temperaturas mais baixas os músculos escrotais (dartos e cremáster) se contraem permitindo os testículos se aquecerem próximos a cavidade abdominal, ocorrendo o inverso em temperaturas mais altas. Do ponto de vista anatômico, a constituição do escroto ocorre em camadas (de fora para dentro), seguindo esta ordem: (1) pele do escroto, (2) túnica dartos, (3) fáscia espermática externa, (4) músculo cremaster, (5) fáscia espermática interna, (6) túnica do testículo (lâmina parietal), (7) túnica do testículo (lâmina visceral),

(8) túnica albugínea.
Consulte também: bolsa, testículo.

ESFENOCEFALIA
Substantivo grego *Sphén, Shpenós,* objeto em forma de cunha e *Eidos,* forma e *Kephalé,* cabeça. Esfenocefalia é o nome dado para a condição em que a cabeça do feto é caracterizada por dois olhos bem afastados e orelhas bem próximas, dando a cabeça a forma de uma cunha (cuneiforme), pontiaguda. O mesmo que esfenocéfalo.
Consulte também: Pirgocefalia.

ESFENOIDAL
Adjetivo, o mesmo que esfenoide.
Consulte também: esfenoide.

ESFENOIDE
Substantivo grego *Sphén, Sphénos,* mariposa, vespa e *Óide* ou *Eidos,* forma. Esfenoide é o nome dado para o osso irregular e pneumático situado na base do crânio, como se fosse uma borboleta ou mariposa com suas asas abertas, a frente do osso occipital. O osso esfenoide possui ramificações (asas) que se estendem em diversos pontos do crânio. Por isso, não é incomum localizar partes do osso esfenoide longe da base do crânio, tanto no crânio da face (viscerocrânio), quanto no crânio neural (neurocrânio), podendo ser identificado em ângulos diferentes.
Consulte também: crânio.

ESFÍNCTER
Substantivo latino *Sphíngein,* apertar, cerrar, estreitar, do grego *Sphinktér, Sphinktéros,* laço, bracelete, atar, segurar. Esfíncter é o nome dado para certos músculos circulares, servindo para fechar aberturas ou canais naturais, como o ânus, a bexiga, o estômago, etc. Por exemplo: Esfíncter interno da uretra (músculo involuntário que controla a ação mictória, interrompendo ou liberando o fluxo de urina pela uretra).
Consulte também: Cárdia, Pilouro, ânus.

ESMALTE
Substantivo latino *Enamelum,* de encrustado, fundido permanentemente. Esmalte é o nome dado para o composto mais duro do corpo, formado principalmente de fosfato de cálcio e carbonato de cálcio. Devido a sua concentração de sais de cálcio, o esmalte é mais duro do que o próprio osso. A função primordial do esmalte é proteger a dentina contra erosões causadas por reações químicas, a partir da deposição de restos de alimentos após a mastigação, inclusive contra ácidos e microrganismos patológicos. O esmalte confere o brilho laminar e natural dos

dentes permanentes.
Consulte também: dente.

ESMEGMA

Substantivo latino *Smegma, Smegmatis,* do grego *Smégma, Smégmatos,* sabão. Esmegma é o nome dado para a substância esbranquiçada, de mal cheiro, pastosa, semelhante ao sabão, que se acumula no sulco balanoprepucial, situado entre a glande (cabeça) e o corpo do pênis. O esmegma é também depositado no clitóris, nas dobras dos pequenos lábios e no vestíbulo vaginal nas mulheres, dotado de um cheiro desagradável que lembra o odor de peixe podre.
Consulte também: glande, clitóris.

ESÔFAGO

Substantivo latino *Oesophagus,* levar, conduzir, comer, do grego *Oisophágos, Oisophágou,* onde *Óiso* significa levar, conduzir e *Phagein,* comer. Esôfago é o nome dado para o canal alimentar musculomembranoso que surge a partir da faringe, servindo para conduzir o alimento mastigado e deglutido até o estômago.
Consulte também: faringe, estômago.

ESPAÇO

Adjetivo latino *Spatium,* de intervalo, área delimitada, local reservado. Por exemplo: Espaço episcleral (entre a bainha do bulbo do olho e a esclera), Espaço extradural (entre a lâmina compacta interna do crânio e a dura-máter); Espaço supra esternal (local escavado sobre a incisura esternal preenchido por gordura); etc.
Consulte também: Antro, Seio, Recesso.

ESPERMA

Substantivo latino *Sperma, Spermatis,* semente, do grego *Spérma, Spérmatos,* semente, germe. Esperma é o nome dado para o líquido esbranquiçado, viscoso feito goma de amido, de cheiro particular que lembra água sanitária, produzido no interior dos testículos contendo centenas de espermatozoides. Durante a ejaculação o esperma armazenado no ducto deferente é misturado com o líquido seminal e o líquido protático na composição do sêmen.
Consulte também: sêmen.

ESPERMÁTICO

Adjetivo relativo ao esperma.
Consulte também: esperma.

ESPINHA

Substantivo latino *Spina, Spinae,* de espinha, do grego *Ákanthos, Ákanthou,* espinhaço. Espinha é o nome dado para a proeminência óssea pontuda que cresce sobre a superfície dos ossos. Por exemplo: Espinha nasal anterior (proeminência pontiaguda situada anteriormente na base da cavidade piriforme do nariz); Espinha do osso esfenoide (prominência pontiaguda situada sobre o forame espinhoso); Espinha da escápula (proeminência alongada que corta a face posterior da escápula e termina no acrômio); etc. Espinha é também o nome dado antigamente a coluna vertebral, por fazer analogia a espinha dorsal.
Consulte também: espinha dorsal.

ESPINHA DORSAL

Substantivo latino *Spina,* de espinha e *Dorsi,* dorso. Espinha dorsal é o nome dado antigamente a coluna vertebral, estrutura óssea constituída por vértebras situada na região posterior e mediana do tronco, cruzando verticalmente as costas.
Consulte também: coluna vertebral.

ESPINHAL

Adjetivo latino *Spinalis,* relativo à coluna vertebral, espinha dorsal. Por exemplo: Medula espinhal (cordão medular formado por fibras nervosas alojado dentro do canal vertebral da coluna vertebral). O mesmo que espinal.
Consulte também: Espinhoso.

ESPINHOSO

Adjetivo latino *Spinosus* que tem relação ou semelhança com as eminências espinhais da espinha. Por exemplo: Processo espinhoso (estrutura alongada com extremidade pontiaguda e proeminente na parte posterior da coluna vertebral).
Consulte também: Espinha.

ESPLÂNCNICO

Adjetivo do latim *Splancna, Splancnorum,* entranhas, tripas, do grego *Splánchnon, Splánchnou,* entranhas, vísceras. Que se refere à órgãos recolhidos em grandes cavidades do tronco.
Consulte também: Víscera.

ESPLANCNOGRAFIA

Que se refere a descrição e o estudo das vísceras a partir da produção de imagens do corpo.
Consulte também: Esplancnologia.

ESPLANCNOLOGIA

Substantivo grego *Splánchnon*, víscera e *Logia*, coleta, estudo. Esplancnologia é o nome dado para a ciência que estuda e descreve o funcionamento das vísceras.
Consulte também: Víscera.

ESPLANCNOPLEURA

Substantivo grego *Splánchnon*, víscera e *Pleurón, Pleuróu*, de lado, flanco. Esplancnopleura é o nome dado para a parte do mesoderma que está em contato com o endoderma. É o folheto visível do mesoderma, por oposição à somatopleura ou folheto parietal.
Consulte também: pleura.

ESPLÊNICO

Adjetivo que relaciona com o baço.
Consulte também: Baço.

ESPORÃO

Substantivo latino calcar, *Calcaris*, espora, acicate. Esporão é o nome dado para a estrutura situada sobre a superfície dos ossos feito pequenas espinhas, podendo causar dores quando crescem perto de tendões e outros tecidos moles.
Consulte também: espinha.

ESQUELÉTICO

Adjetivo que diz respeito ao esqueleto.
Consulte também: Esqueleto.

ESQUELETO

Substantivo latino *Sceletus, Skeletón*, esqueleto de *Skeletós, Sêcom*, de ossos secos. Esqueleto é o nome dado para o conjunto de ossos devidamente articulados entre si, formando uma estrutura de proteção, sustentação e locomoção. O esqueleto de um adulto possui 206 ossos. Um recém-nascido possui um esqueleto com mais de 206 ossos, devido a divisão natural de alguns ossos do crânio. Do ponto de vista didático, há dois tipos de esqueleto: o esqueleto axial, com 80 ossos articulados sobre o plano mediano, constituindo os ossos do crânio, tórax e coluna vertebral, e o esqueleto apendicular, com 126 ossos articulados a partir da cintura escapular e pélvica, constituindo os ossos do membro superior e inferior.
Consulte também: osso.

ESQUELETOLOGIA
Substantivo do grego *Skeletón*, esqueleto e *Logia*, coleta. Coleta de tudo que diz respeito ao esqueleto.
Consulte também: osteologia.

ESQUELETOPEIA
Substantivo do grego *Skeletón*, esqueleto e *Poien*, fazer. Esqueletopeia é o nome dado para a arte de preparar os diferentes ossos de um esqueleto.
Consulte também: esqueleto.

ESQUINDILESE
Substantivo latino *Schindylesis*, de fenda. Esquindilese é o nome dado para a articulação fibrosa cuja forma lembra uma fenda rasa entre o osso vômer e o osso esfenoide.
Consulte também: sulco.

ESTAFILINO
Adjetivo do grego *Staphylé*, *Staphylés*, uva, bago de uva. Que tem relação com a úvula. Os músculos estafilinos são músculos que atuam sobre o véu palatino, num total de 05 músculos de cada lado: músculo palato-estafilino externo e interno, esfeno-estafilino, faringo-estafilino e glosso-estafilino.
Consulte também: úvula.

ESTAPÉDIO
Substantivo latino Satapedius, de estribo. Estapédio é o nome dado para o músculo estapédio situado no ouvido médio, preso ao estribo, ossículo aderido ao tímpano. Consulte também: estribo.

ESTATOCÔNIOS
Substantivo latino *Statoconium*, de imóvel, do grego *Statikos*, de *Konis*, cascalho miúdo. Estatocônios é o nome dado para a estrutura situada no aparelho vestibulococlear que atua na manutenção do equilíbrio.
Consulte também: vestibulococlear.

ESTEFÂNICO
Adjetivo relativo ou pertencente ao ponto craniométrico estefânio.
Consulte também: estefânio.

ESTEFÂNIO
Substantivo grego *Stéphanos*, *Stéphanou*, de coroa. Estefânio é o nome dado para o ponto craniométrico onde a linha superior do osso temporal cruza com a sutura coronal.
Consulte também: astério, bregma, opístio, ptério.

ESTENOCEFALIA

Substantivo grego *Stnós*, estreito e *Kephalé*, cabeça. Estenocefalia é o nome dado para o estado ou qualidade do estenocéfalo.
Consulte também: estenocéfalo.

ESTENOCÉFALO

Adjetivo grego *Stenós*, estreito e *Kephalé*, de cabeça, que possui forma estreitada.
Consulte também: acrocefalia.

ESTERNAL

Adjetivo pertencente ou relativo ao osso esterno.
Consulte também: esterno.

ESTÉRNEBRA

Substantivo latino *Sternum*, esterno e o sufixo *Bra*, tomado de vértebra. Estérnebra é o nome dado para cada um dos pequenos segmentos aparentes que surgem durante o desenvolvimento do corpo do osso esterno separados por finas lâminas de cartilagem.
Consulte também: esterno.

ESTERNEBRAL

Adjetivo relativo à estérnebra.
Consulte também: estérnebra

ESTERNO

Substantivo latino *Sternum, Sterni*, peito, caixa torácica, do grego *Stérnon, Stérnou*, o que está adiante. Esterno é o nome dado para o osso achatado e largo situado anteriormente no meio do tórax, cuja forma lembra uma espada curta, com o cabo para cima e a ponta para baixo. Do ponto de vista anatômico, o osso esterno é dividido em três partes: manúbrio, corpo e processo xifoide. O manúbrio é a parte mais larga e espessa do esterno, análogo ao cabo de uma espada. Possui um centro ligeiramente côncavo, que facilita a palpação da incisura jugular sobre a margem superior do manúbrio. Entre o manúbrio e o corpo do osso, situa-se o ângulo do esterno, de Louis[29], que é visível sobre a pele do peito. O corpo é a parte mais alongada e fina do esterno, situado entre a quinta e a décima segunda vértebra torácica. Sob as margens laterais, estão os entalhes das incisuras costais, que servem para as sinostoses costais que são continuas com as cartilagens de costais e o corpo das costelas. O processo xifoide é a menor parte do esterno, análoga

29 LOUIS, Pierre Charles Alexandre (1787-1872), patologista e pneumonologista em Paris.

a ponta de uma espada, situado ao nível da décima vértebra torácica. Não é incomum as variações anatômicas do processo xifoide, podendo ser rombo, bífido, curvo para dentro ou para fora, contribuindo para a aparência conhecida popularmente como peito de pombo.
Consulte também: ensiforme.

ESTÔMAGO

Substantivo latino *Stomachus*, boca e do grego *Stómachos*, formado de *Stóma*, orifício, boca e *Échein*, ter em mão, que levamos à boca. Estômago é o nome dado para o órgão muscular situado no quadrante superior esquerdo da cavidade abdominal, cuja forma lembra a letra J do alfabeto. No início, o estômago era associado a faringe e ao esôfago, órgãos que ao final do canal alimentar se dilatavam. Esta relação foi desfeita com a inserção da palavra *Gastér*, vinculada a função de digestão, portanto, o estômago passou a ser um reservatório musculomembranoso protagonista do sistema digestório. O estômago possui capacidade de armazenar, misturar e digerir o alimento com o auxílio das pregas e glândulas gástricas, promovendo reações químicas essências na digestão, empurrando o quimo em pequenas porções pelo esfíncter pilórico até o duodeno. Quando vazio, o estômago possui diâmetro compatível com o intestino grosso, porém, quando cheio é capaz de suportar de 2 a 3 litros de alimento semilíquido. Do ponto de vista anatômico, o estômago apresenta: cárdia, fundo, antro pilórico, esfíncter pilórico e curvatura maior e menor.
Consulte também: gáster, quimo.

ESTOMÁQUICO

O mesmo que estomacal, relativo ao estômago.
Consulte também: estômago.

ESTRATO

Substantivo latino *Stratum*, de cobertura, revestimento. Estrato é o nome dado para as camadas teciduais que constituem certos órgãos do sistema nervoso. Por exemplo: Estrato membranáceo, de Scarpa[30] (camada que compõem a tela subcutânea do abdome); Estrato membranáceo do períneo, de Colles[31] (situado na região perineal).
Consulte também: mucosa, basal, epitélio.

---

30 SCARPA, Antonio (1747-1832), professor de cirurgia em Modena e professor de anatomia em Pavia.

31 COLLES, Abraham (1773-1843), professor de anatomia e cirurgia em Dublin.

ESTREITO
Substantivo latino *Angustia, Angustiae,* angustiante, do grego *Sténos, Sténeos,* caminho estreito, difícil. Estreito é o nome dado para abertura situada em certos órgãos. Por exemplo: Estreito superior superior da pelve (abertura superior da pelve, ou entrada da pelve, mais larga no sentido ântero-posterior nos homens do que nas mulheres).
Consulte também: aqueduto.

ESTRIA
Substantivo latino *Stria,* de linear, elevada. Estria é o nome dado para as estruturas de linhas retas e elevadas, ligeiramente salientes, situada na superfície de certos órgãos. Por exemplo: Estria olfatória (vias constituídas por axônios do trato olfatório pós bifurcação); Estria obliqua (linha saliente sobre o ramo superior do púbis chamada de linha pectínea); Estria peritoneal (prega interuretérica); etc.
Consulte também: crista.

ESTRIBO
Substantivo do francês *Estrif, Estrief,* do latim antigo *Strepus,* do grego *Ana-Boleús,* peça que compõem um sela de montaria, permite que os cavaleiros fiquem em pé enquanto cavalgam. Estribo é o nome dado para o osso (ossículo) em forma de argola situado no ouvido médio, conectado com a janela do vestíbulo de um lado e com a bigorna de outro, cuja forma lembra um estribo (ferragem), daí a razão para se adotar esta nomenclatura.
Consulte também: bigorna, martelo.

ESTROMA
Substantivo *Stroma, Stromatis,* tapeçaria, do grego *Strôma, Strômatos,* coberta. Estroma é o nome dado para a estrutura que forma a parte fundamental de certos órgãos e glândulas, em contraposição à parte funcional (fisiológica), do parênquima. Por exemplo: Estroma ovariano (trama cortical, carnosa do ovário contendo os folículos em processo de maturação).
Consulte também: parênquima.

ETMOIDE
Substantivo latino *Ethmoidale,* de peneira. Etmoide é o nome dado para o osso do crânio situado na fossa craniana anterior, posterior as cavidades orbitais, cuja base é perfurada feito uma peneira, para passagem das fibras do nervo olfatório em direção a cavidade nasal.
Consulte também: cribriforme.

EXÓCRINO

Adjetivo grego *Exón,* externo, de *On,* para fora e *Krin, Krinéin,* de secreta, relativo as glândulas que produzem e secretam substâncias externamente, conduzidas por meio de ductos para certas cavidades corpóreas. Por exemplo: Glândula parótida (glândula salivar que produz saliva depositada na cavidade oral por meio de ducto, o ducto parotídeo).
Consulte também: endócrino, écrino.

EXTENSÃO

Substantivo latino *Extentio, Extentionis,* de *Extendere,* estender, alongar. Extensão é o nome dado para o movimento de estender, proporcionando distanciamento entre as partes que estão presas, contrário de fletir, flexionar.
Consulte também: flexão.

EXTENSOR

Adjetivo referente ao músculo que estende, o que justifica a nomenclatura de músculo extensor. Por exemplo: Músculo extensor radial longo do carpo (músculo situado na face posterior do antebraço especializado na extensão e abdução da mão).
Consulte também: extensão.

EXTREMIDADE

Substantivo latino *Extremitas, Extremitatis,* do grego *Ákron, Ákronos,* ponta, extremidade. Extremidade é o nome dado para a ponta de um segmento ou parte do corpo. Por exemplo: Extremidade esternal (ponta da clavícula que se articula com o esterno); Extremidade acromial (ponta da clavícula que se articula com o acrômio).
Consulte também: apófise.

F

FACE
Substantivo latino *Facies, Faciei,* rosto, cara, semblante, do grego *Prósopon, Prósopou,* de *Próso,* adiante, aquilo que está à frente e *Ops,* ver, olhar, fitar. Face é o nome dado para a parte anterior da cabeça, da testa ao queixo, de uma orelha a outra. A face representa a área que corresponde ao rosto, onde se situa os olhos, o nariz e a boca.
Consulte também: fronte.

FACETA
Substantivo diminutivo de face, referente a porção, a superfície de um osso.
Consulte também: fóvea.

FACIAL
Adjetivo referente à face, rosto, cara. Por exemplo: Artéria facial (vaso sanguíneo que cruza a face de ambos os lados).
Consulte também: rosto.

FALANGE
Substantivo latino *Phalanx, Phalangis,* formação militar em modo de fileira, do grego *Phálnx, Phálangos,* corpo de infantaria, legião, diziam os atenienses e espartanos: em ordem de batalha, tropas em coluna cerrada para dar combate decisivo. No sentido figurado, expressa a ideia de multidão. Falange é o nome dado para os pequenos e longos ossos que constituem o esqueleto dos dedos, empilhados em ordem proximal, média e distal, exceto para o polegar, que possui falange proximal e distal. Antigamente, essa ordem era concebida como falange, falanginha e falangeta.
Consulte também: artelhos, dedos.

FALCIFORME
Adjetivo do latim *Falx, Falcis,* foice e *Forme,* de forma, semelhança, que tem a forma de foice. Por exemplo: Ligamento falciforme (ligamento superior do fígado, entre o lobo direito e esquerdo e que se estende ao

ligamento redondo).
Consulte também: foice.

FARINGE
Substantivo grego *Phárynx, Pharyngos,* de garganta, goela. A faringe é o nome dado para o tubo musculomembranoso situado a frente da coluna vertebral, da extremidade basilar até a quinta vértebra cervical. A faringe é afunilada próximo ao esôfago, cuja parte mais larga se volta para cima, comunicando-se com a cavidade nasal (nasofaringe) e com a cavidade oral (orofaringe), servindo de passagem para o ar que entra e sai dos pulmões e a condução de alimentos que chegam ao canal alimentar.
Consulte também: garganta, goela.

FÁSCIA
Substantivo latino *Fascia, Fasciae,* de faixa, atadura, véu, lençol. Fáscia é o nome dado para as aponeuroses membranosas que cobrem certos órgãos, principalmente músculos e glândulas. Por exemplo: Fáscia parotídea (tecido conjuntivo que recobre a glândula parótida); Fáscia deltoidea (aponeurose que recobre o ventre do músculo deltoide); Fáscia bucofaríngea (aponeurose que recobre a faringe, situada adiante da fáscia alar); etc.
Consulte também: fascículo, aponeurose.

FASCICULADO
Adjetivo que se refere as estruturas ordenadas em fascículos.
Consulte também: fáscia.

FASCÍCULO
Substantivo latino *Fasciculi,* diminutivo de *Facis,* feixe, molho, do grego *Desmís, Desmídos,* feixe. Fascículo é o nome dado para o grupo regular de fibras que tendem a envolver ou encapsular certos órgãos.
Consulte também: fáscia, aponeurose.

FASTÍGIO
Substantivo latino *Fastigium,* de elevação. Fastígio é o nome dado para o ponto mais alto de certos órgãos. O mesmo que calvária.
Consulte também: calvária.

FAUCES
Substantivo latino *Fauces,* de estreito, análogo a passagem claustrofóbica utilizada pelos escravos na antiga Roma. Fauces é o nome dado para a parte estreita situada entre a cavidade oral e a faringe (orofaringe). O mesmo que istmo das fauces.
Consulte também: istmo, garganta, goela.

FEIXE

Substantivo latino *Facis*, feixe, molho, do grego *Desmis, Desmídos*, feixe. Feixe é o nome dado para certos ligamentos fibrosos (faixas), ou para o conjunto de fibras. Por exemplo: Faixa lateral (ligamento fibroso que se une com o capuz dos tendões flexores e extensores dos dedos); Feixes do nervo olfatório (neurônios que penetram a cavidade nasal passando pela lâmina cribriforme do etmoide); etc.
Consulte também: fascículo.

FEL

Substantivo latino *Felis*, do grego *Kolé, Kolés*, o mesmo que bile. Fel é o nome dado para o líquido extraído da vesícula biliar, de aspecto viscoso, esverdeado ou amarelado, de gosto amargo e azedo, produzido pelo fígado.
Consulte também: bile.

FEMININO

Adjetivo latino *Femininus*, de *Femina, Feminae*, mulher, fêmea, do grego *Thelykós* ou *Gynaikós*, sexo oposto do homem.
Consulte também: masculino.

FEMORAL

Adjetivo latino *Femoralis*, referente a coxa, do grego *Meriaios*, da coxa, de *Meríon, Meríou*, osso da coxa. Que se relaciona com o fêmur ou com a coxa. Por exemplo: Artéria femoral (artéria que cruza profundamente a coxa a partir da artéria ilíaca interna).
Consulte também: fêmur.

FÊMUR

Substantivo latino *Fêmur, Femuris*, coxa, do grego *Meros, Merou*, de coxa. Fêmur é o nome dado para o maior e mais pesado osso do esqueleto, situado entre o quadril e o joelho (coxa). O fêmur é o osso que transmite o peso do tronco e do quadril para a perna correspondente ao lado do osso, quando o indivíduo está de pé. Do ponto de vista anatômico, o fêmur apresenta: uma cabeça, onde se situa a fóvea para o ligamento preso no fundo do acetábulo; um colo, situado entre e sobre os trocanteres; um trocânter maior e outro menor, que servem para fixação de músculos da coxa; um corpo longo e grosso, liso e côncavo na face anterior, mais rugoso e áspero na face posterior; um epicôndilo medial e outro lateral, ambos situados logo acima dos côndilos; fossa patelar, sujeita a acomodação da patela; e côndilos medial e lateral, ambos se apoiam sobre os platôs condilares da tíbia.
Consulte também: coxa.

FENESTRADO

Adjetivo latino *Fenestratus*, de fenestra, *Fenestrae*, de janela. Pequenas perfurações que servem para passagem de nervos ou vasos sanguíneos. Por exemplo: Forames da lâmina cribriforme (pequenos buracos que servem para a passagem de feixes do nervo olfatório em direção a cavidade nasal).
Consulte também: canalículo, cribriforme.

FENÓZIGO

Adjetivo grego *Pháinos* de aparente e *Zygoma, Zygómatos*, de unir. Refere-se ao osso malar, atualmente chamado de osso zigomático. Indivíduos com arcos zigomáticos (maçã do rosto) salientes, tornam o crânio mais estreito que a face.
Consulte também: acrocefalia, pirgocefalia.

FERROLHO

Substantivo latino *Obex, Obicis*, trança, obstáculo. Ferrolho é o nome dado para a lâmina de substância parda (amarelada), de direção transversal, abaixo do *Calamus Scriptorius*, cuja forma lembra o bico de uma pena, de um cordão de Goll[10] a outro, situado no ângulo inferior do quarto ventrículo.
Consulte também: clava.

FETO

Substantivo latino *Feo, Fetu*, prole, cria. Feto é o nome dado para o estágio de desenvolvimento a partir da 8ª semana de fecundação, onde é possível identificar os braços, as pernas, os olhos, o nariz e a boca. Após o nascimento o feto passa a ser chamado de recém-nascido, o mesmo que neonato.
Consulte também: embrião.

FIBRA

Substantivo latino *Fibra, Fibrae*, filamento, do grego *Is, Inós*, de capilar. Fibra é o nome dado para a estrutura que compreende a grande maioria das fibras nervosas e musculares, cuja estrutura é longa e muito fina, semelhante a espessura de um fio de cabelo. Por exemplo: Fibras para a prega farino epiglótica (filamentos associados ao músculo constritor da faringe); Fibras pré e pós-ganglionares (filamentos de axônios de neurônios autônomos simpático e parassimpático); Fibras circulares (filamentos circulares associados a musculatura intrínseca que compõem o corpo ciliar do olho); etc.
Consulte também: fibrila, miofibrila.

FIBRILA

Substantivo latino *Fibrae,* diminutivo de fibra. Fibrila é o nome dado para as pequenas fibras musculares. Por exemplo: Miofibrila (componente da fibra muscular constituído por aproximadamente 1.500 filamentos de miosina e 3.000 filamentos de actina).
Consulte também: feixe.

FIBRILAR

Adjetivo referente à pequenas fibras, de filamentos delicados e finos. Do ponto de vista clínico, refere-se ao estado relativo a desordem elétrica das miofibrilas do músculo cardíaco, condição grave que resulta na interrupção da circulação do sangue devido a perda do ritmo das batidas do coração.
Consulte também: fibrila, miocárdio.

FIBRILOSO

Adjetivo que resulta de uma reunião ou associação de fibrilas.
Consulte também: fibra.

FIBROSO

Adjetivo latino *Fibratus,* do grego *Inoeidés,* referente às estruturas que são compostas por tecido conjuntivo fibroso, semelhante aos tendões e as aponeuroses.
Consulte também: fibra.

FÍBULA

Substantivo latino *Fíbula, Fibulae,* de alfinete, agulha, do grego *Peróne, Perónes,* cavilha. Fíbula é o nome dado para o osso situado na perna, posicionado ao lado e posteriormente a tíbia, fixada a ela pela membrana interóssea. A fíbula, antigo perônio, serve de fixação para os principais músculos que atuam sobre o pé. Devido ao seu formato longo e fino, não apresenta função de sustentação. Do ponto de vista anatômico, a fíbula apresenta: uma cabeça e um ápice sobre a extremidade proximal, seguido inferiormente por um colo (pescoço) e um corpo até a extremidade distal, onde termina com uma protuberância, o maléolo lateral. O corpo da fíbula, ao contrário da tíbia é ligeiramente torcido, dificultando a identificação das margens (anterior, interóssea e posterior) e faces (medial, posterior e lateral). O maléolo, posicionado lateralmente é saliente ao toque na altura do tornozelo, estando a um centímetro mais baixo em relação ao maléolo medial da tíbia.
consulte também: perônio.

FIBULAR

Adjetivo relativo à fíbula. Por exemplo: Músculo fibular longo e curto (músculo situado no compartimento lateral da perna, fixo sobre o colo e o corpo da fíbula).
Consulte também: fíbula.

FÍGADO

Substantivo latino *Ficatum, Ficati,* de *Fícus,* de figo, do grego *Hépar, Hépatos,* fígado de ganso, referente aos gansos que se alimentavam de figo. Fígado é o nome dado para a maior glândula e órgão do corpo, depois da pele, situado no quadrante superior direito e parte do quadrante superior esquerdo. Antigamente o fígado era chamado de glândula jecoral, devido sua cor lembrar a flor de figo[32]. O fígado possui muitas funções e sua organização estrutural é de extrema complexidade. É constituído por mais de cem mil unidades funcionais de aspecto hexagonal (sinusoide) com três componentes básicos: uma vênula porta, uma arteríola hepática e um ducto biliar, formando a tríade portal. Devido sua atividade fisiológica intensa, o fígado recebe ¼ de sangue do débito cardíaco por meio da artéria hepática, das veias gastrointestinais, pancreáticas e esplênicas, todas em anastomose com a veia porta. O sistema porta-hepático determina que todos os nutrientes absorvidos e processados a partir da ingestão de alimentos, sejam conduzidos para o fígado, possibilitando armazenar, metabolizar e descartar substâncias nocivas ao organismo. Destaca-se as principais funções do fígado: regulação da glicemia; síntese e degradação de ácidos graxos, triacilglicerídeo, fosfolipídios, colesterol e lipoproteínas; síntese de todos os aminoácidos não essenciais e conversão de amônia em ureia; síntese de proteínas do plasma; desintoxicação e inativação de fármacos, medicamentos e hormônios; formação e secreção de bile; conversão de T4 em T3; síntese de IGF-I e angiotensinogênio; remoção de microrganismos (restos celulares) e reservatório de vitaminas A, D, E, K, B9, B12, ferro, cobre, lipídios e glicogênio. O fígado é envolvido pelo peritônio, aderido intimamente por uma membrana fibrosa, preso ao músculo diafragma. Do ponto de vista anatômico, o fígado apresenta: lobo direito (maior) e lobo esquerdo (menor), ligamento falciforme, ligamento redondo, lobo caudado (posterior), lobo quadrado (inferior), vesícula biliar, veia porta, artéria hepática, ductos hepáticos direito e esquerdo, ducto cístico e ducto colédoco.
consulte também: jecoral, hepático.

---

32 Figo é uma flor invertida de cor escura composta por muitos aquênios, que se abre internamente a partir da florescência de uma figueira.

FILAMENTO

Substantivo latino *Filamentum, Filamenti*, de *Filum, Fili*, fio, do grego *Stéma, Stématos*, de filamento. Filamento é o nome dado para as estruturas que são muito finas e delicadas. Por exemplo: Cordas tendíneas (pequenos filamentos fibrosos que ancoram as cúspides aos músculos papilares do miocárdio).
Consulte também: ligamento, fio.

FILTRO

Substantivo latino medieval, *Filtrum, Filtri*, separar, escolher, do grego *Phíltron, Phíltrou*, coar, selecionar, separar o que é útil. Filtro é o nome dado para o sulco mediano do lábio superior, da base do septo nasal até a borda inferior do lábio superior, também chamado de sulco subnasal do lábio.
Consulte também: sulco.

FÍMBRIA

Substantivo latino *Fimbriae*, borda, beira, franja. Fímbria é o nome dado para a estrutura dotada de pequenos tentáculos na extremidade, cuja forma lembra uma vassoura de varrer. Por exemplo: Fímbrias da tuba uterina (pequenos filamentos em forma de tentáculos posicionados na margem da tuba uterina); Fímbria do hipocampo (filamento diminutos posicionados na borda do hipocampo, sob o fórnice).
Consulte também: franja.

FIO

Substantivo latino *Filum, Fili*, fio. Fio é o nome dado para os cabelos que crescem sobre o couro cabeludo no topo da cabeça e para os pelos que cobrem várias partes do corpo de acordo com o padrão hormonal masculino e feminino.
Consulte também: cabelo, pelo.

FISSURA

Substantivo latino *Fissura, Fissurae*, de *Findeere*, rachar, fender, fresta, do grego *Rhégma, Rhégmatos*, rachadura, estreitamento. Fissura é o nome dado para abertura de pouca ou grande profundidade, permitindo que estruturas passem de um lado para o outro ou que estejam separadas uma da outra. Por exemplo: Fissura orbital superior (pequena fenda localizada ao fundo da cavidade orbital); Fissura longitudinal do cérebro (fenda situada entre os dois hemisférios cerebrais).
Consulte também: hiato, rima.

FLEXÃO

Substantivo latino *Flexio, Flexionis,* de *Flectere,* curvar, dobrar, do grego *Kampé, Kampés,* curvatura, flexão. Flexão é o nome dado para o movimento (ação) de fletir, de inclinar-se para frente. A flexão é o resultado da dobra de um determinado membro sobre sua articulação, como ocorre quando se dobra o cotovelo durante a flexão do antebraço.
Consulte também: extensão, flexor, flexura.

FLEXOR

Adjetivo latino *Flexor, Flexoris,* relativo ao movimento de flexão, dobrar, curvar. Por exemplo: Músculo flexor radial do carpo (músculo fixado sobre o rádio no antebraço, permite que a mão se dobre sobre o punho). O contrário de extensor.
Consulte também: flexão, extensão.

FLEXURA

Substantivo latino *Flexurae,* ação de curvar, dobrar-se. Flexura é o nome dado para a estrutura que se dobra em uma determinada parte, curvando-se para frente ou para trás, para direita ou para esquerda, de modo que a dobra reproduza um ângulo reto. Por exemplo: Flexura duodeno jejunal (parte do duodeno com o jejuno curvado para frente); Flexura cólica esquerda (parte do colo horizontal com o colo descendente dobrado próximo ao baço); Flexura cólica direita (parte do colo ascendente com o colo horizontal dobrado próximo ao fígado); etc.
Consulte também: extensão.

FOCINHO DE TENCA

Adjetivo latino *Tenca,* de *Tinca,* referente ao peixe de água doce que vive encontrado nos rios da Europa, com o focinho semelhante ao do nosso peixe Piáu[33], comparado ao formato do colo do útero. Na nova nomenclatura anatômica, o colo do útero deixou de ter esta relação comparativa, atualmente é chamado de óstio externo do colo do útero.
Consulte também: rosto, rostro.

FOICE

Substantivo latino *Falx, Falcis,* curvado, envergado, dobrado, do grego *Drépanon, Drépanou.* Foice é o nome dado para a estrutura anatômica cuja forma lembra a lâmina de uma foice de roçar. Por exemplo: Foice do cérebro (extensão da dura-máter invaginada entre os hemisférios cerebrais direito e esquerdo); Foice inguinal (tendão do músculo oblíquo

---

33 Piáu é um peixe de água doce muito comum nos rios do Brasil, equivalente a Piaba, Piava, Aracu e Manjuba.

interno ao redor do canal inguinal); Ligamento falciforme (ligamento preso a borda inferior do fígado, continuo com o ligamento redondo); etc.
Consulte também: falciforme.

FOICE DO CEREBELO

Dobra da dura-máter, semelhante à foice de cérebro, porém muito menor. A foice do cerebelo se estende desde a parte média e inferior da tenda do cérebro, à qual é unida por sua base, até o grande forame occipital, situado na base inferior do crânio.
Consulte também: foice do cérebro.

FOICE DO CÉREBRO

Dobra longitudinal da dura-máter invaginada entre os hemisférios cerebrais direito e esquerdo, fixo a crista *Galli* (galo) do osso etmoide, situado na fossa craniana anterior. A foice do cérebro possui margem superior convexa e margem inferior côncava, justaposta à face superior do corpo caloso.
Consulte também: foice do cerebelo.

FOLHETO

Substantivo diminutivo de folha, do latim *Folium,* de folha. Folheto é o nome dado cada uma das partes de uma membrana serosa. O mesmo que lâmina membranosa. Por exemplo: Folheto parietal e visceral do peritônio (lâmina membranosa que reveste as paredes da cavidade abdominal, pélvica e a superfície das vísceras).
Consulte também: membrana, peritônio.

FOLÍCULO

Substantivo latino *Folliculus, Folliculi,* diminutivo de bolha, bolsa, vesícula, balão. Folículo é o nome dado para as estruturas saculares espalhadas pelo corpo em geral, de tamanho macro ou microscópico. Por exemplo: Folículo sebáceo (glândulas microscópicas situadas na pele que secretam substância oleosa); Folículo piloso (estrutura dérmica responsável pelo crescimento dos pelos); Folículo ovárico (estrutura formada por células do estroma ovariano contendo um ovócito); etc.
Consulte também: vesícula.

FONTANELA

Substantivo latino diminutivo de *Fontana, Fontanae,* manancial, leito, fonte. Fontanela é o nome dado para os espaços situados entre os ossos do crânio de um recém-nascido, preenchido por tecido fibrocartilaginoso, antes de sua completa ossificação. O mesmo que fontículo, também chamados popularmente de moleiras, devido a sensação, de quem as

palpam, de conterem pequenas bolsas cheias de líquido. As fontanelas estão situadas nos pontos de cruzamento entre as placas ósseas do crânio neural. São normalmente encontradas em número de seis, duas na linha mediana e quatro nas laterais do crânio. As fontanelas laterais são pequenas e menos importantes do ponto de vista clínico, em comparação as fontanelas medianas.
Consulte também: fontículo, bregma, lambda.

FORAME

Substantivo latino *Foramen, Foraminis,* buraco, cova, abertura, do grego *Tréma, Trématos,* abertura. Forame é o nome dado para as aberturas de tamanho variado situadas sobre a superfície dos ossos. Os forames são acidentes anatômicos abrangentes situados principalmente na base do crânio, onde encontramos muitos buracos que servem de passagem para vasos e nervos do encéfalo. Por exemplo: Forame magno (abertura central situada no centro do osso occipital); Forame cego da língua (abertura de fundo cego situada medialmente sobre o sulco terminal da língua); Forame espinhoso (pequena abertura situada no osso esfenoide, próximo ao forame oval); etc.
Consulte também: canal, canalículo, forâmina.

FORÂMINA

Substantivo plural de *Foramen,* de forames. Forâmina é o nome dado antigamente para alguns orifícios das veias cardíacas. Na nova nomenclatura anatômica, o termo forâmina é substituído por forames.
Consulte também: forame.

FORMOL

O mesmo que aldeído fórmico ou formaldeído. Formol é o nome dado para a substância química de grande ação antisséptica utilizada na conservação de tecidos orgânicos para estudo e observação.
Consulte também: anatomia, dissecção.

FÓRNICE

Substantivo latino *Fórnix,* de arco, curvatura. Fórnice é o nome dado para a estrutura em forma de arco (abóboda) situado entre os ventrículos do cérebro, conectado ao corpo caloso pelo septo pelúcido. É também o nome de certos recessos escavados de fundo cego. Por exemplo: Fórnice inferior da conjuntiva (recesso entre a pálpebra e a córnea do olho); Fórnice vaginal (recesso entre a parede do canal vaginal e o colo do útero, junto ao cérvix).
Consulte também: cérvix.

FÓRNIX

Substantivo latino *Fornix*, abobada, em forma de arco de porta, nome dado pelos arquitetos em Roma para os arcos de aquedutos feitos de tijolos, onde as prostitutas eram encontradas, dando origem a palavra fornicação. Fórnix é o nome dado para a estrutura abobada do cérebro situado entre os ventrículos cerebrais, preso ao corpo caloso pelo septo pelúcido.
Consulte também: fórnice.

FOSSA

Substantivo latino *Fossae*, escavação cova, de *Fodere*, cavar. Fossa é o nome dado para a escavação larga, mais ou menos funda, cuja entrada é sempre mais aberta do que a base. Por exemplo: Fossa craniana anterior (escavação situada anteriormente na base do crânio, serve para acomodar os lobos frontais do cérebro); Fossa temporal (escavação situada no osso temporal acima do arco zigomático, serve de leito para o músculo temporal); Fossa mandibular (serve de leito para acomodação do côndilo da mandíbula); etc.
Consulte também: fosseta, fóvea.

FOSSETA

Substantivo diminutivo de fossa, do latim *Fossae*, semelhante a uma fóvea. Fosseta é o nome dado para as fossas de pouca profundidade, também chamadas de fóveas, servem para acomodar estruturas pequenas e delicadas. Por exemplo: Fossa do saco lacrimal (fosseta do osso lacrimal que serve para acomodar o saco lacrimal no interior da cavidade orbital); Fossa hipofisária (fosseta do osso esfenoide que serve para acomodar a hipófise); Fossa oval (fosseta presente na parede interatrial do átrio direito, vestígio da abertura comunicante entre os átrios no período fetal).
Consulte também: fóvea.

FÓVEA

Substantivo latino *Foveae*, pequena escavação. Fóvea é o nome dado para as pequenas escavações de pouca profundidade, ligeiramente circular. Por exemplo: Fóvea articular (pequenas facetas articulares presentes nas vértebras da coluna vertebral).
Consulte também: fosseta.

FÓVEA CENTRAL

Substantivo latino *Foveae*, depressão, buraco, pequena cova, *Centralis*, o que pertence ao centro, principal. Fóvea central é o nome antigo dado para a depressão no centro da mácula situada na retina, local de maior acuidade visual devido a concentração de cones, células fotossensíveis

da retina.
Consulte também: retina, mácula.

FRANJA

Substantivo latino *Fimbriae,* recorte, ornamento, orla. Franja é o nome dado antigamente para as fímbrias, situada na extremidade das tubas uterinas.
Consulte também: fímbria.

FREIO

Substantivo latino *Frenum, Freni,* frênulo, freio, do grego *Phrén, Phrenés,* diafragma, freio. Freio é o nome dado para a prega ou dobra membranosa cuja função principal é reter, frear ou limitar certos órgãos ou parte deles. Por exemplo: Frênulo da língua (prega da mucosa situada em baixo da língua, visível quando a ponta da língua toca o céu da boca); Frênulo do lábio superior (prega da mucosa que prende o lábio superior a gengiva); Frênulo do prepúcio (prega da mucosa que prende a pele do prepúcio a margem inferior da glande); etc.
Consulte também: frênulo, lábio.

FRÊNICO

Adjetivo grego *Phenikos,* de mente ou das estruturas que se relacionam com o músculo diafragma. Antigamente, a palavra *Phren* designava a região entre o coração e o fígado, o local onde reside as emoções, o pensamento, a fala, a mente e a alma. Atualmente o termo frênico está restrito ao diafragma. Por exemplo: Nervo frênico (par de nervos que se originam no plexo cervical para o músculo diafragma).
Consulte também: freio, diafragma.

FRÊNULO

Substantivo latino *Frenum, Freni,* de frênulo, freio, do grego *Phrén, Phrenés,* diafragma, freio. Frênulo é o nome dado para a prega da mucosa muito fina e delicada que prende certas partes moles do corpo. Por exemplo: Frênulo do lábio superior e inferior (prega de mucosa que prende a face interna dos lábios na gengiva correspondente).
Consulte também: freio.

FRONTAL

Adjetivo que trata das estruturas que pertencem à fronte, do que está à frente, aquilo que é anterior. Característica referente ao osso frontal.
Consulte também: coronal.

FRONTE

Substantivo latino *Frons, Frontis,* testa, fronte, do grego *Phorontís, Phrontídos,* ou *Métopon, Métopou,* fronte, face, testa. Fronte é o nome dado para

a parte anterior da face que compreende a testa, entre a linha capilar anterior e a linha que cruza os supercílios, limitando uma têmpora à outra.
Consulte também: testa.

FUNDO

Substantivo latino *Fundus*, de fossa funda, muito escavada. Fundo é o nome dado para a base muito afastada da entrada. Por exemplo: Fundo da boca (região que compreende o istmo da garganta); Fundo gástrico (parte dilatada do estômago que serve para armazenar gases); Fundo do útero (parte do útero que se curva para frente sobre a bexiga, que se estende extraordinariamente durante a gestação); Fundo da bexiga (parte da bexiga voltada para cima e ligeiramente curvada para frente).
Consulte também: vesícula.

FUNGIFORME

Adjetivo referente a fungo, de *Fungus, Fungi*, cogumelo e *Forme*, forma. Em comparação as estruturas cuja forma lembra a copa de um cogumelo, feito um guarda-chuva aberto. Por exemplo: Papilas fungiformes (receptores gustativos situados no dorso da língua, lembra a forma de pequenos cogumelos).
Consulte também: papilas.

FUNICULAR

Adjetivo referente a corda, de *Funicularis* de *Funiculus*, diminutivo de *Funis*, corda. Estruturas associada ao funículo.
Consulte também: cordão, funículo.

FUNÍCULO

Substantivo latino *Funiculus, Funiculi*, diminutivo de *Funis*, corda. Funículo é o nome dado para a parte de um órgão que sofre afunilamento em uma das pontas. Por exemplo: Funículo espermático (cordão ligado a bolsa escrotal, mais afunilado próximo ao canal inguinal).
Consulte também: cordão, fúrcula.

FÚRCULA

Substantivo latino diminutivo de *Furca, Furcae*, forca, forcado. Fúrcula é o nome dado antigamente para a incisura jugular, chanfradura mediana situada sobre a margem do manúbrio do esterno, palpável sobre a depressão da pele entre as duas extremidades esternais da clavícula.
Consulte também: incisura, chanfradura.

G

GÁLEA
Substantivo latino *Galea*, de casquete de couro, capacete, bandagem, referente a proteção de couro que os centuriões da infantaria utilizavam em combate para proteger a cabeça. Gálea é o nome dado para a aponeurose situada entre o ventre anterior (frontal) e posterior (occipital) do músculo occipitofrontal, chamada de gálea aponeurótica, situado sobre a abobada craniana, termo empregado por Santorini[34].
Consulte também: aponeurose.

GANCHOSO
Adjetivo latino *Unciformis*, de *Uncus, Unci*, gancho, curvo como gancho. Trata-se do quarto osso da fileira distal do carpo chamado de hamato, antigo unciforme.
Consulte também: unciforme, adunco, hamato.

GÂNGLIO
Substantivo latino *Ganglion, Ganglii*, nódulo, tumefação, do grego *Gánglion, Gángliou*, tumor, inchaço. Gânglio é o nome dado para os pequenos corpos de neurônios situados entre uma fibra nervosa e outra, e entre os vasos linfáticos. É também o nome de estruturas nodulares normais ou de natureza patológica.
Consulte também: nódulo, gânglio de gasser.

GÂNGLIO DE GASSER
O gânglio de Gasser[35], atual gânglio do trigêmeo, se aloja numa fosseta de forma ovalar situada na extremidade da face ântero-superior da parte petrosa do osso temporal. Na nova nomenclatura é chamado de

34 SANTORINI, Giovanni Domenico (1681-1737), foi um anatomista italiano lembrado por conduzir dissecações em público por volta dos anos de 1705 a 1728 em Veneza.

35 GASSER, Johann Lorenz (1723-1765), anatomista em Viena, contribuiu para a descoberta do gânglio trigeminal, conhecido antigamente como gânglio semilunar.

gânglio trigeminal, devido aos três nervos que origina: oftálmico, maxilar e mandibular.
Consulte também: trigêmeo.

GARGANTA
Substantivo latino *Gurga*, do grego *Phárynx, Pháryngos*, turbilhão, ruído. Garganta é o nome dado para o som causado pelo turbilhão que a garganta faz ao deglutir. Entretanto, o nome é frequentemente associado a região estreita situada no fundo da cavidade oral (istmo), que dá acesso a faringe e a glote.
Consulte também: goela, glote.

GÁSTER OU GÁSTRO
Substantivo do grego *Gastér*, estômago, ventre, o mesmo que gástro. Gáster é o nome dado antigamente para a estrutura que se posiciona ventralmente, na barriga, sugerindo a parte mais carnosa e volumosa de um órgão.
Consulte também: gastrocnêmio, estômago.

GASTROCNÊMIO
Substantivo grego *Gastér*, ventre e *Knemís, Knemídos*, perneira, botas. Gastrocnêmio é o nome dado para os dois ventres de músculos situados na panturrilha, popularmente conhecida como barriga ou batata da perna. O músculo gastrocnêmio é o músculo que possui duas cabeças (bíceps) medial e lateral, situado na parte posterior da perna (panturrilha), agindo quando estamos sobre a ponta dos pés.
Consulte também: panturrilha, sura.

GÊMEO
Substantivo latino *Geminus, Gemini*, de gêmeo, do grego *Dídymos, Dídymou*, lado a lado. Gêmeo é o nome dado para as estruturas posicionadas lado a lado, sugerindo gemelidade em forma e tamanho. Por exemplo: Músculo gastrocnêmio (músculo com dois ventres situado na face posterior da perna, popular barriga e batata da perna); Músculo gênio-hioideo (músculo com dois ventres situado entre o assoalho da mandíbula e o osso hioide no pescoço).
Consulte também: gastrocnêmio.

GENGIVA
Substantivo latino *Gingiva, Gingivae*, do grego *Ólyon, Óylou*, gengiva, mucosa que reveste as arcadas dentárias. Gengiva é o nome dado para o tecido avermelhado, firme que reveste as arcadas dentárias até o colo dos dentes e entre eles.
Consulte também: mucosa.

GENGIVAL

Adjetivo relativo à gengiva, mucosa que reveste as arcadas dentárias.
Consulte também: gengiva.

GENIANA

Adjetivo do grego *Génion, Géniou* o mento, queixo, barba. Geniana é o nome dado para os dois pequenos tubérculos situados posteriormente ao mento, sobre a face interna da mandíbula, chamados em conjunto de espinhas genianas. As espinhas genianas servem a inserção dos músculos genioglosso e gênio-hióideo.
Consulte também: gênio.

GENIANO

Adjetivo que tem relação com o mento.
Consulte também: geniana.

GENICULADO

Adjetivo latino *Geniculatus, Geniculu*, que se dobra, como dobradiça, semelhante ao joelho, estrutura cuja forma se curva sobre si mesmo. Por exemplo: Feixe geniculado (feixe que nasce ao próximo ao córtex frontal); Gânglio geniculado (grupo de corpos celulares de neurônios sensitivos do nervo facial).
Consulte também: goni, joelho.

GÊNIO

Substantivo latino *Genius*, de divindade, talento. Gênio é o nome dado para a ponta do queixo, relativo a proeminência mentual, muito associado a figura do homem sentado sobre uma pedra apoiando a cabeça com o punho cerrado sobre a ponta do queixo.
Consulte também: mento.

GÍNGLIMO

Substantivo grego *Ginglymos, Ginglymou*, charneira, dobradiça. Gínglimo é o nome dado para a estrutura em forma de dobradiça, com peças articuladas para se dobrarem. O mesmo que tróclea (cotovelo), gênero de articulações móveis (diartroses) na qual um dos ossos rola sobre uma polia (côndilo), como se fossem as borboletas de uma dobradiça de porta.
Consulte também: joelho, geniculado.

GIRENCÉFALO

Substantivo grego *Gyros, Gyrou*, movimento circular e *Enkephalé, Encáfalo*. Girencéfalo é o nome dado antigamente para as circunvoluções do cérebro. As circunvoluções são dobras encontradas na superfície do cérebro, possibilitando que uma grande quantidade de massa (tecido) seja

comprimida dentro de um espaço reduzido.
Consulte também: circunvolução.

GIRO

Substantivo latino *Gyrus, Gyri*, circunvolução, do grego *Gyros, Gyrou*, movimento circular, estrutura torcida sobre o próprio eixo. Giro é o nome dado para as dobras situadas na superfície do cérebro. Reservamos o termo giro como o propósito de identificar uma dobra específica do córtex cerebral. Por exemplo: Giro angular (dobra do córtex situada entre o lobo temporal e parietal, resultado da confluência do giro temporal superior e médio); Giro temporal superior (dobra do córtex situada abaixo do sulco lateral); Giro pós-central (dobra do córtex situada posterior ao sulco central); etc.
Consulte também: circunvolução, córtex, girencéfalo.

GLABELA

Substantivo latino *Glabellus, Gabellum*, de glabela, região sem pelos entre as sobrancelhas acima dos arcos superciliares. Glabela é o nome dado para uma pequena área de pele situada entre as sobrancelhas, que naturalmente é quase desprovida de pelos, porém, não é raro encontrarmos indivíduos em que os pelos das sobrancelhas se unem cobrindo toda a glabela, permitindo evidenciar a bossa frontal.
Consulte também: bossa.

GLANDE

Substantivo latino *Glans, Glandis*, a bolota, referente a fruta do carvalho, do grego *Bálanos, Bálanou*, estrutura globosa, nodular. Glande é o nome dado para a extremidade apical do pênis e do clitóris, saliente como uma bolota, coberto parcialmente pelo prepúcio. A glande é uma região erógena da genitália masculina e feminina, que ao toque causa excitação sexual, em casos mais derradeiros, ejaculação precoce. A sensibilidade da glande está associada a presença de inúmeros receptores, mais precisamente aos corpúsculos de Meissner[36]. Nos homens, a glande do pênis representa uma grande estrutura onde o óstio externo da uretra se abre em forma de fenda. Nas mulheres, a glande faz parte do clitóris, coberta parcialmente por um prepúcio rudimentar. Tanto a glande masculina quanto a glande feminina sofrem ereção ao serem estimuladas, cumprindo um papel importante na excitação sexual. A glande masculina devido sua forma cônica, funciona como uma ponteira guia durante a

---

36 MEISSNER, Georg (1829-1903), anatomista e fisiologista alemão nascido em Hanover, associado a descoberta dos receptores que correspondem a sensibilidade da pele, como o tato.

relação sexual, direcionando e facilitando a penetração do pênis no canal vaginal.
Consulte também: bálano, clitóris.

GLÂNDULA

Substantivo latino *Glandulae*, diminutivo de *Glans, Glandis*, de glande, do grego *Adén, Adénos, Glande*, bolota, fruta do carvalho. Glândula é o nome dado para o órgão formado por tecido glandular cuja função primordial é produzir substâncias, principalmente hormônios, que visam equilibrar as atividades metabólicas do organismo. Há dois tipos de glândulas, as endócrinas, são aquelas que liberam substâncias diretamente na corrente sanguínea por meio de mediadores químicos e as exócrinas, aquelas que liberam substâncias por meio de ductos no interior das cavidades do corpo. Há órgãos que obtém as duas funções glandulares, endócrina e exócrina. Por exemplo: Pâncreas (órgão anexo ao sistema digestório, situado na cavidade abdominal, funciona também como glândula exócrina e endócrina).
Consulte também: ácino.

GLENA

Substantivo grego *Gléne, Glénes*, de *Glén*, pequena cavidade, rasa e *Eidos*, forma. Glena é o nome dado para a cavidade articular (cavidade glenoide) situada na escápula de pouca profundidade que serve para acomodar a cabeça do úmero. Diferentemente da cavidade do acetábulo, a cavidade glenoidea não permite que a cabeça do úmero se encaixe totalmente, o que torna esta articulação frágil, podendo causar luxação do ombro. Contrário de cavo.
Consulte também: cavidade.

GLENOIDAL OU GLENOIDEA

Adjetivo que tem o mesmo significado da palavra glenoidea, do grego *Glenoidés*, de *Glén*, pequena cavidade e *Eidos*, forma, semelhança. Referente a cavidade rasa da escápula que serve a cabeça do úmero.
Consulte também: glena.

GLOBO OCULAR

Substantivo latino *Globus*, de globo, esfera e *Ocularis*, de olho. Globo ocular é o nome dado para a estrutura globular (esférica) do olho situado dentro da cavidade ocular, destinado ao sentido da visão, constituído por diversos invólucros membranosos, sendo alguns deles transparentes.
Consulte também: olho.

GLOMÉRULO

Substantivo latino *Glomerulus, Glomeruli,* diminutivo de *Glomus, Glomeris,* novelo, carretel, rolo, enrolado. Glomérulo é o nome dado para a estrutura microscópica situada no interior dos rins chamado glomérulo renal. O glomérulo renal é a estrutura formada pelo enovelamento de um pequeno vaso arterial dentro da cápsula glomerular, que ao se enrolar sobre si mesmo dá origem ao glomérulo propriamente dito, cujo formato lembra um novelo de lã. O glomérulo faz parte do chamado corpúsculo renal, que consiste de um glomérulo e uma cápsula glomerular, também chamada de cápsula de Bowman[37], cuja função primordial é filtrar o plasma sanguíneo, passando por uma sequência de tubos e túbulos renais até se transformar em urina após vários processos de absorção e reabsorção. Os glomérulos podem ser encontrados em outras partes do corpo, como pequenos tufos e novelos de fibras nervosas ou de vasos sanguíneos.
Consulte também: glândula.

GLOMO

Substantivo latino *Glomus,* de corpúsculo, pequeno corpo. Glomo é o nome dado para a estrutura corpuscular presa a certos vasos sanguíneos, caracterizada pela convergência de muitas terminações nervosas sensíveis a determinados níveis químicos presentes na corrente sanguínea. Por exemplo: Glomo carótico (grupo de quimiorreceptores situados no seio carotídeo sensíveis as alterações nos níveis de oxigênio e gás carbônico).
consulte também: corpúsculo, seio.

GLOTE

Substantivo latino *Glottis,* do grego *Glótta, Glóttes,* ou *Glóssa, Glósses,* língua. Glote é o nome dado para a região interna da laringe ao nível das pregas vestibulares e vocais, incluindo o ventrículo da laringe. A glote é a região mais estreita e fendida da laringe por onde passa o ar quando respiramos. Durante a fonação, as cordas vocais se aproximam (adução) e se afastam (abdução), para que o som produzido por sua vibração seja mais grave ou mais agudo. A rima da glote é o espaço situado entre as pregas vocais.
Consulte também: laringe, rima.

---

37 BOWMAN, William (1816-1892), anatomista e oftalmologista britânico que descreveu as estruturas anatômicas da cápsula glomerular.

GLÓTICO

Adjetivo que se refere a glote. Por exemplo: Cavidade infraglótica (pequeno espaço que antecede a traqueia, abaixo da glote).
Consulte também: glote, goela.

GLÚTEO

Adjetivo latino *Glutius*, que pertence as nádegas ou que dela faz parte, do grego *Gloutós, Gloutou*, nádega. Glúteo é o nome dado para os três músculos (glúteo máximo, médio e mínimo) que compõem a região das nádegas, região que serve como coxim para amortecer o peso do tronco sobre os ísquios quando sentamos. Apesar da presença dos músculos, sobre os glúteos há um grande acúmulo de gordura, dando a forma arredondada e tamanho variável, principalmente nas mulheres devido ao padrão hormonal feminino. Por causa do ventre muscular avantajado, o glúteo máximo é a região predestinada a aplicação intramuscular de substâncias medicamentosas.
Consulte também: nádega.

GÔNADA

Substantivo grego *Gónos*, de geração, semente. Gônada é o nome dado para as glândulas sexuais masculina e feminina que produzem hormônios e gametas haploides, frequentemente associada ao estado mais primitivo (primordial) dos testículos e ovários.
Consulte também: Testículo, Ovário.

GONFOSE

Substantivo latino *Gomphus, Gomphi*, do grego *Gómphos, Gómphou*, prego, cavilha. Gonfose é o nome dado para o tipo de articulação imóvel em que o osso é inserido na cavidade articular como se fosse um prego em um buraco, como ocorre nas implantações das raízes dos dentes nas cavidades alveolares da maxila e mandíbula. São articulações de natureza fibrosa, por isso não apresentam movimento. Importante destacar que os dentes não são estruturas totalmente imóveis como aparentam ser, sua fixação nos alvéolos dentários permite pequenos ajustes sob forte pressão, principalmente durante a mastigação de alimentos mais rígidos e fibrosos, como carnes e raízes.
Consulte também: sinartrose.

GONI

Adjetivo grego *Góny, Gónatos*, que propõem a ideia de joelho.
Consulte também: joelho.

GONÍACO

Adjetivo relativo ao gônio, ângulo da mandíbula e o que se refere a este ângulo.
Consulte também: gônio.

GÔNIO

Substantivo grego de *Gonía, Gonías*, ângulo, o mesmo que *Gônion*, canto. Gônio é o nome dado antigamente para a proeminência do ângulo da mandíbula, termo herdado de estudos da antropologia física. Na nova nomenclatura anatômica é adotado o termo ângulo ao invés de gônio.
Consulte também: mandíbula.

GOTEIRA

Substantivo latino *Gutta, Guttae*, de gota, do grego *Hdrorrhóa, Hydrorrhás*, canal por onde pinga a água da chuva. Goteira é o nome dado para a ranhura funda situada na superfície de um osso, serve para facilitar o deslizamento de tendões ou para dar passagem a vasos sanguíneos.
Consulte também: Sulco, impressão.

GRAVATA SUÍÇA

Substantivo francês *Cravate*, de gravata, tira de tecido usado no pescoço, e *Suiça*, de *Suiço*, referente ao tipo de uniforme dos mercenários que serviam na França do rei Luís XIII. Gravata suíça é o nome dado antigamente para o arranjo peculiar das fibras musculares do estômago, comparada a peça de vestuário que se usava em volta do pescoço.
Consulte também: estômago.

GUBERNÁCULO

Substantivo latino *Guberneulum, Guberneuli*, leme, direção, guiar, do grego *Kybernétes, Kybernétou*, piloto, de *Kybernáo* conduzir, dirigir. Gubernáculo é o nome dado para o ligamento escrotal, cordão fibromuscular de origem mesenquimatosa, semelhante a uma prega que vai do testículo até a região inguinal. O gubernáculo é uma das estruturas responsáveis pela descida dos testículos por volta do nono mês de gestação, servindo de guia para até a bolsa escrotal. Em casos derradeiros, pode ocorrer situações em que um dos testículos ou ambos não desçam, principalmente em bebês prematuros, ficando retidos na cavidade abdomino-pélvica. Esta condição chamamos de criptorquidia uni ou bilateral. O gubernáculo também se forma em mulheres, porém, não se desenvolve completamente, tornando-se rudimentar.
Consulte também: cordão.

GUTURAL

Adjetivo latino *Gutturalis*, de *Guttur*, *Gutturis*, goela, garganta. Termo antigo que tem relação com a garganta, de goela.
Consulte também: glote.

H

HABÊNULA

Substantivo latino *Habenula, Habenulae,* diminutivo de *Habena, Habenae,* rédea, disciplina, do grego *Henía, Henías,* correia, brida, rédea, palavra derivada da imagem da cabeça de um cavalo e as rédeas vista pelo cavaleiro. Habênula é o nome dado para uma diminuta estrutura nuclear superficial do tálamo, mais precisamente do epitálamo, de cor parda presente em quase todos os vertebrados. As habênulas determinam a ligação entre o prosencéfalo e o mesencéfalo, intimamente envolvidas na regulação do comportamento emocional, influenciando na mudança de comportamento em situações de dor, estresse, ansiedade, recompensa, sono e disfunções de aprendizagem e locomoção. Estudos recentes buscam demonstrar o desempenho patente das habênulas na regulação do sistema dopaminérgicos e serotonérgicos, o que explicaria, por exemplo, a hiperativação habenular em níveis baixos de dopamina, em casos de doença de Parkinson e da serotonina em casos de depressão crônica. As habênulas são consideradas as principais estruturas do centro antagônico de recompensa do cérebro. Ou seja, ela inibe a liberação de hormônios que causam a sensação de prazer, de recompensa.
Consulte também: hipófise, pineal.

HÁLUX

Substantivo latino *Allex, Hallus,* de dedo grande. Hálux é o nome dado para o primeiro dedo do pé, popularmente conhecido como dedão do pé, análogo ao dedo polegar da mão.
Consulte também: polegar.

HAMATO

Substantivo latino *Hamatum,* osso cárpico em forma de gancho, de adunco (gancho). Hamato é o nome dado para o pequeno osso situado na segunda fileira (distal) de ossos que compõem o carpo, cuja a forma lembra um gancho utilizado para fisgar e retirar grandes peixes para fora d'água, devido a presença de uma proeminência óssea (hâmulo do

osso hamato) preso a face palmar do osso.
Consulte também: hâmulo, adunco.

HÂMULO

Substantivo latino *Hamulus, Hamuli,* anzol pequeno, diminutivo de *Hamus, Hami,* anzol. Hâmulo é o nome dado para a estrutura em forma de anzol, caracterizado por uma ponta curvada. Por exemplo: Hâmulo pterigoideo (estrutura óssea ganchosa situada na lâmina lateral do processo pterigoideo do osso esfenoide); Hâmulo da lâmina espiral (estrutura da parte interna da lâmina em espiral da cóclea situada no ouvido interno, um dos limites do helicotrema); Hâmulo do osso hamato (estrutura óssea curvada do osso hamato, antigo adunco).
Consulte também: adunco, helicotrema.

HARMÔNICA

Adjetivo latino harmonia, *Harmoniae,* do grego *Harmonía, Harmonias,* concordância entre as partes de um todo, em conformidade, consonância, como ocorre nas articulações fibrosas (sinartroses), em que dois ossos entram em contato por superfícies articulares de faces quase perfeitas, ou seja, harmônicas.
Consulte também: articulação.

HAUSTRO

Substantivo latino *Haustro, Haustros,* de vesícula, bolsa saculiforme. Haustro é o nome dado para as formações saculiformes presentes nos colos: ascendente, transverso, descendente e sigmoide do intestino grosso, como bosseladuras ou dilatações dos divertículos, limitadas por sulcos transversais, unidas pelas tênias: livre, omental e mesocólica; cobertas eventualmente por apêndices de gordura ou epiploicos.
Consulte também: divertículo.

HÉLICE

Substantivo latino *Helix,* de espiral. Hélice é o nome dado para a estrutura situada na borda curvada da orelha externa, que vai do ramo da hélice até o tubérculo de Darwin[21], cuja a forma lembra a carapaça espiralada de um caracol.
Consulte também: hélix

HELICÍNEO

Adjetivo de hélice, o mesmo que helicoidal ou helicoide, estrutura em espiral em forma de caracol. Por exemplo: Artérias helicíneas (artérias contornadas em espiral situadas no ovário e no útero).
Consulte também: hélice.

HELICOTREMA

Substantivo grego *Hélix, Hélikos,* espiral e *Trêma, Trêmatos,* buraco, orifício. Helicotrema é o nome dado para a pequena abertura situada no centro do caracol (cóclea) do ouvido interno, permitindo a comunicação entre as rampas vestibular e timpânica.
Consulte também: hâmulo.

HÉLIX

Substantivo latino *Helix, Helicis,* do grego *Hélix, Hélikos,* de *Hélein,* enrolar, envolver, enredar. Hélix é o nome dado para a pequena dobra semicircular situada na borda da orelha externa. O mesmo que hélice.
Consulte também: hélice.

HEMAL

Adjetivo do grego *Háima, Háimatos,* sangue. Que se refere ao sistema vascular ou circulatório, onde o elemento principal é o sangue.
Consulte também: sangue.

HEMIÁZIGO

Substantivo grego *Hemi,* metade, *A,* sem privado e *Zygas,* par, casal, cópula. Hemiázigo é o nome dado para a veia situada à esquerda e perpendicular a veia ázigos, separadas pela aorta abdominal, junto a coluna vertebral, contínua com a veia hemiázigo acessória.
Consulte também: ázigo.

HEMISFÉRIO

Substantivo latino *Hemispherium, Hemispherii,* do grego *Hemisphaírion, Hemisphairíou,* meia-bola, semicírculo, meia-lua, de *Hemí,* metade e *Sphaíra, Sphaíras,* bola, esfera. Hemisfério é o nome dado para cada uma das metades do cérebro (hemisfério cerebral) marcada pela superfície sinuosa do córtex cerebral. Cada hemisfério cerebral é formado por quatro lobos: frontal, parietal, temporal e occipital; separados pela foice do cérebro até o corpo caloso. Os hemisférios cerebrais constituem as maiores porções laterais do encéfalo, ou seja, o próprio cérebro dividido em metades direita e esquerda, cada qual com um ventrículo lateral.
Consulte também: cérebro.

HEMORROIDA

Substantivo latino *Hemorrois, Hemorroidis,* do grego *Aimorrhoís, Aimorrhoídos,* perda, vazão sanguínea, de *Háima,* sangue e *Rhéo,* correr, vir, decorrer. Hemorroidas é o nome dado para as veias inchadas, tuberosas, podendo causar inflamações e dores anais durante a evacuação. Há dois tipos clínicos de hemorroidas: as internas, quando ocorrem no reto e no canal anal e as externas, quando ocorrem no ânus e as veias

são projetadas para fora dele. Hemorroidas são comuns no período gestacional e puerperal, em que a pressão nas veias do reto e ânus são acentuadas.
Consulte também: ânus, reto.

HEMORROIDAL

Adjetivo que se refere a hemorroidas.
Consulte também: hemorroidas.

HEPÁTICO

Adjetivo *Hepaticus*, de *Hepar, Hepatis*, do grego *Hepatikós*, de *Hépar, Hepatos*, que tem relações com o fígado.
Consulte também: Fígado.

HIALINO OU HIALINA

Adjetivo latino *Hyalinus*, do grego *Hyalos, Hyaloou*, vidro, cristal, transparente como o vidro ou como se dele fosse feito. Por exemplo: Cartilagem hialina (cartilagem que cobre as superfícies articulares dos ossos, semelhante as cartilagens que se estendem dos arcos costais até o osso esterno do tórax).
Consulte também: cartilagem.

HIALOIDE

Adjetivo latino *Hyaloides, Hyaloidis*, o mesmo que *Humor Vítreo*, do grego *Hyaloidés, Vitroso*, que se assemelha ao vidro, de *Hyalos*, vidro e *Eidos*, forma. Por exemplo: Canal hialoide (canal estreito que corre pelo corpo vítreo do olho a partir do disco do nervo óptico, passando por trás da lente, ocupado pela artéria hialoide no feto).
Consulte também: olho.

HIALOIDIANO

Adjetivo que relação com o *Humor Vítreo*, de hialoide.
Consulte também: hialoide, humor.

HIATO

Substantivo latino *Hiatos, Hiatos*, abertura, fenda, de *Hiare*, ter a boca aberta, bocejar. Hiato é o nome dado para algumas aberturas do corpo. Por exemplo: Hiato de Falópio[38] (pequena abertura situada na face superior da porção petrosa do osso temporal situado na fossa craniana média, serve para a passagem do nervo petroso maior, atual hiato do

---

38 FALLOPPIO, Garielle (1523-1562), anatomista e cirurgião italiano. Tornou-se professor de anatomia em Pisa e em Pádua, onde trabalhou com Andreas Vesalius.

canal do nervo petroso maior); Hiato de Winslow[39] (abertura situada no peritônio, permite a comunicação da bolsa omental com o resto da cavidade peritoneal, atual forame omental ou epiplóico); Hiato esofágico (abertura do músculo diafragma que serve para a passagem do esôfago); Hiato aórtico (abertura do músculo diafragma que serve para a passagem da aorta); Hiato sacral (abertura na extremidade inferior do sacro por onde se tem acesso ao canal sacral); etc.
Consulte também: ádito, forame.

HILÁRIO

Adjetivo hilar, relativo a hilo.
Consulte também: hilo.

HILO

Substantivo latino *Hilum, Hili*, ponto, marca utilizada pelos romanos para apontar o local onde uma fava se adere a planta, refere-se a cicatriz de uma semente deixada no ponto em que essa se fixa. Hilo é o nome dado para a região deprimida em que um órgão (víscera) recebe seus vasos sanguíneos. Entretanto, a palavra "ponto" talvez não fosse a melhor indicada, pois é natural se referir ao hilo como uma abertura, frequentemente comparada a passagem de uma porta, marcando o local de passagem de estruturas que entram e saem de um órgão. Por exemplo: Hilo pulmonar (passagem para entrada e saída de vasos na face visceral dos pulmões); Hilo hepático (passagem para entrada e saída de vasos entre o lobo caudado e quadrado do fígado); Hilo esplênico (passagem para entrada e saída de vasos na face visceral do baço); etc.
Consulte também: hiato.

HÍMEN

Substantivo grego *Hymén, Hyméneos*, véu, túnica, membrana. Hímen é o nome dado para a dobra de mucosa que se forma sobre a abertura do canal vaginal, deixando-o parcialmente fechado. Durante a primeira relação sexual da mulher, o hímen é naturalmente lesionado causando dor e sangramento. Em determinados casos o hímen fecha completamente o canal vaginal (hímen imperfurado), impedindo que o fluxo menstrual seja liberado. Nesses casos, um pequeno procedimento cirúrgico é recomendado para se perfurar o hímen.
Consulte também: membrana.

---

39 WINSLOW, Jacob Benignus (1669-1760), anatomista nascido na Dinamarca, também conhecido como Jacques-Bénigne Winslow.

HIMENAL

Adjetivo relativo ao hímen.
Consulte também: hímen.

HIOIDE OU HIPSILOIDE

Substantivo grego *Ypsilon*, de Y e *Eidos*, forma ou semelhança. Hioide é o nome dado para um pequeno osso em forma de ferradura situado abaixo da mandíbula, na parte anterior e média do pescoço. É também conhecido como osso lingual, por que permite a inserção de músculos associados diretamente com a língua.
Consulte também: tireoide.

HIPOCAMPO

Substantivo grego *Hippocámpos, Hippocámpou*, de *Híppos*, cavalo e *Kámpos*, espécie de cetáceo (cavalo-marinho) e a figura mitológica de Netuno[40], cuja carruagem é puxada por animais com cabeça de cavalo e corpo de peixe, também conhecido como o corno de Ámon[41,42]. Hipocampo é o nome dado para a região que corresponde a uma parte do giro para-hipocampal situado no lobo temporal, desempenhando papel importante na formação de novas memórias. O hipocampo faz parte do sistema límbico e da capacidade de localização espacial. Lesões no lobo temporal que atingem o hipocampo, impedem que indivíduos construam novas memórias, dando a sensação de estarem vivendo presos no tempo.
Consulte também: limbo.

HIPOCÔNDRIO

Substantivo latino *Hypochondrium*, do grego *Hypochóndrion*, de *Hypó*, abaixo e *Chóndros*, cartilagem. Hipocôndrio é o nome dado para a região situada na parte superior do abdome, a direita e à esquerda do epigástrio, abaixo das cartilagens costais, daí a origem do nome.
Consulte também: epigástrio.

HIPODERME

Adjetivo grego *Hypó*, debaixo e *Dérma, Dérmatos*, pele. Refere-se a camada de tecido debaixo da pele. A hipoderme é o tecido subcutâneo logo

---

40 Netuno, Deus romano dos mares e oceanos, inspirado em Poseidon. Também era considerado o Deus das fontes, das correntes e correntezas, e de tudo que é aquático.

41 Ámon, de *Amon, Amun* foi um dos deuses do antigo Egito associado ao Deus Rá, dando origem ao Deus Amon-Rá.

42 AMMON, Friedrich August (1799-1861), foi um anatomista, cirurgião e oftalmologista alemão, de Gottingen, médico real de Frederico Augusto II, rei saxon.

abaixo da pele, classificado como tecido conjuntivo frouxo está fixado à órgãos adjacentes a pele de modo mais flexível. Esta característica permite que a pele seja esticada sobre os músculos sem causar eventuais danos.
Consulte também: tegumento, pele.

HIPODÉRMICO

Adjetivo relativo à hipoderme. O que está logo embaixo da pele, a hipoderme.
Consulte também: hipoderme.

HIPOFISÁRIO

Adjetivo relativo à hipófise.
Consulte também: hipófise, glândula.

HIPÓFISE

Substantivo grego *Hypóphysis, Hypophyseos*, de *Hypó* e *Physis*, broto, rebento. Hipófise é o nome dado para a pequena glândula pituitária situada na fossa hipofisária, no centro da sela turca do osso esfenoide, atrás do quiasma óptico e anterior aos tubérculos mamilares do tronco encefálico. Esta pequena glândula já foi chamada de glândula mestra, devido sua abrangência endócrina. O hipotálamo controla a hipófise por meio de 9 tipos de hormônios; induzindo a glândula a produzir 7 tipos de hormônios hipofisários. A hipófise está presa ao hipotálamo por meio de um pedículo (infundíbulo), o que permite a glândula permanecer fixada ao diencéfalo. Duas estruturas importantes (lobos) fazem parte da hipófise, a adeno-hipófise, que é anterior e a neuro-hipófise, que é posterior.
Consulte também: glândula, hipotálamo.

HIPOGÁSTRICO

Adjetivo que tem relação com o abdome, baixo ventre. Por exemplo: Região hipogástrica (região delimitada sobre o abdômen, abaixo da região umbilical, marcando a região púbica). O mesmo que hipogástrio.
Consulte também: hipogastro.

HIPOGASTRO

Substantivo grego *Hypogástrion, Hypogástriou*, de *Hypó*, abaixo e *Gastér*, ventre. Hipogastro é o nome dado para a região topográfica sobre o abdômen delimitada pelo plano interespinhal (acima) e pelo plano lateral direito e esquerdo (linha semilunar). O hipogastro, o mesmo que hipogástrio e hipogástrico, determina a delimitação da região púbica sobre o abdômen abaixo do ventre.
Consulte também: hipogástrio.

HIPOGLOSSO

Adjetivo grego *Hypoglóssios*, situado baixo da língua, de *Hypó*, debaixo e *Glóssa*, língua. Por exemplo: Nervo hipoglosso (décimo segundo par de nervos cranianos relacionado com a fala, alimentação e a deglutição, cuja as fibras nervosas se originam no bulbo do tronco encefálico, passando pelo canal do hipoglosso situado na base do crânio em direção aos músculos sublinguais).
Consulte também: língua.

HIPOTENAR

Adjetivo grego *Hypó*, debaixo e *Thénar*, palma da mão, saliência almofadada alinhada com o dedo mínimo, abaixo da região tenar do polegar, também chamada de eminência hipotênar, onde residem os músculos abdutor, flexor curto e oponente do dedo mínimo. Faz referência a parte da mão que bate, agride, do grego *Teino*, de bater, dando origem ao termo palma da mão, citado por Éfeso[43] em relação a pequena eminência situada na base do dedo mínimo.
Consulte também: tenar.

HIPSOCEFALIA

Substantivo grego *Ypsos*, altura e *Kephalé*, cabeça. Hipsocefalia é o nome dado para a forma elevada do crânio. O mesmo que acrocefalia.
Consulte também: acrocefalia.

HIPSOCÉFALO

Adjetivo relativo a forma elevada do crânio.
Consulte também: hipsocefalia, acrocefálico.

HORMÔNIO

Substantivo grego *Horman, Hormôn*, de excitar, estimular. Hormônio é o nome dado para a substância secretada por certas glândulas endócrinas cuja função primordial é excitar, inibir e regular atividades metabólicas do organismo. Por exemplo: Adrenalina (hormônio produzido pelas glândulas suprarrenais responsável por estimular a parte simpática do sistema nervoso autônomo).
Consulte também: humor.

HUMOR

Substantivo latino *Humoris*, do grego *Chymós, Chymoû*, suco, líquido, fluído. Humor é o nome dado para a substância líquida ou semilíquida

---

43 ÉFESO, Rufo (70 d.C), foi um médico grego e escritor de tratados sobre dietética, patologia e anatomia, seguidor de Hipócrates e posteriormente criticado por abandonar alguns de seus ensinamentos.

que pode ser separada por simples dissociação. Por exemplo: Humor aquoso (liquido incolor composto principalmente por água, um pouco de albumina, glicose e sais minerais, situado na câmara anterior do globo ocular do olho, entre o cristalino e a córnea); Humor vítreo (líquido viscoso de consistência gelatinosa que dá a forma esférica do olho, situado na câmara posterior do globo ocular, entre o cristalino e a retina). Consulte também: bulbo, hialoide.

I

ÍLEO

Substantivo latino *Ileum, Ilei,* de *Ilia, Ilium, Ilharga,* ventre, barriga, do grego *Eílein,* rolar, descrever voltas. Íleo é o nome dado para o órgão situado na cavidade abdominal com aproximadamente 2 metros de comprimento, entre o jejuno e a válvula ileocecal, a última porção do intestino delgado. Seu nome faz referência as inúmeras voltas dentro da cavidade abdominal, dando a impressão de um enovelado de alças intestinais.

Consulte também: ílio.

ILEOCECAL

Adjetivo que pertence ao íleo e ao ceco. Por exemplo: Válvula ileocecal (válvula ileocecocólica, situada na junção entre o íleo e o ceco). Seu papel no trânsito do conteúdo gástrico é de suma importância, pois impede que o conteúdo volte para o íleo, determinando que siga somente pela passagem do intestino grosso. Essa característica faz também referência a expressão: barreira dos boticários[44].

Consulte também: intestino, víscera.

ILEOGRAFIA

Substantivo grego *Iléos, Iléou,* ventre e *Gregoaphein,* descrever, descrição do intestino. Ileografia é o nome dado para a prática clínica de se observar por meio de técnica radiológica, possibilitando descrever o estado de conformidade das alças intestinais, em especial as alças ileais.

Consulte também: íleo.

ILEOLOGIA

Substantivo grego *Iléos, Iléou,* ventre e *Logia,* coleta, tudo que diz respeito ao íleo. Ileologia é o nome dado para a ciência que estuda o tratado

---

44 Os boticários, diferentemente dos médicos cirurgiões, eram comerciantes que no início receitavam e vendiam medicamentos que aos poucos foram se especializando e assumiram o papel do médico clínico.

acerca do íleo.
Consulte também: íleo.

ILHOTAS

Substantivo latino *Insule*, diminutivo de ilha. Ilhota é o nome dado para as ilhotas pancreáticas situadas no pâncreas. São células organizadas de modo que lembram pequenas ilhas entre os ácino pancreáticos. As ilhotas pancreáticas, de Langerhans[45] são responsáveis por produzir a insulina.
Consulte também: pâncreas.

ILÍACO

Adjetivo latino *Iliacus*, de *Ilia*, *Iliae*, *Ilharga*, vazio, flanco. Que se relaciona com o osso ilíaco. Por exemplo: Fossa ilíacas (depressão situada sobre a superfície lisa e côncava direcionada para a cavidade pélvica).
Consulte também: ílio.

ÍLIO

Substantivo latino *Ilium* que se refere ao osso largo do quadril em forma de leque. Ílio é o nome dado para o maior e mais largo osso do quadril. O osso ílio está situado no quadril, juntamente com o ísquio e púbis, projetado para cima cuja a forma lembra um leque aberto, com borda superior saliente, a crista ilíaca e face pélvica lisa. A face glútea é ligeiramente convexa e possui marcas em forma de linhas, as linhas glúteas anterior, posterior e inferior. O corpo do ílio se funde com a cavidade do acetábulo, onde a cabeça do fêmur se encaixa.
Consulte também: ísquio, púbis.

IMPRESSÃO

Substantivo latino *Impressio*, de ranhura, sulco. Impressão é o nome dado para as marcas sobre a superfície dos órgãos. São acidentes anatômicos que permitem evidenciar a presença natural de estruturas justapostas ao tecido desde o seu desenvolvimento. Por exemplo: Impressão da fossa oval (marca deixada pela antiga passagem criada pela comunicação entre os dois átrios no coração durante a circulação uteroplacentária).
Consulte também: sulco, goteira, fossa.

INCISÃO

Substantivo latino *Incidere*, de cortar, de *In*, para dentro e *Caedere*, cortar. Incisão é o nome dado para o tipo de corte profundo realizado em procedimentos cirúrgicos e práticas anatômicas, como dissecação ou

---

45 LANGERHANS, Paul (1847-1888), patologista, fisiologista e biólogo alemão, responsável pela descoberta das células que secretam insulina.

dissecção.
Consulte também: incisura, anatomia, dissecção.

INCISURA

Substantivo latino *Scarifatio*, de corte. Incisura é o nome dado para o corte (reentrância) sobre a superfície de um órgão, podendo ocorrer por meio da invaginação do tecido cortical. Por exemplo: Incisura jugular (pequeno corte situado ao nível da margem superior do manúbrio do osso esterno); Incisura cardíaca (pequeno corte sobre a margem anterior do pulmão esquerdo, devido a inclinação do ápice do coração para a esquerda); Incisura isquiática maior e menor (cortes produzidos a partir da protuberância da espinha isquiática, entre o acetábulo e o túber isquiático); etc.
Consulte também: cissura.

INDÚSIO CINZENTO

Substantivo latino *Indusium*, de túnica, veste utilizada por damas romanas por baixo dos vestidos, de camisa e *Griseum*, cinza. Indúsio cinzento é o nome dado para a camada fina do sistema límbico formado por estrias longitudinais espalhadas sobre a superfície do corpo caloso.
Consulte também: limbo.

INFERIOR

Adjetivo que identifica a estrutura que está abaixo, posicionado distalmente da raiz.
Consulte também: distal.

ÍNFIMA

Adjetivo latino *Infimus*, *Inferus*, o mais abaixo, de inferior.
Consulte também: infra.

INFRA

Preposição cujo significado define o que está abaixo, sob. Por exemplo: Fossa infra-escapular (escavação funda situada abaixo da espinha da escápula, serve de fixação para o músculo de mesmo nome); Forame infraorbital (forame situado a baixo da margem inferior da cavidade orbital, serve para a passagem do nervo de mesmo nome); etc.
Consulte também: supra.

INFUNDÍBULO

Substantivo latino *Infundibulum*, *Infundibuli*, funil. Infundíbulo é o nome dado para o afunilamento situado na extremidade de um órgão. Tradicionalmente o infundíbulo é a estrutura peduncular contínua com a hipófise, posterior ao quiasma óptico. Porém, há outras citações. Por exemplo: Infundíbulo da tuba uterina (parte mais afunilada da tuba

uterina presa bilateralmente entre o corpo e o fundo do útero).
Consulte também: canal, aqueduto.

INGRASSIAL

Adjetivo relativo às extremidades ingrassias (asas) do osso esfenoide.
Consulte também: ingrassias

INGRASSIAS

Referente as extremidades, apófises, de *Engrassias*, nome dado por Saint-Hilaire[46] para as pequenas asas do osso esfenoide, em homenagem ao médico Ingrassias[47] a quem se deve a descoberta de um dos pequenos ossos do ouvido interno chamado de estribo.
Consulte também: clinoide, asa.

INÍACO

Adjetivo que se relaciona com o ínion.
Consulte também: ínion, proeminência.

ÍNIO

Substantivo grego *Inion*, de nuca. Ínio é o nome dado antigamente para o ponto craniométrico situado na parte posterior da cabeça, local do ápice da protuberância occipital externa.
Consulte também: ófrio, básio.

ÍNION

Substantivo grego *Iníon, Iníou*, nuca, *Occiput*, occipital. Ínion é o nome dado para o ponto mais elevado do crânio situado acima da nuca, na protuberância occipital externa.
Consulte também: proeminência.

INOSCULAÇÃO

Substantivo *Inosculatio, Inosculationis*, de *In*, dentro e *Osculum*, diminutivo de *Os*, boca, do grego *Anastómosis, Anastomóseos, Aná*, através e *Stôma, Stômatos*, boca. Inosculação é o nome dado para a anastomose em arco de vasos sanguíneos. Por exemplo: Arco arterial omental (anastomose de artérias omentais em arco); Arco palmar (anastomose entre o ramo da artéria radial com o ramo da artéria ulna produzindo o arco palmar superficial).
Consulte também: anastomose.

---

46 SAINT-HILAIRE, Étienne Geoffroy (1772-1844), naturalista e zoólogo francês fundador da teratologia, ciência que estuda as malformações congênitas.

47 INGRASSIAS, Johann Philipp (1510-1582), professor de Anatomia em Nepal.

INSULINA

Substantivo latino *Insula*, de ilha, *Iná*, de natureza. Insulina é o nome dado para o hormônio sintetizado por células localizadas no pâncreas, as ilhotas de Langerhans[48], formada por uma proteína polipeptídica.
Consulte também: ilhotas.

INTERCONDILIANO

Adjetivo *Inter* de interposição, interposto, ficar no meio e *Condiliano*, relativo ao côndilo. Espaço situado entre os côndilos. Por exemplo: Fossa intercondilar (espaço reservado entre os côndilos do fêmur); Eminência intercondilar (espinhas situadas entre os côndilos da tíbia).
Consulte também: tubérculos.

INTERCOSTAL

Adjetivo latino *Intercostalis*, de *Inter*, entre, interposto e *Costalis*, relativo a costela, do grego *Mesopléuros*, de *Méso*, entre e *Pléuros*, costela. Estruturas que ocupam os espaços entre as costelas. Por exemplo: Artérias intercostais (artérias situadas no sulco intercostal); Músculo intercostal (músculo situado entre as costelas).
Consulte também: costela.

INTERESPINHOSO

Adjetivo *Inter*, entre, no meio e *Espinha*, mais o sufixo *Oso*. Estruturas situadas entre as extremidades espinhosas. Por exemplo: Ligamento interespinhal (ligamento fibroso entre um processo espinhoso e outro); Músculo interespinhal (músculo preso aos processos espinhosos da coluna vertebral).
Consulte também: espinha.

INTERÓSSEO

Adjetivo que indica qualquer coisa que se coloca entre os ossos. Por exemplo: Ligamentos interósseo (aponeurose que unem os dois ossos do antebraço e da perna); Artéria interóssea (artéria situada entre o rádio e a ulna); Músculo interósseo (músculo situado na mão ou no pé, entre os metacarpos e ou metatarsos).
Consulte também: sesamoide.

INTERSECÇÃO

Adjetivo latino *Inter*, entre e *Sectio*, corte, separação.
Consulte também: dissecção.

---

48 Consulte página 168.

INTERTRANSVERSÁRIO

Adjetivo relativo ao que está entre e transversalmente, o mesmo que transverso. Por exemplo: Seio transverso (sulco que serve para a acomodar a veia de mesmo nome); Processo transverso (estrutura ósseo continua com os arcos vertebrais disposta lateralmente); Músculo transverso (músculo situado na do tórax e do abdome); etc.
Consulte também: transverso, transversário.

INTESTINAL

Adjetivo referente ao intestino ou o que dele provêm, decorre.
Consulte também: intestino.

INTESTINO

Substantivo latino *Intestinum, Intestini*, entranhas, tripa, de *Intus*, lá dentro, interiormente, do grego *Énteron, Énterou*, tripa. Intestino é o nome dado para certas partes específicas do canal alimentar situado entre o estômago e o ânus. Os intestinos são tubos de espessura variável com 4 camadas de tecido: a túnica mucosa, a tela submucosa, a túnica muscular e a túnica serosa (adventícia). São dois tipos de intestino, o intestino delgado e o intestino grosso. O intestino delgado está situado no centro e ventralmente na cavidade abdominal. O duodeno é a parte mais curta do intestino delgado, estando situada atrás do peritônio (retroperitoneal) a partir do esfíncter pilórico. O jejuno e o íleo são as outras duas partes do intestino delgado continuas com o duodeno a partir da flexura duodenojejunal. O intestino delgado é capaz de absorver aproximadamente 90% de todo material nutricional advindo dos alimentos que ingerimos durante a alimentação, por meio de processos químicos e mecânicos. Com cerca de 3 metros de comprimento e 2,5 centímetros de diâmetro, o intestino delgado é composto pelo duodeno, jejuno e íleo. No cadáver, o comprimento do intestino delgado pode chegar a 7 metros comprimento devido a perda do tônus muscular. O intestino grosso é formado pelo ceco, colo ascendente, colo transverso, colo descendente e colo sigmoide, incluindo o reto e o canal anal. Com aproximadamente 1,5 metros de comprimento e 6,5 centímetros de diâmetro, o intestino grosso está situado as margens da cavidade abdominal, emoldurando o intestino delgado ao fundo, se estendendo do íleo ao ânus. O intestino grosso está preso posteriormente a cavidade abdominal a partir do mesocolo que é contínuo com o peritônio.
Consulte também: duodeno, jejuno, ílio, ceco.

ÍNTIMA

Adjetivo latino *Intimus, Internus*, de profundo, o mais fundo.
Consulte também: intrínseco.

INTRÍNSECO
Adjetivo latino *Intra*, para dentro e *Secus*, de lado.
Consulte também: íntima.

INTUMESCÊNCIA
Substantivo latino *Intumescentia*, inchaço, de *In*, dilatação, tumefação. Intumescência é o nome dado para certas estruturas cuja forma é naturalmente dilatada. Por exemplo: Intumescência cervical (dilatação situada entre as raízes nervosas do plexo cervical e a medula espinhal).
Consulte também: gânglio, tubérculo.

INVAGINAÇÃO
Adjetivo latino *In*, dentro e *Vagina*, bainha, referente a dobra de um certo tipo de tecido para dentro.
Consulte também: vagina, cérvix.

IRÍDICA
Adjetivo grego *Iridikós*, relativo ao arco íris.
Consulte também: íris.

ÍRIS
Substantivo latino *Iridis*, do grego *Íridos* de arco-íris ou da íris. Íris é o nome dado para a membrana muscular em formato de rosca, situada na parte anterior do globo ocular, entre a córnea e o cristalino (lente), composta por melanócitos e fibras de músculo liso ao redor da pupila. A quantidade de melanina determina qual será a cor dos olhos, variando do preto ao castanho dependendo da concentração de melanina, e do azul ao verde se a concentração for menor. O humor aquoso que preenche a câmara anterior e posterior do bulbo, banha a íris em ambos os lados.
Consulte também: pupila.

ISOCÓRTEX
Substantivo latino *Isocortex*, de individual. Isocórtex é o nome dado para a parte do cérebro cuja as fibras nervosas estão morfologicamente organizadas em seis camadas (estratos), de modo que os neurônios estão dispostos paralelamente a superfície do córtex, correspondendo a todo neocórtex.
Consulte também: alocórtex, neocórtex.

ISQUIÁTICO
Adjetivo que tem relação com o ísquio.
Consulte também: ísquio, adunco.

ÍSQUIO

Substantivo latino *Ischium, Ischii*, do grego *Ischíon, Ischíou*, anca, osso da bacia. Ísquio é o nome dado para o osso situado na parte póstero-inferior do osso do quadril, cuja forma lembra um ganho preso a margem inferior da cavidade do acetábulo. O ísquio é o osso do quadril que sustenta o peso do tronco, quando estamos sentados sobre uma superfície dura rapidamente teremos desconforto. O ísquio está preso ao ílio por meio da cavidade do acetábulo e ao púbis pelo ramo do ísquio, situado a margem do forame obturado.
Consulte também: adunco, obturado.

ÍSTMICO

Adjetivo relativo ao istmo.
Consulte também: istmo.

ISTMO

Substantivo latino *Isthmus, Isthmi*, de apertado, garganta, do grego *Isthmós, Isthmõu*, estreito, desfiladeiro. Istmo é o nome dado para a parte estreita de um órgão que se une com outra, sendo o meio de entrada e saída. Por exemplo: Istmo da boca (parte estreita situada ao fundo da cavidade oral, comunicando-se imediatamente com a faringe); Istmo da tuba uterina (parte que liga a ampola e o infundíbulo ao corpo do útero); Istmo da glândula tireoide (parte estreita que une o lobo direito com o esquerdo); etc.
Consulte também: fauces.

J

JANELA

Substantivo latino *Januella, Januellae,* diminutivo de *Janua, Januae,* do grego *Phosptér, Phostéros,* porta. Janela é o nome dado para o local que serve de entrada e saída de um órgão, permitindo a passagem em ambos os lados. Por exemplo: Janela do vestíbulo (abertura situada na parede interna do tímpano). Os forames e os óstios se incluem nessa condição.
Consulte também: forame, óstio

JARRETE

Substantivo latino *Poples, Poplitis,* do grego *Ignya, Ignyas,* do francês *Jarret,* curva da coxa, da perna. Jarrete é o nome dado antigamente para o conjunto de músculos situados na parte posterior da coxa formando uma leve curvatura, tornando a região proeminente.
consulte também: panturrilha, gastrocnêmio.

JECORAL

Adjetivo latino *Jecoralis,* de *Jecor, Jecoris,* do grego *Epatikós,* de *Hépar, Hépatos,* de fígado, o que diz respeito ao fígado. O mesmo que jecorário. Antigamente era o termo utilizado para designar a veia da mão direita que se imaginava estar ligada ao fígado e ao próprio fígado como glândula jecoral.
consulte também: fígado, hepático.

JEJUNO

Substantivo latino *Jejunum, Jejuni, Jejum,* do grego *Nesteía, Nesteías* abstinência, privação, que para os romanos era a primeira refeição do dia. Jejuno é o nome dado para o órgão tubular situado na cavidade abdominal entre o duodeno e o íleo, que quando observado está frequentemente vazio, daí a origem de seu nome estar associado a privação e a abstinência de comida, pois é assim que ele é encontrado em cadáveres. O jejuno é a primeira porção do intestino delgado após a flexura duodenojejunal. Possui aproximadamente 1 metro de comprimento que antecede o íleo, preso a parede posterior da cavidade abdominal por meio de uma prega peritoneal, o mesentério, por isso é tão móvel, podendo ocupar várias

posições. Não há como distinguir o ponto exato de transição entre o jejuno e o íleo, apesar de ambos possuírem características anatômicas que permitem distinguir suas extremidades. De modo geral, dizemos que o jejuno está posicionado no quadrante superior esquerdo e corresponde a 2/5 da extremidade proximal, enquanto o íleo ocupa o quadrante inferior direito correspondendo a 3/5 da distal, ambos acomodados tortuosamente entre o duodeno e o ceco.
Consulte também: íleo.

JEJUNO-ÍLEO

Adjetivo que trata a porção do intestino delgado representada pelo jejuno e o íleo juntos de modo a constituírem um tubo único.
Consulte também: jejuno, íleo.

JOELHO

Substantivo latino *Geniculus, Geniculi,* diminuitivo de *Genus, Genus,* do grego *Góny, Gónatos,* joelho, junta. Joelho é o nome dado para a maior e mais complexa articulação sinovial do tipo gínglimo do corpo. O joelho é formado pela articulação de três ossos: o fêmur, a tíbia e a patela. Os movimentos do joelho são de flexão e extensão (dobradiça), tipos de uma articulação do tipo gínglimo, entretanto, é observado pequenos ajustes de rotação lateral e medial, típicos de uma articulação condilar. O joelho apresenta uma cápsula articular munida de ligamentos (espessamentos) que reforçam externamente a articulação; são os ligamentos colateral tibial e fibular, retináculo medial e lateral, ligamento patelar, ligamento arqueado e ligamento poplíteo oblíquo. Internamente, a articulação do joelho apresenta estruturas intracapsulares que ajudam a proteger, estabilizar e facilitar o deslizamento dos côndilos do fêmur sobre os côndilos da tíbia, são os meniscos medial e lateral, ligamento transverso, ligamentos coronários e os ligamentos cruzados anterior e posterior. Ao redor do joelho existe aproximadamente 12 bolsas (bursas) que cumprem o papel de proteção contra desgaste do atrito dos tendões quando contraídos pela musculatura durante os movimentos do joelho, são as bolsas subcutâneas pré-patelar e infrapatelar.
Consulte também: geniculado, gínglimo.

JUGO

Substantivo latino *Jugum,* de coleira, grilhão. Jugo é o nome dado para as estruturas que aparentam estar estranguladas, unidas de modo a estreitar uma passagem ou canal. Por exemplo: Jugo esfenoidal (elevação situada posteriormente ao canal óptico).
Consulte também: jugular.

JUGULAR

Adjetivo latino *Jugularis*, de *Jugulum*, *Juguli*, ajuntar, degolar. Caracteriza-se pela presença de estruturas que permeiam o pescoço ou dele faz parte, do local onde o colo se encontra com os ombros. Por exemplo: Veia jugular interna e externa (veias situadas de ambos os lados do pescoço, drenam o sangue da cabeça para o coração, antigamente era chamada de veia do sacrifício, pois se acredita que o sangue que emanava de sua luz era suficiente para conduzir o animal a morte).
Consulte também: pescoço, cissura, fúrcula.

JUNÇÃO

Adjetivo *Junctio*, de união. Caracteriza-se pela parte de um órgão que se une com outra permitindo fluir ou trocar conteúdo. Por exemplo: Junção anorretal (parte do trato gastrointestinal que marca a união entre o reto e o ânus).
Consulte também: anastomose.

JUNTURA

Substantivo latino *Junctura*, *Juncturae*, de *Jungere*, ajuntar, unir. Juntura é o nome dado para o conjunto de estruturas que une dois ou mais ossos de um esqueleto. O mesmo que articulação. Em relação ao grau de movimento, as junturas podem ser classificadas como: móveis (diartrose), semimóveis (sindesmose, anfiartrose) ou imóveis (sinartrose, sinostose).
Consulte também: articulação.

L

LÁBIO

Substantivo latino *Labium, Labii,* borda de um vaso, de *Labrum, Labri, Lábio, Beiço,* do grego *Cheîlos, Cheîlous,* lábio, rebordo de vaso com boca larga utilizado para banhos pelos romanos. Lábio é o nome dado para as bordas que adornam as entradas de órgãos cavitários. Por exemplo: Lábio superior e inferior da boca (cada uma das bordas carnudas que guarnecem a abertura da boca); Lábios maiores e menores do pudendo (cada uma das bordas que compõem a vulva, onde os lábios menores são mais finos).

Consulte também: margem.

LABIRÍNTICO

Adjetivo que diz respeito ao labirinto.

Consulte também: labirinto.

LABIRINTO

Substantivo latino *Labyrinthus, Labyrinthi,* do grego *Labirínthos, Labyrinthou,* estrutura com corredores estreitos e interligados, cheios de cavidades intricadas, dificultando a localização da saída. Labirinto[49] é o nome dado para o órgão situado na parte petrosa do osso temporal formando a orelha interna contendo o aparelho vestibulococlear, associado ao oitavo nervo craniano de mesmo nome. O labirinto recebe este nome devido ao sistema de canais de aspecto complicado. Possui duas divisões: o labirinto externo (ósseo), estrutura óssea de sustentação revestido por um periósteo preenchido por perilinfa e o labirinto interno (membranáceo), parte membranosa preenchida por endolinfa. Tanto o labirinto ósseo e membranoso, possuem revestimento epitelial contendo receptores sensoriais. O labirinto ósseo é estruturalmente composto por três

---

49 Na mitologia grega, labirinto era o jardim ou palácio composto de divisões múltiplas e complicadas com passagens e ruas que se cruzavam confusamente, de modo que quem ali entrava não encontrava mais saída, foi utilizada por Dédalos para aprisionar o Minotauro.

regiões que contemplam a orelha interna: (1) canais semicirculares, (2) vestíbulo e (3) cóclea. O labirinto membranáceo compreende uma série de sacos e ductos que se comunicam entre si, situado e protegido pelo labirinto ósseo. O labirinto membranáceo compreende duas partes, o labirinto vestibular e o labirinto coclear.
Consulte também: orelha, ouvido, vestibulococlear.

LACERTO

Substantivo latino *Lacertus, Lacerti,* lagarto, a parte do músculo que pertence ao braço. Lacerto é o nome dado antigamente para o músculo que vai da fossa do cotovelo (cubital) ao ombro. O mesmo que bíceps braquial. O nome tem origem na semelhança com a língua bífida de um lagarto.
Consulte também: lagarto.

LACTÍFERO

Substantivo latino *Lactiferi,* de ducto e *Ferus,* leite materno. Lactífero é o nome dado para os ductos que transportam o leite sintetizado pelas glândulas lactíferas situadas nas mamas a partir de um estímulo hormonal.
Consulte também: mama.

LACUNA

Substantivo latino *Lacuna,* de lago no diminutivo, poça rasa. Lacuna é o nome dado para escavações cuja tendência natural é de acumular, reservar. Por exemplo: Lacuna lateral (pequena escavação situada ao pé das granulações aracnóideas no interior dos seios sagitais); Lacunas uretrais, de Morgagni[50] (pequena escavação servindo de leito para as glândulas uretrais, de Littré[51]); Ligamento lacunar, de Gimbernat[52] (ligamento curvo situado lateralmente ao tubérculo púbico, formando uma espécie de bacia, delimitando o limite medial do anel femoral).
consulte também: seio, recesso.

LAGAR

Substantivo latino *Lacus, Laci,* lago, do grego *Lenós, Lenoû,* cuba, cava ou dorna, bacia onde se pisava a uva para a fabricação do vinho. Lagar é o nome dado antigamente para a confluência dos seios, anastomose

---

50 Consulte página 80.

51 LITTRÉ, Alexis (1658-1726), anatomista e cirurgião em Paris nascido em Cordes.

52 GIMBERNAT, Don Manuel Louise Antonio (1734-1816), professor de anatomia em Barcelona e professor de cirurgia em Madri e cirurgião do rei Carlos III da Espanha.

venosa irregular situada anteriormente a protuberância occipital interna, correspondendo ao ponto logo abaixo da protuberância occipital externa. O mesmo que Tórcula, substantivo latino feminino de Tórculo, de *Torcula, Torculae,* lagar, de *Torculare,* espremer em lagar. Por exemplo: Lagar de Herófilo[53] (reservatório venoso comum e variável no seu formato, servindo para a confluência de sangue dos seios durais, como seio sagital superior, seio reto e seio occipital.
Consulte também: seio, tórcula.

LAGARTO

Substantivo latino *Lacertus, Lacerti,* do grego *Saúra, Saúras,* lagarto, referente ao réptil. Lagarto é o nome dado antigamente para o músculo bíceps braquial.
Consulte também: lacerto.

LAGO LACRIMAL

Substantivo latino *Lacus Lacrimalis,* de local de retenção de lágrima. Lago lacrimal é o nome dado para um pequeno espaço situado no ângulo medial do olho, onde se pronuncia uma pequena elevação da mucosa (carúncula lacrimal), que serve como reservatório para armazenar lágrima.
Consulte também: carúncula.

LAGRIMA

Substantivo latino *Lacryma, Lacrymae,* do grego *Dácryon, Dácryou.* Lacrima é o nome dado para o líquido (humor) secretado pelas glândulas lacrimais que lubrifica os olhos. A lágrima é composta de água, sais minerais, proteínas e gordura. A função primordial da secreção lacrimal consiste em lubrificar e limpar os olhos de qualquer corpo estranho que possa ferir a córnea e a conjuntiva, permitindo que o globo ocular

---

53 HERÓFILO (335 a.C – 280) foi um médico grego e um dos primeiros a dissecar e estudar a anatomia sobre um cadáver humano. Considerado um dos primeiros anatomistas é responsável por inúmeras descobertas e práticas médicas, tais como: diagnóstico do pulso, estabeleceu a diferença entre pulsação e palpitação, espasmos e tremores, nervos e vasos sanguíneos e o primeiro a reconhecer que as artérias estavam cheias de ar como se imaginava. Também foi Herófilo que determinou que o cérebro é o centro do sistema nervoso e o órgão responsável pela inteligência, contradizendo Aristóteles que mencionou ser o coração. Descreveu a função detalhada dos olhos e das glândulas salivares. Dissecou e descreveu sete dos doze pares de nervos cranianos. Foi aluno de Ptolomeu e mestre de Erasístrato, com quem fundou a escola de medicina de Alexandria.

deslize livremente durante os movimentos dos olhos.
Consulte também: humor, secreção.

LAGRIMAL
O mesmo que lacrimal, relativo à lágrima.
Consulte também: lágrima.

LAMBDA
Substantivo grego *Lambda,* de lambda, correspondendo a letra L do nosso alfabeto. Lambda é o nome dado para o ponto de encontro entre a sutura sagital com a lambdoide, cuja forma lembra a décima primeira letra maiúscula do alfabeto grego (Λ), resultado do processo de ossificação da fontanela ou fontículo posterior do crânio.
Consulte também: fontanela, fontículo.

LÂMBDICO
Adjetivo que diz respeito ao ângulo póstero-superior dos parietais.
Consulte também: lambda.

LAMBDOIDE
Adjetivo que diz respeito a forma da letra grega lambda (Λ). Caracteriza-se pela sutura serrilhada que encontra com a sutura sagital no ponto médio posterior sobre a calota craniana chamada de sutura lambdoide.
Consulte também: lambda

LAMELA
Substantivo latino *Lamella, Lamellae,* diminutivo de lâmina, *Laminae.* Lamela é o nome dado para as estruturas em forma de lâmina ou de chapinha, de aspecto muito fino e delicado. Por exemplo: a lamela das fendas branquiais, do fluxo de sangue do tipo lamelar no interior dos vasos pequenos vasos.
Consulte também: lameloso, lâmina.

LAMELOSO
Adjetivo referente as estruturas que são compostas por lamelas (lâminas), cuja variedade de tecido conjuntivo é formado por lamelas, presente na bainha da alça de Henle[54] e nos bulbos pilosos.
Consulte também: lamela, lâmina.

LÂMINA
Substantivo latino *Laminae,* do grego *Elásma, Elásmatos,* cuja característica principal é ser flexível, como uma folha de metal ou uma pétala de flor. Lâmina é o nome dado para as estruturas muito finas e retilíneas.

---

54 Consulte página 36.

Por exemplo: Lâmina orbital (placa óssea situada na parede medial da cavidade orbital); Lâmina perpendicular (placa óssea situada dentro da cavidade nasal); Lâmina do arco vertebral (estrutura óssea arqueada situada entre o processo espinho e transverso das vértebras); etc.
Consulte também: lamela.

LANUGEM

Substantivo latino *Lanungo, Lana,* de penugem, lã. Lanugem é o nome dado para os primeiros pelos finos, macios e não pigmentados que crescem sobre a pele do feto por volta do quinto mês de gestação. A lanugem cresce primeiramente sobre a cabeça, sobrancelhas e cílios, e depois em outras partes do corpo, substituída antes do nascimento por pelos claros, finos e curtos chamados de *velus,* pelos que são difíceis de enxergar.
Consulte também: velus.

LARINGE

Substantivo grego *Laryngx, Laryngos,* garganta, goela, do grego *Larynx,* de gaita. Laringe é o nome dado para o órgão cartilaginoso que conecta a faringe à traqueia por meio da região laringofaringe, cuja forma lembra um funil revestido por músculos internos e externos, situada na linha média do pescoço, adiante do esôfago e das vértebras cervicais. Antigamente a laringe recebeu o nome de caixa de voz, devido a presença dos músculos vocais que produzem o som da nossa voz. A laringe é formada por 9 peças de cartilagem, 3 ímpares (tireóidea, epiglote e cricóidea), e 3 pares (aritenoidea, cuneiforme e corniculada). Os músculos da laringe se dividem em dois grupos: os extrínsecos, conectam as cartilagens em estruturas externas da laringe e da garganta, e os intrínsecos, conectam as cartilagens entre si de modo que possam se movimentar durante a contração. A laringe possui dois espaços bem definidos, um acima, chamado de cavidade da laringe, situado entre o ádito e a cartilagem cricoide, local onde estão localizadas as cordas vocais, pregas vocais e o ventrículo da laringe, e um abaixo, o espaço infraglótico, região que antecede a traqueia e os anéis semilunares, inferiormente as cordas vocais.
Consulte também: garganta.

LATERAL

Adjetivo latino *Lateralis,* do grego *Parápleuros* e *Pleurites,* relativo ao que está do lado, face que se volta para fora da linha mediana, tornando-se contrário do que é medial, e vice-versa.
Consulte também: Medial.

LEIÓTRICO

Adjetivo grego *Leios*, liso e *Thrix, Thrikós*, cabelo, característica física presente em indivíduos que possuem cabelo liso, contrário de ulótrico, quem tem os cabelos crespos.
Consulte também: barba, pente.

LEMNISCO

Substantivo latino *Lemniscos, Leminisci*, do grego *Lemnískos, Lemnískou*, fita, faixa, floco, o mesmo que *Láqueus* e fita de Reil[55]. Lemnisco é o nome dado para o conjunto de fibras nervosas de mesmo trajeto que percorrem uma faixa de substância branca que se estende até o tronco encefálico, o lemnisco medial, fazendo sinapse com núcleos vizinhos (fascículo grácil, cuneiforme) localizados na medula espinhal, responsáveis pela transmissão de informações associadas ao tato, pressão, vibração e propriocepção consciente. O fascículo grácil é responsável pela condução das informações, associado ao toque fino e a propriocepção consciente que se origina da cintura para baixo e o fascículo cuneiforme, posicionado ao lado do grácil, fica incumbido de conduzir os estímulos que surgem do umbigo ao pescoço. A partir do arranjo de fibras nervosas e o cruzamento de informações sensitivas, surge o sistema coluna dorsal-lemnisco medial, que é a maneira pela qual o cérebro recebe os estímulos de aspecto fino e delicado. Outra via de condução e recepção de estímulos é o chamado sistema espinotalâmico, que tem origem na medula e segue para o tálamo, cruzando (decussando) as fibras após sua entrada no corno posterior da medula espinhal. Este sistema é responsável por transmitir as informações associadas ao tato grosseiro, estímulo doloroso, pressão e temperatura para o cérebro.
Consulte também: clava, fascículo.

LENTE

Substantivo latino *Lens*, de lente, lentilha. Lente é o nome dado para estruturas convexas ou biconvexas de aspecto transparente e translúcidas. O mesmo que cristalino.
Consulte também: cristalino.

---

55 REIL, Johann Christina (1759-1813), médico alemão cujos trabalhos percorreram a fisiologia, anatomia e psiquiatria. Foi o primeiro a descrever a via do trato que percorre a substância branca na medula espinhal.

LENTICULAR

Adjetivo latino *Lenticularis*, de *Lens, Lentis*, lentilha. O mesmo que lentiforme, que tem a forma de uma lentilha[56]. Característica de algumas estruturas anatômicas cuja forma lembra uma lentilha. Por exemplo: Gânglio lenticular (núcleo cuneiforme que integra parte do corpo estriado situado próximo a base do cérebro, dividido em putame e globo pálido); Processo lenticular (pequena saliência presente na extremidade da bigorna junto ao estribo situado na orelha média); Papilas lenticulares (o mesmo que papilas caliciformes, estruturas gustativas existentes no dorso da língua próximo a raiz, em formato de lentes biconvexas).
Consulte também: papila.

LIENAL

Adjetivo latino *Lienalis*, de *Lienis, Lienis*, do grego *Splén, Splenós*. O mesmo que esplênico, baço.
Consulte também: baço, esplênico.

LIGAMENTO

Substantivo latino *Ligamentum, Ligamenti*, de *Ligare*, prender, do grego *Syndesmos, Syndesmou*, laço, nó, estruturas que servem para ligar ou unir. Ligamento é o nome dado para as estruturas de tecido conjuntivo fibroso e elástico, cuja formato varia do cilíndrico ao laminar. Os ligamentos podem auxiliar no fortalecimento de articulação e tendões musculares. Por exemplo: Ligamento colateral tibial e fibular (estrutura fibrosa que fortalece a articulação do joelho, impedindo o desvio lateral dos côndilos durante o movimento); Retináculo dos músculos extensores (estrutura fibrosa em forma de fita servindo de cinta de contensão para os tendões dos músculos extensores que cruzam a articulação do punho); etc. Os ligamentos podem se manifestar como remanescentes modificados presentes em certas vísceras. Por exemplo: Ligamento redondo do fígado (estrutura fibrosa que se estende do fígado a cicatriz umbilical, remanescente da veia umbilical e algumas veias paraumbilicais). Os ligamentos podem estar associados em determinadas funções. Por exemplo: Ligamento vocal (estrutura fibroelástica presente na margem livre medial do cone elástico situado na laringe); Ligamento redondo do útero (estrutura fibrosa que auxilia na fixação do útero, atravessando o canal inguinal até a tela subcutânea do lábio maior do pudendo).
Consulte também: tendão.

---

56 Lentilha é uma leguminosa da espécie nativa da Ásia, de folíolos ovais e pequenos. É uma das mais antigas plantas cultivadas pelos egípcios e persas.

LIMBO

Substantivo latino *Limbum*, orla, barra, borda. Limbo é o nome dado para determinadas margens ou bordas salientes. Por exemplo: Limbo do acetábulo (margem da cavidade do acetábulo situado no quadril); Limbo da fossa oval (borda da fossa oval situada no átrio direito do coração).
Consulte também: Margem.

LÍMEN

Substantivo latino *Limen, Liminis*, do grego *Oudós, Oudoû* soleira, porta, entrada. Límen é o nome dado para a parte do cérebro entre a base e o lobo insular, região pré-insular, chamada de soleira ou entrada da ínsula.
Consulte também: hilo, hiato.

LINFA

Substantivo latino *Lympha, Lymphae*, do grego *Íchor, Íchoros*, humor, serosidade, água. Linfa é o nome dado para o líquido contido nos vasos linfáticos de aspecto claro e transparente, de sabor salgado, composta por leucócitos e linfócitos. A linfa está presente nos vasos linfáticos, sistema colateral ao sistema circulatório, surge a partir da circulação do sangue junto os capilares sanguíneos, onde a parede dos vasos é muito pequena permitindo a passagem do plasma sanguíneo e não dos glóbulos vermelhos. O resultado dessa transposição é um liquido transparente contendo oxigênio, proteínas, glicose e glóbulos brancos. A circulação da linfa é resultado da contração dos músculos e de certos tipos de movimentos do corpo. A condução da linfa é unidirecional em direção aos linfonodos (gânglios linfáticos) e órgãos linfáticos (baço e timo), onde é filtrada eliminando microrganismos e impurezas que surgem a partir do metabolismo celular prejudiciais ao organismo. Durante este processo alguns linfonodos, principalmente das regiões do pescoço, virilha e axila, podem ficar inchados e doloridos. A concentração de linfa entre os tecidos associada a falta de exercícios físicos, pode causar inchaço nos membros inferiores, perna e pé, comum em mulheres nos últimos meses de gestação.
Consulte também: baço, linfonodo, gânglio.

LINFÁTICO

Adjetivo que se refere à linfa.
Consulte também: linfa.

LINFONODO

Substantivo latino *Lymphonodulus* de *Lympho*, termo de composição que imprime a ideia de linfa e *Nódulus*, diminutivo de *Nodus*, nó em uma

linha, correspondente aos gânglios linfáticos. Linfonodo é o nome dado para os gânglios cuja forma lembra um grão de feijão, distribuídos ao longo do sistema linfático com aproximadamente 600 gânglios. Os linfonodos estão espalhados pelo corpo, tanto superficialmente quanto em regiões mais profundas e podem ser encontrados individualmente ou em grandes grupos, principalmente nas axilas e virilha.
Consulte também: linfa, gânglio.

LÍNGUA
Substantivo latino *Linguae*, de *Lingere*, do grego *Glôssa*, *Glôsses* e *Glôtta*, *Glôttes*, órgão que permite lamber, degustar, falar. Língua é o nome dado para o órgão situado dentro da cavidade oral, de aspecto achatado e flexível, com músculos que permite se alongar, encolher e até dobrar-se em forma de calha (goteira), possibilitando tocar várias partes da boca, principalmente onde os alimentos ficam depositados. A língua é o principal órgão da fala, da deglutição e do paladar. É composta por quatro pares de músculos intrínsecos que dão a ela toda flexibilidade necessária para misturar os alimentos durante a mastigação e para articulação da palavra durante a fala. Do ponto de vista anatômico, a língua é dividida em: raiz (parte que se projeta no fundo da boca); corpo (parte exposta quando a língua é projetada para fora da boca) e ápice (ponta do órgão que toca o céu da boca). Sobre o dorso da língua encontra-se as papilas gustativas, estruturas responsáveis pelo sentido do gosto e tato. São quatro tipos de papilas gustativas: filiforme, fungiforme, valadas (caliciforme ou circunvalada) e foliforme (foliadas). A maioria das papilas gustativas estão situadas sobre o dorso da língua, dando o aspecto aveludado e macio. Inferiormente, a língua apresenta uma prega, o frênulo da língua, cujo papel é frear, se muito curto pode prejudica a fala, condição conhecida popularmente como língua presa.
Consulte também: glosso.

LINGUAL
Adjetivo latino *Lingualis* do grego *Glossikós* ou *Glottikós*. Relativo à língua.
Consulte também: língua.

LÍNGULA
Substantivo latino *Lingula*, diminutivo de língua. Língula é o nome dado a estrutura de aspecto triangular e arredondada na ponta, eventualmente situada sobre pequenas aberturas, como se preferissem sombrear certas entradas ou apenas como uma sobreposição vestigial (remanescente). Por exemplo: Língula da mandíbula (situada sobre o forame mandibular); Língula do pulmão (situada na base do lobo inferior do

pulmão esquerdo, sobrepondo-se sobre o pericárdio); Língula do verme do cerebelo (situada sobre o véu medular superior).
Consulte também: língua, trago.

LINHA
Substantivo latino *Linea, Lineae* do grego *Gregoammé, Gregoammés*, linha, traço. Linha é o nome dado para as estruturas salientes sem largura e espessura, cuja forma lembra um fio de traço relativamente reto. Por exemplo: Linha oblíqua (margem arqueada do processo coracoide da mandíbula que permeia o ramo até o corpo do osso); Linha alba (linha situada entre os ventres do músculo reto abdominal, que vai do processo xifoide, passa sobre a cicatriz umbilical e termina na sínfise púbica, também conhecida como linha branca); Linha intertrocantérica (proeminência sem espessura, áspera ao toque, situada entre um trocanter e outro do fêmur); Linha áspera (linha rugosa e áspera ao toque, situada na parte posterior do fêmur e que se estende até o corpo do osso); Linha milo-hioideo (linha oblíqua situada sobre a face interna do ramo da mandíbula, local de inserção do músculo milo-hioideo, antiga linha oblíqua interna); etc.
Consulte também: borda, margem.

LÍQUIDO
Substantivo latino *Liquior*, de líquido, fluído aquoso e transparente. Líquido é o nome dado para certas substâncias líquidas e aquosas que escorrem em determinados canais e cavidades. Por exemplo: Líquido cerebrospinhal (líquido encontrado entre as meninges e nos ventrículos cerebrais, estéril, produzido pelos plexos coroides, funciona como amortecedores hidráulicos contra impactos no cérebro e na medula espinhal).
Consulte também: líquido cerebrospinhal.

LÍQUIDO CEREBROSPINHAL
Substantivo latino *Liquor Cerebrospinalis*, de líquido, fluído do cérebro e da espinha, medula espinhal. Líquido cerebrospinal, o mesmo que cerebrospinal ou cefalorraquidiano, é o nome dado para o fluído claro e incolor, composto basicamente por água, com função de proteger o encéfalo e a medula espinhal contra impactos e agentes químicos e físicos, capaz de transportar substâncias que nutrem os neurônios e a neuroglia, encontrado nos espaços subaracnóideos da dura-máter e os ventrículos cerebrais. O líquido cerebrospinal possui volume próximo de 80 e 150 mililitros, contendo glicose, proteínas, ácido láctico, ureia, íons de sódio, potássio, cálcio, magnésio, cloreto, bicarbonato e leucócitos. Do ponto de vista funcional, o líquido cerebrospinal destaca-se por três funções

básicas: mecânica (amortecedor hidráulico contra impactos, protegendo o tecido encefálico e espinhal), homeostática (regulando a ventilação pulmonar e o fluxo sanguíneo encefálico através do controle homeostático, funciona como meio de transporte de hormônios polipeptídicos produzidos por neurônios hipotalâmicos) e circulação (funcionando como meio de troca de nutrientes e excretas entre o sangue e o tecido encefálico). O líquido cerebrospinal é formado pelos plexos corióideos situados nas paredes dos ventrículos cerebrais. Os plexos corióideos são formados por células ependimárias que se estendem sobre os capilares sanguíneos, formando a barreira hematoliquórica, selecionando a água do plasma sanguíneo para compor o líquido cerebrospinal armazenado nos ventrículos cerebrais.
Consulte também: dura-máter, aracnóide.

LIRA

Substantivo latino *Lyra, Lyrae*, do grego *Lyra, Lyras*, instrumento de corda. Lira é o nome dado antigamente para as fibras transversais situadas abaixo do corpo caloso, saltando de um corno de Ámon[57] (fórnice) cuja forma lembra as cordas esticadas de uma lira, outrora chamada de comissura inter ammoniana, atual comissura do fórnice.
Consulte também: fórnice.

LISSENCÉFALO

Adjetivo do grego *Lissós*, liso e *Enkephalé*, encéfalo, de animais que tem os hemisférios cerebrais lisos, delgados, desprovidos de giros ou circunvoluções.
Consulte também: córtex, hemisfério.

LOBADO

Adjetivo referente à estrutura ou órgão que são divididos em lobos, como por exemplo o fígado, os pulmões e o cérebro.
Consulte também: lobo, lobular.

LOBO

Substantivo grego *Luboû*, que trata de porções ou partes arredondadas. Lobo é o nome dado para o segmento de um órgão lobado cuja forma é variável. Órgãos lobado frequentemente ocupam grandes cavidades viscerais. Por exemplo: Fígado (lobo direito, esquerdo, quadrado e caudado); Pulmão direito (lobo superior, médio e inferior); Pulmão esquerdo (lobo superior e inferior); etc.
Consulte também: lobado, lobular.

---

57 Consulte página 162.

LOBULAR

Adjetivo que tem relações com os lóbulos de um órgão.
Consulte também: lobo.

LÓBULO

Substantivo grego *Lóbion, Lóbiou*, lobo pequeno ou a subdivisão de um lobo maior. Por exemplo: Lóbulos do testículo (pequenas divisões lobulares delimitadas por septos no interior dos testículos); Lóbulo paracentral (pequena região arredondada na face interna do hemisfério cerebral, acima do giro do cíngulo do lobo parietal); Lóbulo da orelha (projeção arredondada, macia e pendente da orelha externa, utilizada para perfuração de brincos).
Consulte também: lobo.

LÓCUS

Substantivo *Lócus, Loci*, lugar, do grego *Chora, Chóras*, lugar, situação. Lócus é o nome dado para certos locais, regiões ou estruturas, que de alguma forma apresentam singularidade. Por exemplo: Lócus ceruleus ou ferrugineus (mancha parda, as vezes cor de ferrugem, semelhante ao assoalho do quarto ventrículo, próxima do sulco mediano, formada de células multipolares, forrada de granulações pigmentosas); Lócus niger (substância de cor parda que separa a camada superior e inferior da substância branca dos pedúnculos cerebrais); etc.
Consulte também: compartimento.

LOFÓTRICO

Adjetivo grego *Lóphos*, tufo e *Tríkhos, Tríkhou*, tufos de cabelos, estruturas com cílios vibráteis na extremidade, como no interior das tubas uterinas, no revestimento interno da traqueia e nos canais semicirculares da cóclea.
Consulte também: panículo.

LOMBAR

Adjetivo que tem relação com o flanco.
Consulte também: lombo.

LOMBO

Substantivo latino *Lumbus, Lumbi*, de *Lumbi, Lumborum*, de lombo, do grego *Osphys, Osphydos*, anca, rins, flanco. Lombo é o nome dado para a região referente a parte posterior do abdome, a direita e a esquerda do sulco que se forma sobre os processos espinhais das vértebras lombares que vai até a base da bacia.
Consulte também: costa, dorso.

LUMBRICAL

Adjetivo latino *Lumbricalis,* de lombriga, de *Lumbricus, Lumbrice,* verme da terra e dos intestinos, do grego *Helminthódes,* semelhante aos vermes, referente aos quatro pequenos músculos lumbricais (vermiformes) situados na mão e no pé.
Consulte também: vermiforme.

LÚNULA

Substantivo latino *Lúnula, Lunulae,* diminutivo de *Luna, Lunae,* lua, do grego *Meniskós,* de meia-lua. Lúnula é o nome dado para a pequena mancha esbranquiçada e semilunar situada na parte superior da unha, junto a cutícula e próxima a inserção com a pele do dedo.
Consulte também: unha, cutícula.

M

MACERAÇÃO
Substantivo latino *Maceratio, Macerationis*, decomposição, apodrecimento, do grego *Sépsis, Sépseios*, corrupção, putrefação. Maceração é o nome dado para o processo utilizado no descarne-o dos músculos em água corrente, decomposição das partes moles de um cadáver para se obter os ossos.
Consulte também: molar.

MÁCULA
Substantivo latino *Maculae*, mancha, marca, do grego *Spílos, Spílou*, nódoa, sujeira, o mesmo que mácula lútea ou mancha amarela. Mácula é o nome dado para o pequeno ponto amarelado, de forma oval situado no fundo do olho, posicionado um pouco para fora e um pouco para cima em relação a pupila.
Consulte também: pupila, retina.

MAGNO
Substantivo latino *Maguns*, grande elevado, abundante. Magno é o nome dado para a estrutura preponderantes, majoritárias, cujo formato compreende vários ramos, de maneira abundante. Por exemplo: Veia safena magna (veia superficial longa do membro inferior, que possui inúmeras tributárias, situada do pé até à virilha).
Consulte também: parva.

MALAR
Substantivo latino *Malaris, Malae*, do grego *Gnáthos, Gnáthou*, bochecha, maçã do rosto. Malar é o nome dado para a região da face que fica enrubescida, avermelhada quando estamos envergonhados, cujo osso da face é constituído pelo zigomático, outrora chamado de malar.
Consulte também: zigomático.

MALEAR
Adjetivo latino *Malleolus, Malleoli*, diminutivo de *Malleus, Mallei*, martelo, um dos pequenos ossos do ouvido médio que se articula com a

bigorna preso ao estribo.
Consulte também: bigorna, estribo.

MALEOLAR

Adjetivo que se relaciona com os maléolos, estrutura ósseas salientes, situados nas extremidades da perna, junto ao tornozelo.
Consulte também: maléolo.

MALÉOLO

Substantivo latino *Malleolus, Malleoli,* diminutivo de *Malleus, Mallei,* martelo, do grego *Shpyra, Sphyras,* martelo de ferreiro. Maléolo é o nome dado para os dois processos ósseos situados em cada lado do tornozelo. O maléolo medial da tíbia (maléolo tibial), se articula com o tálus por meio de sua face articular lateral, possui forma mais quadricular do que o maléolo da fíbula, que é lateral e mais posterior. O maléolo lateral da fíbula (maléolo fibular), possui forma mais alongada é inferior ao maléolo da tíbia ao nível da articulação talocrural.
Consulte também: tálus.

MAMA

Substantivo latino *Mamma, Mammae,* de mama, peito, adotado como sinônimo de seio, do grego *Mastós, Mastoû* e *Mazós, Mazoû,* mama, mamilão, teta. Mama é o nome dado para os órgãos pares situados sobre o músculo peitoral maior e serrátil anterior, posicionadas lado a lado sobre a face anterior e superior do tórax, correspondente ao peito, tanto nos homens quanto nas mulheres. As mamas possuem volume variável e normalmente possuem tamanhos diferentes de uma para a outra, principalmente nas mulheres devido a concentração desigual de tecido adiposo e glândulas lactíferas. As mamas são compostas por três tipos de tecido: adiposo, conjuntivo e glandular. Cada mama direita e esquerda, possui um anel pigmentado de pele, a aréola mamária, que é áspera e circundada por glândulas sebáceas modificadas. Ao centro de cada aréola se encontra a papila mamária, conhecida popularmente como pico do peito, com pequenas aberturas que levam aos ductos lactíferos por onde o leite é liberado durante a amamentação.
Consulte também: peito, seio.

MAMÁRIO

Adjetivo latino *Mamarius,* que faz referência à mama.
Consulte também: mama.

MAMILADO

Adjetivo referente aos mamilos de cada mama, popularmente conhecido como bico do peito. O mesmo que papila mamária.
Consulte também: mamilo, mama.

MAMILÃO

Substantivo latino *Mamila, Mamillae,* bico do peito, teta para os demais mamíferos, úbere para os animais de ordenha, do grego *Thelé, Thelés,* mama, peito, teta. Mamilão é o nome dado antigamente para as papilas mamárias situadas no centro de cada aréola da mama, de aspecto mais ou menos avermelhado ou em tom de marrom escuro, onde se abrem os condutos lactíferos.
Consulte também: mamilo, papila.

MAMILO

Substantivo latino *Mamilla, Mamillae,* diminutivo de *Mamma, Mammae,* de mama, *Papilae,* o mesmo que papila, bico do peito. Mamilo é o nome dado para cada saliência nodular e pigmentada situada no cento de cada aréola da mama masculina e feminina, o mesmo que papila mamária, onde se abrem os ductos lactíferos.
Consulte também: aréola, mama.

MAMILONADO

Adjetivo referente aos pequenos tubérculos comparáveis aos mamilos.
Consulte também: mamilo.

MANDÍBULA

Substantivo latino mandíbula, *Mandibulae,* de *Mandere,* mastigar, mascar, do grego *Gnáthos, Gnáthou* ou *Mástax, Mástakos.* Mandíbula é o nome dado para o osso em forma de U situado abaixo do osso maxilar, outrora chamado de maxilar inferior. A mandíbula é o único osso móvel do crânio, exceto os ossículos da orelha média. Do ponto de vista anatômico, a mandíbula possui um corpo horizontal e dois ramos verticais, cada um dos ramos termina com um processo coronoide, que serve para inserção do músculo temporal, uma incisura mandibular e um processo condilar, cuja cabeça se articula com a fossa mandibular do osso temporal. Entre o corpo e os ramos, acentua-se o ângulo da mandíbula (gônio), local de inserção do poderoso músculo masseter. Os forames mandibulares, que dão acesso ao canal mandibular, se encontram na face medial de cada ramo da mandíbula, servem para a passagem do nervo mandibular, ramo do quinto par de nervos cranianos, o nervo trigêmeo. No centro do corpo da mandíbula está a protuberância mentual e os forames mentuais, estes últimos servem para a passagem dos nervos

mentuais, local utilizado por dentistas para se injetar anestésicos.
Consulte também: gônio, maxila.

MANDIBULAR
Adjetivo relativo a mandíbula.
Consulte também: malar.

MANTO
Substantivo latino *Mantum, Manti*, do grego *Peribólaion, Peribólaiou*, manto, vestimenta, cobertura. Manto é o nome dado para a massa de tecido nervoso que recobre os hemisférios cerebrais e os corpos optoestriados que compreende o tálamo, o núcleo caudado e o núcleo lenticular.
Consulte também: tálamo, núcleo.

MANÚBRIO
Substantivo grego *Manubrium, Manubrii*, de *Manus, Manus*, de mão, e do latim *Habere*, de cabo de facas, espadas e punhais, origina-se do termo gládio, antiga espada usada pelos gregos e por gladiadores romanos. Manúbrio é o nome dado para a extremidade proximal do osso esterno situado no meio da parede anterior do tórax, cujo formato lembra a empunhadura de uma antiga espada, já que o osso esterno foi comparado a um sabre. O manúbrio é a parte do osso esterno mais alargada e de formato trapezoide, se articula com as clavículas pelas margens a partir das incisuras claviculares direita e esquerda, na parte superior possui uma incisura ímpar, a incisura jugular (supraesternal), abaixo das clavículas o primeiro par de costelas, por meio das cartilagens costais, se prende ao manúbrio que em seguida se articula com o corpo do osso esterno a partir da sínfise manubrioesternal, com junção irregular, resultando na formação de um ângulo de fácil identificação por ser saliente, o ângulo de Louis[58].
Consulte também: esterno.

MARFIM
Substantivo latino *Ebur, Eboris*, do grego *Élephas, Eléphantos*, dente de elefante, objeto de marfim. Marfim é o nome dado para a substância mais dura dos dentes recoberta pelo esmalte e pelo cimento (cemento) na raiz. O mesmo que dentina.
Consulte também: dentina.

MARGEM
Substantivo latino *Margo, Marginis*, do grego *Chéilos, Chéilous*, lábio, rebordo de um vaso, beira, borda. Margem é o nome dado para as bordas

58 Consulte página 128.

e contornos proeminentes de um órgão ou orifício. Por exemplo: Margem infraorbital (margem saliente da cavidade orbital); Margem medial do músculo esternocleidomastóideo (margem proeminente e de fácil identificação sobre a superfície da pele do pescoço); Margem medial da escápula (margem proeminente e de fácil identificação sobre a pele proximal a linha média do dorso); etc.
Consulte também: crista, lábio.

MARTELO

Substantivo latino *Malleus, Mallei,* do grego *Sphyra, Sphyras,* martelo de ferreiro. Martelo é o nome dado para o ossículo situado na orelha média, o mais próximo da membrana do tímpano, articulado com o estribo, cuja forma lembra um martelo, ferramenta muito utilizada na carpintaria da idade média.
Consulte também: estribo, bigorna.

MASCULINO

Adjetivo latino *Masculinus,* de *Masculus,* diminutivo de *Masmaris,* do grego *Árrhem, Árrhenos,* macho, vigoroso, viril.
Consulte também: feminino.

MASSETER

Substantivo do grego *Masetéros,* que mastiga, de *Masaomai,* mastigar. Masseter é o nome dado para o músculo curto e quadricular, preso entre a margem do arco zigomático e o ângulo da mandíbula, responsável pela mordida e mastigação de alimentos mais rígidos. Levando-se em conta seu tamanho é um dos músculos esqueléticos mais potentes do corpo.
Consulte também: zigomático, mandíbula.

MASSETERINO

Adjetivo que tem relação com o músculo masseter. Por exemplo: Artéria massetérica (ramo da artéria maxilar situada em baixo do ramo da mandíbula).
Consulte também: masseter.

MASTÓIDEO

Adjetivo grego *Mastós, Mastoû,* mama e *Eidos,* forma, semelhança, que lembra as mamas, estrutura póstero-inferior do osso temporal, situado atrás e abaixo das orelhas.
Consulte também: mama.

MAXILA

Substantivo latino *Maxila, Maxillae,* do grego *Gnáthos, Gnáthou,* queixada, diminutivo de malar, *Malae,* queixo, mandíbula. Maxila é o nome

dado para o osso bilateral, irregular e pneumático da face, situado abaixo das cavidades orbitais, aberto no centro pela cavidade nasal (piriforme), separando os forames infraorbitais, que servem para passagem de nervos e vasos infraorbitais. Cada maxila compreende metade da arcada dentária superior, incluindo os alvéolos dentários para cada dente que se opõem a arcada dentária inferior da mandíbula. As maxilas se articulam com o osso zigomático lateralmente e com a sutura intermaxilar medialmente.
Consulte também: mandíbula.

MAXILAR
Adjetivo Substantivo latino *Maxillaris.* grego *Gnáthos, Gnátou,* relativo ao osso maxilar, de maxila. Por exemplo: Nervo maxilar (segundo ramo do quinto nervo crâniano, o trigêmeo); Seio maxilar (cavidade pneumática situada dentro do corpo da maxila); Artéria maxilar (ramo da artéria carótida externa); etc.
Consulte também: maxila.

MEATO
Substantivo latino *Meatus, Meatus,* do grego *Póros, Pórou,* passagem, ponte, canal. Meato é o nome dado para as pequenas entradas que eventualmente são contínuas com os canais que os precedem. Por exemplo: Meato acústico externo (luz do canal auditivo situado na orelha externa e na diminuta abertura do osso temporal dentro do crânio) e Meato nasal superior (entrada continua com o canal sob a concha nasal superior).
Consulte também: canal.

MECÔNIO
Substantivo latino *Meconium, Meconii,* do grego *Mekónion, Mekóniou,* que tem a consistência e a cor esverdeada do suco de papoula concentrado. Mecônio é o nome dado para o excremento expelido pelo recém-nascido após o parto, resultado da digestão de substâncias presentes no canal alimentar e de atividades glandulares.
Consulte também: quimo.

MEDIAL
Adjetivo latino *Medialis,* o que está no meio, no centro, entre o lado direito e esquerdo. Por exemplo: Músculo reto medial (músculo preso ao globo ocular pela face medial, próximo ao plano mediando); Epicôndilo medial (proeminência óssea interna situada na distal do úmero); Maléolo medial (proeminência óssea interna situada na extremidade distal da tíbia); etc.
Consulte também: lateral.

MEDIASTINAL

Adjetivo relativo ao mediastino, o que é mediastínico.
Consulte também: mediastino.

MEDIASTINO

Substantivo latino *Mediatinum, Mediastini,* de *Medius,* o que está no meio, próximo ao centro do corpo, palavra utilizada pelos romanos para segregar pessoas de classe econômica inferior, como os escravos. Mediastino é o nome dado para o compartimento situado no tórax, posicionado entre os espaços onde residem os pulmões, as cavidades pulmonares, limitado pela pleura parietal. O mediastino apresenta todas as vísceras da cavidade torácica, exceto os pulmões, incluindo o coração e aorta torácica. Delimitado em cima pela abertura superior do tórax e abaixo pelo músculo diafragma, o mediastino é um compartimento flexível devido a presença de órgãos ocos, cheios de líquidos, gordura e ar, que flui pela traqueia e brônquios pulmonares, bem diferente das estruturas enrijecidas do cadáver. Do ponto de vista anatômico, o mediastino apresenta três subdivisões: o mediastino anterior, entre o pericárdio e o osso esterno, o mediastino médio, contendo o coração e pericárdio e o mediastino posterior, situado entre o pericárdio, esôfago e traqueia.
Consulte também: pericárdio.

MEDULA

Substantivo latino Medula, *Medullae,* de *Médius,* do grego *Myelós, Myeloû* o que está no centro, medula, tutano. Medula é o nome dado para a medula espinhal situada dentro do canal vertebral. É também o nome dado para a substância mole, gordurosa situada dentro dos ossos tubulares, preenchendo o canal medular e as trabéculas da substância esponjosa dos ossos, a medula óssea, conhecida popularmente como tutano, apreciada por ser calórica e como fonte de energia.
Consulte também: medula alongada.

MEDULA ALONGADA

O mesmo que bulbo cerebral ou bulbo do tronco encefálico.
Consulte também: bulbo.

MEDULA ESPINHAL

Substantivo latino Medula, *Medullae,* de *Médius,* do grego *Myelós, Myeloû* o que está no centro e *Spinalis,* de espinha dorsal, relativo a coluna vertebral. Medula espinhal é o nome dado para o órgão do sistema nervoso central situado no interior do canal vertebral, de formato cilíndrico e ligeiramente achatado ventral e dorsalmente, protegido pelas vértebras, meninges e líquido cerebrospinal. Em adultos, a medula espinhal é delimitada superiormente pelo bulbo e inferiormente pela segunda

vértebra lombar, chegando a ter 45 centímetros de comprimento. Sua extremidade distal precede a formação do cone medular ou intumescência lombar, dando origem a cauda equina, cujo filamentos nervosos atravessam os forames sacrais, para formar externamente o plexo lombossacral. No recém-nascido, a medula espinhal continua crescendo até o nível da quarta vértebra lombar, mais por volta do quinto ano de vida o crescimento é cessado, sendo esta a explicação para a medula espinhal não ter o mesmo comprimento da coluna vertebral. A medula espinhal possui nervos que surgem em ambos os lados da medula, com objetivo de suprir os membros e as vísceras do tronco, são chamados de nervos espinhais. Cada nervo espinhal é formado por fibras nervosas que estão conectadas a medula espinhal pela raiz posterior, formada por fibras aferentes sensitivas e pela raiz anterior, formada por fibras eferentes motoras. Cada raiz do nervo espinhal entra na medula espinhal por meio do corno posterior e anterior, respeitando a mesma separação das raízes. Cada corno é formado pela substância cinzenta da medula espinhal, que se comparado a letra H do alfabeto, representam suas extremidades.
Consulte também: medula.

MEDULA OBLONGA

Substantivo latino Medula, *Medullae,* de *Médius,* do grego *Myelós, Myeloû* o que está no centro, medula, tutano, e do latim *Oblonga,* largo. Medula oblonga é o nome dado para a parte dilatada do tronco encefálico que atravessa o forame magno, para se conectar a extremidade proximal da medula espinhal, onde reside o centro respiratório bulbar. O mesmo que bulbo.
Consulte também: bulbo.

MEDULAR

Adjetivo latino *Medullaris,* relativo a medula óssea ou espinhal.
Consulte também: medula espinhal

MEMBRANA

Substantivo latino *Membranae,* película, do grego *Humén, Huménos,* membrana, véu, túnica. Membrana é o nome dado para estruturas de aspecto laminar, brilhante, de consistência frouxa e dilatável, diferente da membrana celular observada em lâminas histológicas. Por exemplo: Membrana atlantoccipital (manta de tecido conjuntivo que encerra anteriormente a articulação atlantoccipital, compõem parte do ligamento crânio-cervical externo); Membrana tireo-hioidea (manta de tecido conjuntivo entre a cartilagem tireóidea e o osso hioide); Membrana timpânica (membrana de tecido conjuntivo responsável pelas vibrações da

audição); etc.
Consulte também: Lâmina, Folheto.

MEMBRANIFORME

Adjetivo que é delgado e largo como uma membrana.
Consulte também: membrana.

MEMBRANOSO

Adjetivo latino *Membraneus*, do grego *Humenínos*, o que é da mesma natureza de uma membrana.
Consulte também: membrana.

MEMBRO

Substantivo latino *Membrum, Membri*, e *Artus, Artuum*, do grego *Melos, Méleos*, articulação, membro do corpo, junção. Membro é o nome dado para os segmentos que estão apendiculados a um corpo principal, como os membros superiores e inferiores, dispostos em pares presos ao tronco.
Consulte também: apêndice.

MEMBRO VIRIL

Substantivo *Vêrga*, relativo ao pênis, órgão erétil, copulador do aparelho genital masculino. Membro viril é o nome dado antigamente para o pênis, devido sua capacidade de ficar erétil, comparado a uma peça flexível de madeira, semelhante a uma ripa.
Consulte também: pênis.

MENINGE

Substantivo latino *Meninx, Meninges*, do grego *Méningx, Méningos*, membrana, folheto. Meninge é o nome dado para as três membranas que recobrem o encéfalo e a medula espinhal, a dura-máter, aracnoide e pia-máter. Do ponto de vista funcional, as meninges protegem o encéfalo formando barreiras (hematoliquórica) contra a entrada de agentes potencialmente nocivos; atuam como sistema de sustentação para artérias, veias e seios venosos; funciona como mecanismo hidráulico de suspensão do encéfalo, essencial para o seu funcionamento normal. A dura-máter é a meninge mais espessa e externa, está intimamente próxima dos ossos do crânio, de modo que os vasos sanguíneos que a permeiam deixam marcas de contato (impressões), sobre a superfície interna dos ossos da calota craniana. A aracnoide é a meninge intermediária situada entre a dura-máter e a pia-máter, cujo formato lembra uma teia de aranha, daí a origem do nome aracnoide, de aracnídeo. A pia-máter é a meninge mais fina e interna, está intimamente aderida à superfície do encéfalo e da medula espinhal. É excepcionalmente vascularizada em

diversos pontos ao longo de sua extensão, inclusive quando reveste o interior dos ventrículos cerebrais.
Consulte também: líquido cerebrospinal.

MENÍNGEO
Adjetivo relativo as meninges. Por exemplo: Sulco dos ramos dos vasos meníngeos médios (marcas de contato deixadas na superfície interna dos ossos por vasos sanguíneos que percorrem a dura-máter); Artéria e veia meníngea média (vasos sanguíneos que atravessam o forame espinhal da base do crânio); Ramo meníngeo (derivação do nervo maxilar do quinto par de nervos crânianos); etc.
Consulte também: meninge.

MENISCAL
Adjetivo relativo aos meniscos, cartilagens semilunares situadas dentro do joelho.
Consulte também: menisco.

MENISCO
Substantivo grego *Meniskos, Meniskou,* objeto que tem a forma de lua, de *Méne, Ménes,* lua, junção das palavras em latim *Medius,* de meio, metade e *Discus,* disco. Menisco é o nome dado para os dois discos semilunares fibrocartilaginosos situados dentro da articulação do joelho, sob e sobre os côndilos do fêmur e da tíbia, funcionando como verdadeiros coxins, amortecendo os impactos sobre os platôs condilares da tíbia. Os meniscos são dois: o menisco medial, maior e mais aberto e o menisco lateral, menor e mais curto, ambos estão conectados pelo ligamento transverso do joelho. As faces articulares de cada menisco são côncavas, de modo que se adaptam perfeitamente as superfícies condilares do fêmur e da tíbia, permitindo a formação de uma engrenagem estável e eficiente, fundamental para o meio de locomoção bípede dos seres humanos.
Consulte também: coxim, joelho.

MENISCO ARTICULAR
Substantivo grego *Meniskos, Meniskou,* objeto que tem a forma de lua, e *Articulatio,* de articulação, junta. Menisco articular é o nome dado antigamente para os discos articulares, situados individualmente em articulações móveis do corpo, cujo formato lembra os grandes meniscos do joelho. Os discos articulares são encontrados nas articulações: temporomandibular, esternoclavicular e radiocárpica.
Consulte também: menisco.

MENSTRUAÇÃO

Substantivo latino *Menstruum*, de solvente, reza a crença que o sangue menstrual era um poderoso solvente. Menstruação é o nome dado para a precipitação de sangue ao final de ciclo reprodutivo da mulher, devido a queda acentuada de progesterona, acarretando vasoconstrição dos vasos endometriais e desoxigenação do tecido, provocando descamação e exposição dos vasos sanguíneos endometriais, que sangram causando a hemorragia.
Consulte também: endométrio, útero.

MENTO

Substantivo *Mentum*, do grego *Géneion*, *géneiou*, de barba, queixo. Mento é o nome dado para a parte central e inferior da mandíbula, conhecida popularmente como ponta do queixo, a protuberância mental, análoga a figura do homem representada pela escultura intitulada de Auguste Rodin[59].
Consulte também: queixo, mento.

MENTONIANA

Adjetivo referente ao mento. Por exemplo: Forame mentual (outrora chamado de buraco mentoniano, é o orifício externo situado em ambos os lados da protuberância mentual na mandíbula); Tubérculo mentual (dois pequenos tubérculos adjacentes a protuberância mentual, um de cada lado, um pouco adiante ao forame mentual).
Consulte também: mento.

MESARAICO

Adjetivo latino *Mesaraicus*, do grego *Mesáraion*, mesentério, o que se relaciona com o mesentério.
Consulte também: mesentério.

MESARTÉRIA

Substantivo grego *Mesos*, de meio e *Arteria*, *Arteriae*, de *Aér*, de ar e *Terein*, conservar, de preservar o ar. Mesartéria é o nome dado para as artérias que permeiam o mesentério e pregas mesentéricas.
Consulte também: mesentério.

---

59 RODIN, Auguste (1840-1917), escultor francês, famoso por esculpir a figura de um homem sentado em meditação soberba, lutando contra uma implacável força interna, originalmente chamada de O Poeta, destinada a compor um portal monumental baseado na obra de Dante Alighieri (1265-1321), a Divina Comédia.

MESATICEFALIA
Adjetivo relacionado com o mesaticéfalo.
Consulte também: mesaticéfalo.

MESATICEFÁLICO
Adjetivo relativo a mesaticefalia.
Consulte também: mesaticéfalo.

MESATICÉFALO
Adjetivo grego *Mesátos*, de *Mésos*, o meio o que está no meio e *Kephalé*, cabeça, quando o crânio ocupa uma configuração arquitetônica intermediária entre o dolicocéfalo e o braquicéfalo.
Consulte também: dolicocéfalo, braquicéfalo.

MESENCÉFALO
Substantivo grego *Mesacéfalo*, de *Mésos* meio e *Kephalé*, cabeça, crânio. Mesencéfalo é o nome dado para a parte anterior do tronco encefálico situado entre a fossa média e a fossa posterior do crânio, ocupando uma posição estratégica no meio da cavidade craniana, facilitando a comunicação com diversas partes do encéfalo, justificando a origem do nome. Assim como o prosencéfalo e o rombencéfalo, o mesencéfalo se desenvolve a partir das vesículas encefálicas primárias, dando origem as estruturas que pertencem ao mesencéfalo e ao aqueduto do mesencéfalo. O mesencéfalo possui muitos núcleos e tratos, assim com a ponte e o bulbo, incluindo a substância negra, um grande núcleo de pigmentação escura que retroalimenta os núcleos da base na manutenção da atividade motora subconsciente, e os núcleos rubros, que possuem neurônios conectados ao cerebelo e ao córtex cerebral no controle dos movimentos musculares. O mesencéfalo possui feixes de axônios vinculados ao pedúnculo cerebral, que por sua vez reúne neurônios do trato corticospinal, corticobulbar e corticopontino, cujo destino é transmitir impulsos nervosos de áreas motoras do córtex cerebral para a medula espinhal, bulbo e a ponte.
Consulte também: prosencéfalo, rombencéfalo.

MESENTÉRICO
Adjetivo que tem relação com o mesentério.
Consulte também: mesentério.

MESENTÉRIO
Substantivo latino *Mensenterium*, *Mesenterri* do grego *Meentérion*, de *Méso*, o que está no meio e *Énteron*, intestino. Mesentério é o nome dado para as pregas peritoneais que ligam as alças intestinais do jejuno e do íleo à parede posterior da cavidade abdominal. O mesentério possui as

maiores pregas peritoneais, cuja forma lembra um leque aberto de dupla face, a lâmina parietal e visceral é coberta de gordura, o que contribui para o aumento da barriga, comprimindo os intestinos. O mesentério é rico em vasos sanguíneos, artérias e veias mesentéricas, e vasos linfáticos, facilitando a irrigação e a drenagem das alças do intestino delgado.
Consulte também: mesocolon, peritônio.

MESOCÉFALO

O mesmo que mesencéfalo e protuberância anular.
Consulte também: mesencéfalo.

MESOCOLON

Substantivo grego *Méso,* meio e *Kólon,* de colo, comum no intestino grosso. Mesocolon é o nome dado para as pregas peritoneais que ligam os colos do intestino grosso, com o colo transverso e sigmoide, à parede posterior da cavidade abdominal. São extensões das pregas mesentéricas que convergem sobre o colo transverso e sigmoide, recebendo o nome de acordo, mesocolon transverso e mesocolon sigmoide. Pregas mesentéricas e do mesocolon se unem para fixar frouxamente os intestinos à parede posterior do abdome, permitindo que as alças intestinais se movam com certa liberdade. O mesocolo é rico em vasos sanguíneos, artérias e veias mesocólicas, e vasos linfáticos, facilitando a irrigação e drenagem das alças do intestino grosso.
Consulte também: mesentério, peritônio.

MESOCÓRTEX

Substantivo latino *Mescortex,* de alocórtex, *Meso,* meio e *Cortex,* córtex. Mesocórtex é o nome dado para as partes relacionadas com as atividades mais primitivas do encéfalo, associado ao alocórtex e aos componentes do sistema límbico.
Consulte também: alocórtex, isocórtex.

MESOCRÂNIO

Substantivo grego *Mesokránion,* de *Mésos,* o que está no meio e *Kránion,* cabeça. O que se posiciona no meio da cabeça. Por exemplo: Sutura metópica (remanescente da permanência da sutura frontal na idade adulta, deixando uma saliência visível sobre a testa).
Consulte também: sutura, crânio.

MESÓFRIO

Substantivo grego *Mesophryon,* de *Mésos,* meio, e *Óphrys, Ophrídos* sobrancelhas, região da face situada entre as duas sobrancelhas.
Consulte também: glabela, sobrancelha.

MESOGÁSTRICO

Adjetivo relativo ao mesogástrio.
Consulte também: mesogástrico.

MESOGÁSTRIO

Substantivo grego *Mesogastríon*, de *Mésos*, o que está no meio e *Gastríon*, ventre, abdômen. Mesogástrio é o nome dado para a região intermediária do abdômen, delimitada superior e inferiormente pela região epigástrica e hipogástrica.
Consulte também: hipogástrico, epigástrico.

MESOLOBO

Substantivo grego *Mésos*, o que está no meio e *Lobos*, lobo. Mesolobo é o nome dado antigamente para as estruturas posicionadas entre os lobos do cérebro, em posição intermediária, no meio. Por exemplo: Corpo caloso (comissura que interliga os dois hemisférios cerebrais).
Consulte também: comissura.

MESOMÉTRIO

Substantivo latino *Mesometrium*, de ligamento, *Mesos*, meio e *Metra*, útero, origem. Mesométrio é o nome dado para o ligamento que sustenta o útero, parte maior do ligamento largo, situado inferior ao mesossalpinge e ao mesovário (ligamento que sustenta o ovário), que serve como mesentério para o próprio útero.
Consulte também: mesovário.

MESÓRQUIO

Substantivo grego *Mésos*, meio o que está no meio e *Órkhis, Órkhidos*, testículo. Mesórquio é o nome dado para a prega da túnica vaginal que liga o epidídimo ao testículo no embrião. Compreende a prega peritoneal que permeia vasos e nervos do teto da parede abdominal até os testículos propriamente dito, de modo que são sustentados por ele, considerando que os testículos surgem como gônadas retroperitoneais, descendo por trás do processo vaginal (peritônio parietal) até a bolsa escrotal.
Consulte também: peritônio.

MESORRETO

Substantivo latino *Mesorectum, Mesorecti*, no meio e *Rectum, Recti*, de reto. Mesorreto é o nome dado para a dobra do peritônio que se estende da face anterior do osso sacro até a parte superior da face posterior do reto.
Consulte também: reto, sacro.

MESOSSALPINGE

Substantivo grego *Mesosalpinx,* de ligamento, *Mesos,* meio e *Salpinx,* tuba uterina. Mesossalpinge é o nome dado para o ligamento que sustenta as tubas uterinas, parte estreita de um pequeno mesentério que constitui as bordas livres anterossuperior do ligamento largo.
Consulte também: mesovário.

MESOVÁRIO

Substantivo latino *Mesovarium,* ligamento, de *Mesos,* meio e *Ovum,* ovo, de ovário. Mesovário é o nome dado para o ligamento que sustenta o ovário, pequena parte curta do mesentério, situado na face posterior do ligamento largo.
Consulte também: mesossalpinge.

METACARPIANO

Adjetivo relativo ao metacarpo, o mesmo que metacárpico, metacárpio.
Consulte também: metacarpo.

METACARPO

Substantivo latino *Metacarpos,* adiante do antebraço, do grego *Metakárpion,* de *Metá,* depois e *Karpós, Karpoû,* articulação da mão, punho. Metacarpo é o nome dado para os cinco ossos longos situados na mão, articulados com a fileira distal dos ossos do carpo e com as falanges proximais dos dedos, análogo aos metatarsos situados no pé.
Consulte também: carpo, metatarso.

METÁFISE

Substantivo latino *Metaphsis,* de centro, *Meta,* entre e *Physis,* de crescimento. Metáfise é o nome dado para a parte do osso mais alargada, entre a diáfise e a epífise, região que consiste de uma zona de crescimento devido a existência de um disco epifisial, impulsionando o corpo do osso (diáfise) a crescer em comprimento, opondo-se a linha epifisial que resiste a ossificação das extremidades (epífise).
Consulte também: diáfise, epífise.

METATÁLAMO

Substantivo latino *Metathalamus,* de diencéfalo, *Meta,* entre, do grego *Thálamos,* leito. Metatálamo é o nome dado para a parte do diencéfalo formada pelos corpos geniculados do tálamo. Os corpos geniculados medial e lateral, pertencem ao grupo posterior e são considerados como uma parte independente do diencéfalo.
Consulte também: tálamo, epitálamo, hipotálamo.

METATARSIANO
Adjetivo referente à estrutura que se relaciona com os metatarsos.
Consulte também: metatarso.

METATARSO
Substantivo grego *Metá*, depois e *Tarsoû*, conjunto de ossos organizados em ordem crescente. Metatarso é o nome dado para os cinco ossos longos situados no pé, articulados com os cuneiformes e o cuboide e com as falanges proximais dos dedos, análogos ao metacarpo da mão.
Consulte também: metacarpo.

METENCÉFALO
Substantivo latino *Metencephalon*, de *Meta*, meio e *Enképhalos*, encéfalo e *Kephalé* cabeça, crânio. Metencéfalo é o nome dado para a vesícula encefálica secundária a partir do desenvolvimento do rombencéfalo, juntamente com o mielencéfalo. O metencéfalo é a parte do sistema nervoso que origina o cerebelo e a ponte do tronco encefálico.
Consulte também: mielencéfalo.

METÓPICO
Adjetivo grego *Métopon*, *Métopou*, fronte, de *Metá*, depois e *Óps*, após o olho, entre os pilares frontais, acima dos arcos superciliares. Por exemplo: Sutura metópica (ponto do mesocrânio que surge a partir da ossificação entre as duas peças do osso frontal).
Consulte também: mesocrânio.

MICÇÃO
Substantivo latino *Micturire*, urinar, dando origem a palavra mictório. Micção é o nome dado para o ato de urinar, vulgo mijar, processo em que os músculos detrusores e pélvicos atuam comprimindo a bexiga, ao passo que o esfíncter da urétra relaxa para liberar a urina.
Consulte também: néfron.

MICROCÁULIA
Substantivo grego *Mikrós*, pequeno e *Kaulós*, haste, pênis. Microcáulia é o nome dado para a condição anormal e congênita que deixa o pênis fino, delgado e estreito.
Consulte também: pênis.

MICROCÁULICO
Adjetivo grego *Mikrós*, pequeno e *Kaaulikós*, relativo a verga, o mesmo que associar há quem tem o pênis pequeno.
Consulte também: microcáulia.

MICROCEFALIA

Substantivo grego *Micros,* pequeno e *Kephalé,* cabeça. Microcefalia é o nome dado para a condição neurológica congênita, adquirida ou desenvolvida nos primeiros meses ou anos de vida, prejudicando o crescimento normal das estruturas do encéfalo, principalmente do cérebro, o mesmo que nanocefalia, do grego *Nánno,* pequeno, micro, anão e *Kephalé,* cabeça. A microcefalia é caracterizada pela cabeça de um bebê estar muito pequena, menor do que o normal, devido ao não desenvolvimento do cérebro, em que o perímetro occipito-frontal é abaixo da média padrão para idade e sexo.
Consulte também: nanocefalia.

MICROCÉFALO

Adjetivo grego *Mikrós,* pequeno e *Kephalikós,* relativo a cabeça pequena, indivíduos que tem a cabeça pequena, com a massa encefálica muito diminuída.
Consulte também: microcefalia, nanocefalia.

MIELENCEFÁLICO

Adjetivo relativo ao mielencéfalo e ao sistema nervoso.
Consulte também: mielencéfalo, mielina.

MIELENCÉFALO

Substantivo grego *Myelós* medula espinhal, *Enképhalos* de encéfalo e *Kephalé* cabeça, crânio. Mielencéfalo é o nome dado para a vesícula encefálica secundária a partir do desenvolvimento do rombencéfalo, juntamente com o metencéfalo, dando origem ao bulbo e a parte inferior do quarto ventrículo e as estruturas do tubo neural.
Consulte também: encéfalo.

MIELINA

Substantivo do grego *Myelós, Myeloû,* medula, espinha. Mielina é o nome dado para a substância esbranquiçada, fosforada, que constitui a bainha de certas fibras nervosas, a bainha de mielina. A bainha de mielina é formada por oligodendrócitos, envolvidas pelas células de Schwann[60] do sistema nervoso periférico, permitindo que o impulso elétrico seja conduzido rapidamente, como se ocorresse pequenos saltos sobre a fibra,

---

60 SCHWANN, Theodor (1810-1882), foi um fisiologista alemão, considerado o pai da histologia moderna. Lecionou na Universiteit Leuven na Bélgica e dez anos depois na Universidade de Liège. A partir do estudo do funcionamento dos músculos e as células nervosas, levou à descoberta das chamadas células de Schwann.

condução saltatória.
Consulte também: fibra, bainha.

MILOFARINGIANO

Adjetivo grego *Mulos, Mylou* dente molar e *Phárynx, Pháryngos* faringe, parte do músculo constritor da faringe, que da linha miloidiana, atual rafe pterigomandibular, segue em direção a faringe. O mesmo que músculo milo-glosso, não mais utilizado na nomenclatura anatômica.
Consulte também: faringe.

MILO-GLOSSO

Substantivo latino *Mylou* dente molar e *Glôssa, Glôsses* e *Glôtta, Glôttes,* corresponde ao órgão que permite lamber, degustar, falar, a língua. Milo-glosso é o nome dado antigamente para o músculo que atualmente responde pelo músculo constritor da faringe.
Consulte também: língua.

MILO-HIÓIDE

Substantivo grego *Mylou* dente molar e *Hyoeidés,* osso hióide. Milo-hióide é o nome dado para o músculo de mesmo nome, músculo milo-hióide, formado por dois ventres homólogos que se unem a partir da linha mediana do assoalho da boca, dando a impressão de um só músculo, situado abaixo das raízes dos dentes molares, se estendendo até o corpo do osso hióide.
Consulte também: hióide.

MILOIDIANO

Adjetivo que se refere as estruturas vizinhas dos molares, o mesmo que linha milo-hioidea, outrora chamada de linha oblíqua interna da mandíbula.
Consulte também: milo-hióide.

MIOCÁRDIO

Substantivo grego *Mys, Myós,* músculo e *Kardía, Kardías,* de coração, parte muscular. Miocárdio é o nome dado para o músculo miocárdio, situado entre o epicárdio e o endocárdio, camada intermediária do coração. O miocárdio é o músculo responsável pela contração do coração, principalmente dos ventrículos, sendo maior na parede do ventrículo esquerdo.
Consulte também: coração, epicárdio, endocárdio.

MIOFIBRILA

Substantivo do grego *Mio,* músculo e *Fibrila,* fibra. Miofibrila é o nome dado para os miofilamentos grossos de miosina e finos de actina, situados no sarcoplasma das fibras musculares que compõem o músculo

estriado esquelético. O mesmo que miofibrilha e miofibrinas, não mais utilizados na nomenclatura anatômica.
Consulte também: sarcômero.

MIOLEMA

Substantivo grego *Mys, Myós,* músculo e *Lemma, Lemmatos,* envoltório plasmático das células. Miolema é o nome dado para o tubo transparente que contém as fibras musculares de cada um dos feixes do músculo esquelético, exceto os do coração, análogo ao sarcolema para as fibras situadas no coração.
Consulte também: sarcômero.

MIOLOGIA

Substantivo grego *Mys, Myós,* músculo e *Logía,* coleta. Miologia é o nome dado para a ciência que coleta informações e estudos relacionados aos músculos.
Consulte também: músculo.

MIOMÉTRIO

Substantivo latino *Myocardium,* camada do coração, do grego *Mys,* de coração. Miométrio é o nome dado para a camada muscular intermediária do útero, formado por três estratos de fibras musculares que são mais grossas no fundo do que no colo. O miométrio é o músculo que durante o parto se contrai devido ao estímulo da ocitocina, hormônio liberado pela neuro-hipófise, com o intuito de ajudar o feto a sair do útero.
Consulte também: perimétrio, endométrio.

MIRTIFORME

Adjetivo latino *Myrtiformis,* de *Myrtus, Myrtus,* murta, referente a planta do gênero *Myrtus* da família *Myrtacea* e *Forme,* forma, aparência, semelhança, que lembra a folha de murta. Por exemplo: Carúnculas mirtiformes (pequenas tuberosidades avermelhadas, mais ou menos firmes, de forma variável na abertura da vulva, consideradas como tecidos da mucosa retraídos do hímen deflorado, a carúncula himenal); Músculo mirtiforme (músculo que serve para abaixar a asa do nariz, atual músculo depressor da aba do nariz).
Consulte também: hímen.

MITRAL

Adjetivo latino *Mitralis,* de mitra, *Mitrae,* chapéu cônico fendido lateralmente usado pelos bispos em cerimônias eclesiásticas. Assim é designada a valva atrioventricular esquerda (bicúspide), cuja forma lembra o chapéu dos bispos, a Mitra, constituída de duas peças rígidas e

pentagonais: as cúspides, com pontas erguidas para cima.
consulte também: valva, cúspide.

MODÍOLO

Substantivo latino *Modiolus*, de *Modius*, de vasilha utilizada pelos romanos em poços e cisternas. Modíolo é o nome dado para o tubo que se enrola em torno de um eixo ósseo, a cóclea, formando uma espiral, situado no aparelho vestíbulococlear da orelha interna.
Consulte também: cóclea.

MOLAR

Substantivo latino *Molaris, Molae*, moinho, moer, pedra de moinho, feito para triturar. Molar é o nome dado para os três dentes enfileirados após os caninos e os pré-molares, servem para triturar e macerar alimentos mais rígidos e fibrosos. Os molares são dentes permanentes que costumam germinar por volta dos 7 anos (1º molar), com 12 anos (2º molar) e entre 13 e 25 anos (3º molar), conhecido como siso, dente do juízo. O siso não costuma estar presente na primeira dentição, a decídua. Os molares apresentam grandes cúspides, três ou mais, situadas sobre a superfície mastigatória, a face oclusal. Os molares costumam ter de três a quatro raízes, deixando-os fortemente fixos na cavidade alveolar, por isso são tão difíceis de serem extraídos da arcada dentária.
consulte também: siso.

MONTE DE VÊNUS

Substantivo latino *Mons Veneris*, de Monte de Vênus[61]. Monte de Vênus é o nome dado para a região onde ocorre o acúmulo de gordura, região sobre o púbis, coberta por pelos pubianos na idade adulta, situado abaixo da região hipogástrica, acima da vulva.
Consulte também: vulva, púbis.

MUCO

Substantivo latino *Mucus, Muci*, de muco, ranho, do grego *Mykxa, Mykxas*, mucosidade. Muco é o nome dado para a substância viscosa depositada na superfície das membranas, devido a secreção de muco produzido por vários tipos de células (caliciforme) e por diferentes tipos de tecidos. O muco é formado principalmente por água e por outros líquidos lubrificantes, importante na diminuição do atrito entre os

61 BOTTICELLI, Sandro (1485-1486), pintor italiano, referente a sua obra: O Nascimento de Vênus, encomendada por Lorenzo di Pierfrancesco de Médici, retrata a deusa da formosura e do amor nascendo nua da espuma do mar, cobrindo a vulva com seus cabelos longos mais não o monte púbico.

tecidos.
Consulte também: mucosa, humor.

MUCOSA
Substantivo latino *Mucosus* de *Mucus, Muci* que produz muco. Mucosa é o nome dado para a membrana que reveste o interior de órgãos ocos (cavitários), como estômago, bexiga, fossas nasais, útero, etc. O mesmo que túnica mucosa, elas revestem todo o tubo digestório, respiratório e genital, incluindo a bexiga, a uretra e os ureteres, constituída por epitélio e tecido conjuntivo subjacente.
Consulte também: muco, seroso, glândula.

MUCOSIDADE
Adjetivo, o mesmo que muco.
Consulte também: muco.

MUCOSO
Adjetivo, membrana que produz muco, relativo a mucosidade.
Consulte também: caliciforme.

MUCRO
Substantivo latino *Mucro, Mucronis*, ponta, extremidade acentuada. Mucro é o nome dado antigamente as extremidades palpáveis no corpo. Por exemplo: Processo xifoide (extremidade inferior do osso esterno em forma de gota).
Consulte também: mucrônico.

MUCRÔNICO
Adjetivo referente a ponta do coração, adjacente ao processo xifoide.
Consulte também: coração.

MULTÂNGULO
Substantivo latino *Multangulus* de muito e *Angulus*, ângulo, o que tem muitos ângulos. Multângulo é o nome dado para o órgão que possui muitos ângulos. Por exemplo: Escápula (osso com muitos ângulos situado posterior ao ombro); Músculo trapézio (músculo com muitos ângulos situado entre as escapulas, separado pela coluna vertebral).
Consulte também: mucro, gônio.

MUSCULAR
Adjetivo que tem relação com os músculos ou qualquer fibra muscular.
Consulte também: músculo.

MUSCULATURA
Adjetivo e substantivo latino *Musculus*, de músculo, carne, ventre. Musculatura é o nome dado para o conjunto de músculos que preenche o

esqueleto, forma órgãos ocos e que compõem as paredes dos vasos e vesículas.
Consulte também: músculo.

MÚSCULO

Substantivo latino *Musculus, Musculi* diminutivo de *Mus, Muris* do grego *Mys, Myós*, rato, provavelmente devido a contração do músculo lembrar o movimento produzido sob a pele do rato, de modo que o corpo do animal fosse o ventre e o rabo, o tendão do músculo. Músculo é o nome dado para o órgão constituído de tecido muscular voluntário (esquelético) e involuntário (liso e cardíaco), capaz de transformar energia química em movimento, gerar calor, impulsionar líquidos e alimentos, estabilizar o corpo e controlar o volume dos órgãos. Os músculos podem ser diferenciados a partir da anatomia microscópica, levando-se em consideração os componentes celulares. Do ponto de vista da anatomia macroscópica, os músculos esqueléticos são classificados de acordo com o número de cabeças ou origem (bíceps, tríceps e quadríceps); número de inserções ou tendões (bicaudado, policaudado); número de ventres (digástrico, poligástrico); quanto a forma (fusiforme, leque, quadrado); quanto o arranjo das fibras (peniforme, unipenado, bipenado); quanto a ação (flexor, extensor, abdutor, adutor); quanto a ação funcional (agonista, antagonista, sinergista).
Consulte também: ventre.

MUSCULOCUTÂNEO

Adjetivo relativo ao nervo que se relaciona com o músculo e com a pele, o nervo musculocutâneo, que tem origem no plexo braquial a partir do fascículo lateral, cujas fibras derivam das raízes do quinto, sexto e sétimo nervos espinhais cervicais. Diferente de musculodérmico.
Consulte também: musculodérmico, plexo.

MUSCULODÉRMICO

Adjetivo relativo a derme e ao sistema muscular subjacente. Os músculos dérmicos não estão presos aos ossos, estão situados na pele (músculo eretor dos pelos), no rosto (músculos da mímica facial), no escalpo (músculo occipito-frontal) e no pescoço (músculo platisma). Oposto de musculocutâneo.
Consulte também: musculocutâneo.

MUSCULOELÁSTICO

Adjetivo relativo ao tecido muscular de órgãos que possuem elasticidade, importante na distensão das paredes em decorrência da alteração da conformidade, como ocorre no canal vaginal, nas tubas uterinas, no

útero, grandes vasos, etc.
Consulte também: músculo.

MUSCULOMEMBRANOSO
Adjetivo relativo ao tecido muscular que possui grandes tendões laminares, cuja forma lembra uma grande membrana, como ocorre com o músculo semimembranáceo, situado no compartimento posterior e medial da coxa, sob o músculo semitendíneo.
Consulte também: semitendíneo.

MUSCULOSO
Adjetivo relativo ao tecido muscular volumoso situado nas paredes dos órgãos, necessário no desenvolvimento das atividades do organismo, como ocorre nos ventrículos do coração, na parede da bexiga urinária, nos membros inferiores, etc.
Consulte também: músculo.

MUSCULOTENDINOSO
Adjetivo relativo ao tecido muscular que possui grandes tendões, cuja forma lembra um poderoso ligamento tendinoso, como ocorre com o músculo semitendíneo, situado no compartimento posterior e medial da coxa.
Consulte também: musculomembranoso.

N

NÁDEGA

Substantivo latino *Nates, Natium* nádega, de *Uropígio,* da ornitologia, extremidade caudal das aves, de *Hipiátrico,* da veterinária, de rabadilha, região do tronco dos mamíferos onde se insere a cauda. Nádega é o nome dado para as duas partes carnudas e arredondadas situadas entre a região póstero-superior da coxa e a região posterior do quadril, local onde se aplica a vacina antitetânica, mais proeminente nas mulheres do que nos homens, as nádegas são preenchidas por músculos do quadril e das coxas, os músculos glúteos máximo, médio e mínimo. As nádegas possuem uma espessa camada hipodérmica (gordura) que funcionam como coxins, úteis para amenizar e distribuir o peso do tronco sobre os ísquios (ossos) quando sentamos. Cada nádega está separada uma da outra pela fenda interglútea, permitindo que ambas possam ser afastadas manualmente.

Consulte também: glúteo.

NARINA

Substantivo do latino *Naris,* o nariz, do grego *Myktér, Myktéros,* venta, narina, o mesmo que *Narícula,* termo pouco usado, diminutivo do latim *Naricus.* Narina é o nome dado para cada uma das aberturas da cavidade nasal que antecede o vestíbulo, situada na base do nariz, separada uma da outra pela columela do septo nasal. O diâmetro de cada narina varia muito entre os indivíduos, principalmente em relação a etnia e a raça.

Consulte também: nariz.

NARIZ

Substantivo latino *Naris, Naris, Nasus, Nasi,* do grego *Rín* ou *Rís, Rinós,* nariz, olfato. Nariz é o nome dado para o órgão proeminente situado no centro do rosto, entre a testa e os lábios, o mesmo que nariz externo. Do ponto de vista anatômico, o nariz externo possui: uma raiz, situado entre os olhos abaixo da glabela, um dorso, situado entre a raiz e a ponta do nariz, o ápice, corresponde a ponta do nariz e a base, região

dividia por uma columela, posicionando uma narina de cada lado. A estrutura do nariz é formada de um arcabouço de fibras, cartilagens e gordura, dando flexibilidade e maleabilidade a aba do nariz, que constitui a parede lateral do vestíbulo da cavidade nasal. Os ossos nasais não correspondem a dimensão do nariz externo, trata-se de duas pequenas placas ósseas achatadas e retangulares que formam a ponte do nariz, local onde os óculos repousam, logo abaixo da raiz. A expressão nariz quebrado, resulta na fratura dos ossos nasais e sua separação total ou parcial da maxila e do osso frontal. O nariz é o principal órgão do olfato.
Consulte também: narina.

NASAL
Adjetivo latino *Nasalis,* de *Nasus,* de nariz, que se relaciona com o olfato.
Consulte também: nariz.

NASO
Adjetivo latino *Nasus* de nariz, antigo termo que remete ao significado de nariz.
Consulte também: nariz.

NATES
Substantivo latino *Nates, Natium* de nádegas. *Nates* é o nome dado antigamente para a os dois tubérculos quadrigêmeos situados na face posterior do mesencéfalo, os colículos rostrais (superiores) e caudais (inferiores), cuja aparência lembram a anatomia das nádegas.
Consulte também: quadrigêmeo, mesencéfalo.

NAVICULAR
Adjetivo latino *Navicularis,* de *Navícula, Naviculae,* diminutivo de *Navis, Navis,* do grego *Skaphídion* o que significa bote, navio, barquinho, estruturas de concavidade eminente. Por exemplo: Fossa navicular (dilatação próxima ao óstio externo da uretra masculina e nas mulheres, entre o frênulo e o vestíbulo da vagina); Osso navicular (osso do pé, situado entre o tálus e os cuneiformes medial, intermédio e lateral).
Consulte também: escafoide.

NAVIFORME
Adjetivo latino *Navifurmis,* de *Navis, Navis,* barco e *Formis,* semelhante, o que tem forma de um pequeno barco.
Consulte também: navicular, escafoide.

NEOCEREBELO
Substantivo latino *Neocerebellum,* de novo, recente. Neocerebelo é o nome dado para a parte mais cortical do cerebelo, filogeneticamente mais recente, associada a atividade neural vinculada ao controle e

coordenação dos movimentos finos e delicados.
Consulte também: neocórtex, arquicórtex.

NEOCÓRTEX

Substantivo latino *Neocortex*, de novo. Neocórtex é o nome dado para a parte mais cortical do cérebro, filogeneticamente mais recente, abrangente e de grande funcionalidade, correspondendo a maior parte da massa encefálica.
Consulte também: arquicórtex, isocórtex.

NERVO

Substantivo latino *Nervus, Nervi* do grego *Nêuron, Nêurou*, de nervo, fibra nervosa, antigamente associado aos tendões, aponeuroses e ligamentos devido sua aparência esbranquiçada, também associada a palavra grega *Neuein*, de mancar, cambalear, ziguezaguear. Nervo é o nome dado para o conjunto de células nervosas, os neurônios, reunidos em fibras nervosas justapostas, os nervos, cordões de espessura e comprimento variável, podendo ser observados a olho nu em corpos dissecados. Por exemplo: Nervo isquiático (é o maior nervo do plexo sacral, situado na parede posterolateral da pelve menor, formado por ramos anteriores dos nervos espinhais de L4-S3); Nervos cranianos (12 pares de nervos que surgem do cérebro e do tronco encefálico, cuja maioria deixa a cavidade craniana); Nervo femoral (nervo do plexo lombar, formado por ramos dos nervos espinhais de L2-L4, aparece inicialmente no abdome e posteriormente desce pelo músculo psoas maior, seguindo inferiormente pela pelve até o trígono femoral onde se divide); etc.
Consulte também: neurônio.

NEURILEMA

Substantivo grego *Nêuron*, nervo e *Eílema, Eilêmatos, Envólucro* invólucro. Neurilema é o nome dado para o tecido que envolve as fibras nervosas autônomas pós-ganglionares do sistema nervoso periférico, formado por células de Schwann[62] que envolvem o prolongamento axonal (axônio) das fibras amielínicas, outrora chamada de nevrilema, diferente das fibras pré-ganglionares de Remak[63].
Consulte também: neurônio.

---

62 Consulte página 209.

63 REMAK, Robert (1815-1865), foi um médio alemão que se dedicou aos estudos da embriologia, fisiologia e neurologia, conhecido por descobrir as fibras nervosas amielínicas e das células nervosas situadas no coração.

NEURO

Substantivo do grego *Nêuron*, nervo, fibra. Neuro é o nome dado antigamente para o arranjo e a associação de fibras nervosas de um nervo, relativo aos componentes de revestimento. Por exemplo: Endoneuro (camada delicada de tecido conjuntivo frouxo que reveste intimamente as fibras nervosas).
Consulte também: epineuro, perineuro.

NEUROCRÂNIO

Substantivo latino *Neurocranium*, de recente, novo. Neurocrânio é o nome dado para a parte do crânio que protege o cérebro e os órgãos do sentido, o mesmo que caixa craniana. É formado por placas ósseas achatadas e bilaterais que se encontram quanto atingem a idade adulta, formando as suturas nos pontos de intersecções e cavalgamento na calota craniana e na base do crânio. O neurocrânio possui ao todo 08 ossos: frontal, parietais, temporais, occipital, esfenoide e etmoide.
Consulte também: crânio.

NEUROFIBRA

Substantivo latino *Neurofibra*, de fibra nervosa. Neurofibra é o nome dado para a fibra nervosa constituída pelos axônio e dendritos, que podem variar em número e comprimento, podendo alcançar diversas partes do corpo.
Consulte também: fibra, neurônio.

NEUROGLIA

Substantivo grego *Neuron*, nervo e *Glía, Glías*, cola. Neuroglia é o nome dado para o tecido formado por gliócitos, células da glia, não neurais, responsáveis pelo suporte e nutrição dos neurônios. As neuroglias são mais numerosas do que os neurônios e ao contrário deles, que são amitóticos, as glias possuem capacidade mitótica.
Consulte também: neurônio.

NEURO-HIPÓFISE

Substantivo grego *Neurohypohysis*, parte posterior da glândula hipófise. Neuro-hipófise é o nome dado para a divisão posterior da glândula hipófise alojada na fossa hipofisária da sela túrcica do osso esfenoide. A neuro-hipófise é formada por células hipotalâmicas neurossecretoras onde dois tipos de hormônios são armazenados: a ocitocina (OT) e o hormônio antidiurético (ADH) ou vasopressina.
Consulte também: hipófise.

NEUROLOGIA
Substantivo do grego *Nêuron* e *Logía* coleta. Neurologia é o nome dado para a ciência que estuda os nervos, neurônios e as células que compõem o tecido nervoso.
Consulte também: neurônio.

NEURONAL
Adjetivo relativo aos neurônios, o mesmo que neurônico.
Consulte também: Neurônio.

NEURÔNIO
Substantivo grego *Neuron, Nêurou, Neurone,* de nervo, neurônio. Neurônio é o nome dado para as células do sistema nervoso e dos nervos em geral. Os neurônios são células com prolongamentos citoplasmáticos responsáveis pela condução, propagação e sinapse, os axônios e dendritos, situados a partir do corpo do neurônio. Os neurônios totalizam aproximadamente 86 bilhões de células. Sua estrutura básica resume em: corpo (soma), dendritos, axônios, e a membra neural (citoesqueleto). As sinapses dos neurônios formam longas e extensas fibras nervosas que percorrem todas as partes do corpo, conectando o sistema nervoso central com o periférico, permitindo que todas as atividades do organismo sejam controladas e monitoradas pelo encéfalo.
Consulte também: nervo.

NEVRAXE
Substantivo grego *Nêuron,* nervo e *Ákxon,* eixo. *Nevraxe* é o nome dado antigamente para o conjunto de órgãos situados no eixo nervoso cérebro-espinhal, como o cérebro e a medula espinhal.
Consulte também: encéfalo.

NEVRÓGLIA
Substantivo grego *Neuron,* nervo e *Glía, Glías,* cola. Nevróglia é o nome dado para o tipo de tecido nervoso que forma a substância fundamental, cuja trama serve de suporte para o tecido nervoso, o mesmo que neuroglia. O termo nevróglia não é mais utilizado pela nova terminologia anatômica.
Consulte também: neuroglia.

NÓ
Substantivo latino *Nodus,* de nódulo, estrutura nodular e esférica. Nó é o nome dado para as estruturas de aspecto esférico, cuja forma lembra um nó de laço. Por exemplo: Nó sinusal (estrutura nodular situada na parede interatrial do átrio direito, próximo a valva atrioventricular

direita).
Consulte também: Nódulo.

NOCICEPTOR

Substantivo latino *Noc*, prejudicar, *Cep*, de receber e *Tor*, que faz, ação. Nociceptor é o nome dado para a terminação nervosa livre responsável por conduzir estímulos dolorosos, contínuo com a fibra aferente que permeia os nervos do sistema nervoso periférico.
Consulte também: lemnisco, aferente.

NODULAR

Adjetivo relativo ao nódulo.
Consulte também: nódulo.

NÓDULO

Substantivo latino *Nódulos, Noduli*, diminutivo de *Nodus*, nó, do grego *Póros, Pórolu*, concreção, condensação, agregação, calosidade. Nódulo é o nome dado para muitas estruturas anatômicas relacionadas ao sistema linfático e nervoso, cuja forma lembra um caroço, à semente de um fruto, de pequena nodosidade. Por exemplo: Nódulos linfáticos (eminência nodular situada em diversos pontos do corpo distribuídos pela rede linfática, quando invadidos por microrganismos se tornam inchados e nodulares); Nódulo do *vermis* cerebelar (eminência situada na região medial córtico-medular do cerebelo sobre a fossa craniana posterior); Nódulo da válvula semilunar, de Arantius[64] (eminência esférica situada na borda livre da válvula semilunar da aorta); etc.
Consulte também: gânglio.

NUCA

Substantivo latino *Cervix, Cervicis*, de cervical, que até o século XVI era compreendida como parte da coluna espinhal, palavra extraída do latim medieval *Noukha*, do grego *Auxén, Auxénos*, colo, do francês, *Nuque*, de nuca. Nuca é o nome dado para a face posterior do pescoço, região ínfero-posterior da cabeça, cortado por um sulco que vai da protuberância occipital externa até o processo espinhoso da sétima vértebra cervical, chamado de ligamento nucal.
Consulte também: pescoço.

---

64 ARANTIUS, Giulio Cesare (1530-1589), professor de medicina, cirurgia e anatomia em Bolonha, foi aluno de Vesalius e médico pessoal do papa Gregório XIII.

NÚCLEO

Substantivo latino Nucleus, de noz, *Nux*, centro. Núcleo é o nome dado para as estruturas internas estrategicamente posicionadas no centro, lembram pequenas sementes de plantas, de modo que possam controlar e coordenar diversas atividades e funções do sistema nervoso central. Por exemplo: Núcleo lentiforme (estrutura central formada pelo globo pálido e o putame, formando parte do corpo estriado).
Consulte também: gânglio, nódulo.

O

OBÉLIO

Substantivo latino *Obelus, Obeli,* sinal gráfico em forma de espeto que servia para marcar à margem dos livros, também se refere aos lugares duvidosos, do grego *Obelós, Obleoû,* espeto, ponta de flecha. Obélio é o nome dado antigamente para a região da sutura sagital que não é serrilhada, próximo aos forames parietais, comum em crânios de indivíduos com idade avançada, devido ao processo natural de descalcificação e absorção do tecido ósseo.
Consulte também: lambda.

ÓBEX

Substantivo latino *Obex, Obicis,* empecilho, barreira, estorvo, o mesmo que ferrolho, cadeado. Óbex é o nome dado antigamente para a lâmina de substância parda e transversal, situada abaixo e posterior ao bico do tálamo, que vai de um fascículo grácil a outro, e que está oculto pelo cerebelo.
Consulte também: clava, ferrolho.

OBLÍQUO

Adjetivo e Substantivo latino *Obliquus* do grego *Lokxós,* de oblíquo, curvo, o que está inclinado. Oblíquo é o nome dado as estruturas anatômicas que estão atravessadas de permeio. Por exemplo: Músculo oblíquo superior do olho (músculo extrínseco do olho, situado na cavidade orbital); Músculo oblíquo superior da cabeça (músculo situado no compartimento profundo e posterior do pescoço); Músculo oblíquo externo do abdômen (músculo situado na parede anterolateral do abdômen); etc.
Consulte também: rampa

OBLONGA

Substantivo latino *Oblonga, Oblongus,* de alargado, termo criado por Heister[65] e inserido na anatomia por Haller[66]. Oblonga é o nome dado para a parte superior da medula espinhal, contínua com o bulbo do tronco encefálico, mais apropriada como *Medulla Prolongata,* de medula alongada.
Consulte também: medula, bulbo.

OBTURADOR

Adjetivo latino *Obturator, Obturatorius,* de *Obturare,* tampar, fechar, obstruir, referente as estruturas anatômicas destinadas a tampar orifícios. Por exemplo: Forame obturador (o mesmo que forame obturado, situado no osso do quadril, entre os ramos do púbis e do ísquio, fechado parcialmente pela membrana obturadora).
Consulte também: forame.

OCCIPITAL

Adjetivo e Substantivo latino *Occipitalis,* de *Occipitum, Occipitis,* nuca, referente a parte posterior e inferior da cabeça, do *vertex* (topo) da cabeça até o forame occipital. Occipital é o nome dado para o osso ímpar, medial e achatado, situado na região posterior-inferior do neurocrânio, constituindo parte da calota craniana e a base do crânio, onde se encontra o forame magno, podendo ser apalpado acima da nuca a partir da protuberância occipital externa.
Consulte também: neurocrânio.

OCULOMOTOR

Substantivo latino *Oculus,* de olho, *Motus,* movimento e *Actor,* agente, ação. Oculomotor é o nome dado para o terceiro par de nervos cranianos responsável pelo controle de quatro dos seis músculos extrínsecos do olho, são eles: o músculo reto superior, inferior, medial, oblíquo inferior e o músculo levantador da pálpebra superior. O nervo oculomotor está situado na parte anterior do mesencéfalo, dividindo-se em dois ramos superior e inferior, que atravessam a fissura orbital superior em direção a cavidade orbital, cujo ramo superior é responsável pelos músculos

---

65 HEISTER, Laurentius (1683-1758), foi médico, cirurgião e anatomista alemão. Atuou como professor na Universidade de Helmsted até o final da vida, considerado como protagonista da cirurgia científica na Alemanha.

66 HALLER Albrecht (1708-1777), foi um médico, fisiologista e anatomista suíço. É considerado um dos grandes fisiologistas, criador da fisiologia experimental, autor de muitos tratados sobre anatomia, embriologia, botânica e inúmeras poesias.

supracitados. O ramo inferior atinge os músculos intrínsecos do olho por meio de fibras parassimpáticas, controlando o músculo ciliar e o músculo esfíncter da pupila.
Consulte também: nervo.

ODONTÓIDE
Adjetivo do grego *Odoús, Odóntos*, dente e *Eidos*, forma, aparência, referente ao processo odontóide da segunda vértebra cervical, o áxis (C2), cuja forma lembra um dente voltado para cima.
Consulte também: áxis.

ÓFRIO
Substantivo grego *Ophrys, Ophrydos*, supercilio. Ófrio é o nome dado antigamente para o ponto craniométrico situado entre os arcos superciliares, inferior a glabela, próximo a raiz do nariz.
Consulte também: glabela, bossa.

OFTÁLMICO
Adjetivo latino *Ophtalmicus*, do grego *Ophtalmikós*, de *Ophtalmós, Ophtalmoû*, olho, relativo as estruturas que compõem os olhos e a visão. Por exemplo: Nervo oftálmico (ramo do nervo trigêmeo, surge a partir do gânglio trigeminal que se origina na ponte do tronco encefálico); Artéria oftálmica (ramo da artéria carótida interna destinada a nutrir o olho e outras estruturas oftálmicas); etc.
Consulte também: óptico.

OLECRANIANO
Adjetivo que diz respeito ao olecrânio.
Consulte também: olecrânio.

OLECRÂNIO
Substantivo do grego *Oléne, Olénes*, alto do braço, e *Krânion*, cabeça do cotovelo. Olecrânio é o nome dado antigamente para a extremidade saliente e proximal da ulna, junto ao cotovelo fletido, o olecrano, ao contrário da cabeça da ulna que é distal.
Consulte também: olécrano.

OLÉCRANO
Substantivo latino *Olecranon*, de cabeça, *Krânion*, e *Oléne*, de cotovelo. Olécrano é o nome dado para a extremidade proximal da ulna, proeminência do cotovelo quando está fletido, forma a parede posterior da incisura troclear que se encaixa a grande fossa distal do úmero, a fossa do olécrano, quando o cotovelo está estendido.
Consulte também: cotovelo, coronoide.

OLFATIVO

Adjetivo que tem relação com o olfato e as células olfativas, presentes na túnica olfatória e sobre a concha nasal superior.
Consulte também: olfato.

OLFATO

Substantivo latino *Olfactus, Olfactus,* cheiro, odor, do grego *Osmé, Osmés,* olfato. Olfato é o nome dado para um dos cinco sentidos especiais e primitivo, a percepção dos cheiros e odores. O nariz é o principal órgão do olfato, juntamente com as terminações nervosas sensitivas do nervo olfatório, que atravessam a lâmina crivosa do osso etmoide e se distribuem sobre a concha nasal superior, situada no interior da cavidade nasal.
Consulte também: alocórtex, nariz

OLFATÓRIO

Substantivo latino *Olfactorius,* de farejador e *Olfactare,* cheirar. Olfatório é o nome dado para o primeiro par de nervos cranianos responsável pelo estímulo do olfato. O nervo olfatório é formado por fibras aferentes (sensitivas), cujos receptores formados por neurônio bipolares situados na mucosa nasal, são estimulados por moléculas presentes no ar que entra pelas fossas nasais, gerando um impulso nervoso que atinge os bulbos olfatório do encéfalo localizados sobre a lâmina cribriforme do osso etmoide, para posteriormente formar novas conexões (tratos olfatórios) com fibras que terminam na região olfatória primária (primordial), situada no lobo temporal.
Consulte também: olfato.

OLHO

Substantivo latino *Oculus,* de olho. Olho é o nome dado para o órgão esférico situado na cavidade orbital, o bulbo ocular, o mesmo que bulbo do olho. O bulbo do olho é o principal órgão da visão, no adulto tem aproximadamente 2,5 centímetros de diâmetro, tendo 2/3 protegidos pela cavidade orbital e 1/3 exposto para fora da orbita. Do ponto de vista anatômico, o bulbo apresenta três túnicas: fibrosa, vascular e interna (retina). A túnica fibrosa representa a camada superficial do olho, composta por uma córnea anterior, revestimento transparente que cobre a íris e uma esclera posterior, camada de tecido conjuntivo cobrindo o bulbo sem avançar sobre a córnea, servindo de local para fixação dos músculos extrínsecos do olho. A túnica vascular, o mesmo que *úvea* é a camada intermediária do bulbo, composta por três partes: corioide, corpo ciliar e íris. A corioide é muito vascularizada, está situada na parte posterior da túnica vascular, cobrindo a parte interna da esclera, possui

coloração marrom-escuro, devido aos inúmeros vasos sanguíneos e aos melanócitos, células que produzem melanina, pigmento capazes de absorve os raios luminosos dispersos no interior do globo ocular. O corpo ciliar é continuo com a corioide anteriormente a partir da *ora serrata*, margem anterior da retina, possui coloração marrom-escuro, devido a presença de melanina, processos ciliares e músculos ciliares, que alteram o tamanho da íris com a contração e o relaxamento das fibras musculares. A íris é a parte do olho que possui cores diferentes, devido a quantidade de melanina produzida pelos melanócitos, contém fibras musculares circulares e radiais, situada entre a córnea e a lente, presa aos ligamentos dos processos ciliares do corpo ciliar, cuja função primordial é controlar a quantidade de luz que atravessa a pupila do olho, abrindo e fechando a íris.
Consulte também: bulbo, íris, pupila.

OLIVA

Substantivo latino *Oliva*, de azeitona, fruto da oliveira. Oliva é o nome dado para o núcleo situado na parte superior e lateral do bulbo, a pirâmide, cuja forma lembra uma azeitona, formada por substância cinzenta, o núcleo olivar inferior.
Consulte também: núcleo.

OMBRO

Substantivo grego *Omos*, de ombro, *Umerus*, de *Espáduas*, o mesmo sentido de escápula, termo que os romanos confundiam com a palavra braço. Ombro é o nome dado para a parte do corpo entre o pescoço e o início do braço, servindo de estrutura para acoplar o membro superior ao tronco, a cintura escapular, cujo principal osso é a escápula.
Consulte também: escápula, omoplata, braço.

OMENTAL

Adjetivo latino *Omentalis*, que tem relação com o omento do peritônio.
Consulte também: omento.

OMENTO

Substantivo latino *Omentum*, *Omenti*, membrana que envolve os intestinos. Omento é o nome dado para o conjunto de pregas peritoneais situadas dentro da cavidade abdominal, de espessura variável, possui duas membranas (lâminas), o omento maior e o omento menor, que recobrem as vísceras como um manto gorduroso dobrado sobre si mesmo. O omento maior é a maior prega do peritônio, possui trajeto sinuoso, com dobras que penetram por entre as flexuras das alças intestinais, da curvatura maior do estômago, incluindo o duodeno e o intestino delgado, até alcançar o colo transverso do intestino grosso. Carregado

de tecido adiposo e de pequenas vesículas de gordura, os apêndices epiplóicos, o crescimento do omento maior contribui para o aumento do abdômen, conhecido como barriga de cerveja, principalmente em indivíduos com sobrepeso, forçando a parede anterior do abdômen para frente, deslocando e desalinhando as vértebras lombares da coluna vertebral. O omento menor é uma prega peritoneal diferente do omento maior por não ter tanta gordura, possui duas camadas que se desenvolvem a partir da curvatura menor do estômago, situada entre o duodeno e o fígado, servindo de manto condutor para vasos sanguíneos e vasos coletores, como a veia porta, artéria hepática comum e o ducto colédoco.
Consulte também: omento, epíploon.

OMO
Adjetivo grego *Ómos, Ómou,* de ombro, o mesmo que omoplata.
Consulte também: omoplata.

OMOPLATA
Substantivo *Ómos,* ombro e *Plate, Plates,* de superfície plana, lisa, chata. Omoplata é o nome dado antigamente para o osso de aspecto laminar e triangular, situado na face posterior dos ombros, o mesmo que escápula.
Consulte também: escápula.

ONFÁLICO
Adjetivo grego *Omphálios,* umbilical, *Omphalós, Omphaloû,* umbigo, o mesmo que cicatriz umbilical.
Consulte também: umbigo

ÔNFALO
Substantivo grego *Ômphalos, Ômphalou,* umbigo. Ônfalo é o nome dado antigamente para o umbigo, o mesmo que cicatriz umbilical, vestígio da circulação uteroplacentária, saliência arredondada situada na superfície da pele na parede anteroinferior do abdômen.
Consulte também: umbigo

OPÉRCULO
Substantivo latino *Operculum, Operculi,* tampa, cobertura, de *Operculare,* cobrir com uma tampa. Opérculo é o nome dado para a dobra do córtex cerebral situado no lobo parietal, próximo ao sulco lateral, cuja forma lembra a escama modificada que cobre a fenda branquial dos peixes.
Consulte também: córtex.

OPÍSTIO
Adjetivo e substantivo grego *Opíshtios,* de posterior, o que está situado ou fletido para trás, ponto médio da borda posterior do forame occipital,

atual forame magno.
Consulte também: magno.

OPONENTE

Adjetivo latino *Opponens, Opponentis*, do grego *Antagonistés, Antagonistou*, contrário, adversário, o que se opõe em uma direção, refere aos dois músculos da mão que se opõe aos demais dedos, o músculo oponente do dedo mínimo e o músculo oponente do polegar, situados na região hipotenar e tenar da mão, áreas almofadas da palma da mão.
Consulte também: tenar, hipotenar.

OPOSIÇÃO

Substantivo latino *Oppositio*, movimento que se opõem, que impede o progresso do outro. Oposição é o nome dado paro movimento de um dos dedos contra o polegar, colocando um dedo contra o outro, ação típica dos primatas superiores.
Consulte também: oponente.

ÓPTICO

Adjetivo latino *Opticus*, do grego *Optikós*, relativo à vista, visual, que tem relação com a visão, o que pertence ao olho. Por exemplo: Nervo óptico (segundo par de nervos cranianos, sensitivo, formado por fibras aferentes que transmitem os impulsos nervosos que surgem na retina até o núcleo geniculado lateral do tálamo e o córtex visual no lobo occipital). Não confundir com ótico, do latim *Otikós*, de *Oûs, Otós*, orelha, ouvido, devido a supressão do "p", da palavra óptico.
Consulte também: quiasma, retina.

OPTO-STRIADO

Adjetivo relativo ao corpo estrido, um dos núcleos da base do diencéfalo, formado pelo núcleo caudado e lentiforme, ambos pertencentes ao putame e ao globo pálido.
Consulte também: putame, lentiforme.

ORBICULAR

Adjetivo latino *Orbicularis*, de *Orbiculus*, diminutivo de *Orbis*, do grego *Kyklikós*, de circular, redondo, anel, rodinha, relativo a forma de diversos músculos do tipo esfíncter, que servem para fechar, por contração e abrir por relaxamento, certos orifícios e canais do corpo. Por exemplo: Músculo esfíncter pilórico (músculo situado entre o antro pilórico do estômago e o duodeno); Músculo esfíncter da pupila (músculo responsável contração da pupila, diminuindo a entrada de luz no olho); Músculo orbicular da boca (músculo que preenche os lábios e circundando

a boca); etc.
Consulte também: esfíncter.

ORBITA

Substantivo latino *Orbitae*, de *Orbis, Orbis*, do grego *Periphéreia, Periphéreias*, forma arredondada, esférica, circular. Orbita é o nome dado para as duas escavações esféricas e fundas, situada no craniofacial em forma de receptáculo, destinada a acomodar o bulbo do olho, compõem parte dos ossos do crânio: frontal, esfenoide, zigomático, maxila, etmoide e lacrimal. O termo orbita é sinônimo de cavidade orbital.
Consulte também: orbicular, olho.

ORBITÁRIO

Adjetivo que tem relação com a orbita e o olho.
Consulte também: orbita, olho.

ORELHA

Substantivo latino *Auricula, Auriculae, Auris*, do grego *Ous, Otós*, orelha, ouvido. Orelha é o nome dado para o órgão externo da audição, o mesmo que ouvido externo, situado um de cada lado da cabeça, anterossuperior ao processo mastoide, cuja forma lembra uma concha aberta para cima, de textura macia e flexível, que capta o som e conduz para o meato acústico externo até o tímpano. Do ponto de vista anatômico, o termo orelha representa o complexo auditivo formado por três órgãos distintos: orelha externa, orelha média e orelha interna. A orelha externa é composta por placas de cartilagens do tipo elástica, cuja forma irregular lembra uma concha, o pavilhão auditivo, o mesmo que ouvido externo, revestida por uma camada delgada de pele, espessa somente no lobo da orelha. A orelha média é formada por uma cavidade estreita (cavidade timpânica) vazia, cheia de ar, onde os ossículos da audição se encontram (martelo, bigorna e estribo), separando a cavidade timpânica em duas partes: a cavidade timpânica propriamente dita, espaço situado após o tímpano e o recesso epitimpânico, espaço situado acima do tímpano. A orelha interna é formada pelo órgão vestibulococlear, responsável pela recepção do som e pelo sentido do equilíbrio, constituído por sacos e ductos contendo endolinfa e perilinfa.
Consulte também: vestíbulococlear, ouvido.

ÓRGÃO

Substantivo latino *Organum*, de órgão, instrumento, mecanismo. Órgão é o nome dado para a estrutura que surge a partir da organogênese, formado por vários tipos de tecidos, com anatomia e fisiologia bem definida.
Consulte também: anatomia.

ORIFÍCIO

Substantivo latino *Orificium, Orificii*, de *Oris*, boca e *Facere*, fazer, do grego *Stóma, Stómatos*, boca, orifício. Orifício é o nome dado para as aberturas que ocorrem em vários órgãos em diversas partes do corpo, de grande variedade nominal e formatos diferentes, permitindo a passagem de um local para outro. Por exemplo: Forame magno (orifício do osso occipital situado na base do crânio); Hiato esofágico (orifício situado no músculo diafragma, permitindo a passagem do esôfago para a cavidade abdominal); Canal do hipoglosso (orifício situado na base do crânio, permitindo a passagem do nervo hipoglosso); etc.
Consulte também: hiato, forame, canal.

ÓSSEO

Adjetivo latino *Osseus*, de tecido ósseo, do grego *Ostódes*, o que é de natureza óssea. Por exemplo: Arcabouço ósseo da cabeça (das estruturas que forma o complexo do crânio neural e facial); Labirinto ósseo (parte óssea escavada no osso temporal, compõem a formação estrutural labiríntica do ouvido interno); Arcabouço ósseo do tórax (conjunto de ossos, cartilagens e vértebras reunidas em perfeita articulação na caixa torácica); etc.
Consulte também: osso.

OSSÍCULO

Substantivo latino *Ossiculum, Ossiculi*, diminutivo de osso, *Ossis*, de osso pequeno. Ossículo é o nome dado para os três ossinhos situados na orelha média (martelo, bigorna e estribo) e aos ossos sesamóides periarticulares.
Consulte também: sesamóide.

OSSIFICAÇÃO

Substantivo latino *Ossificatio, Ossificationis*, de os, *Ossis* e *Facere*, fazer. Ossificação é o nome dado para o processo de amadurecimento e crescimento dos ossos. O processo de ossificação ocorre a partir de duas etapas: a ossificação intramembranosa, que ocorre a partir da substituição do tecido conjuntivo mesenquimal por matriz óssea, local onde células mesenquimatosas sofrem diferenciação, se transformando em osteoblastos, e a ossificação endocondral, que ocorre a partir da substituição do tecido cartilaginoso por tecido ósseo, a partir da hipertrofia dos condrócitos e sua calcificação, concomitantemente com o surgimento dos capilares sanguíneos e células osteogênicas, dando origem aos osteoblastos e a matriz óssea sobre o tecido cartilaginoso.
Consulte também: osso, osteoblasto.

OSSIFORME

Adjetivo que tem a forma de osso ou com ele se parece.
Consulte também: cartilagem, osso.

OSSO

Substantivo latino *Os, Ossis,* do grego *Ostéon, Ostéoun*. Osso é o nome dado para o tecido ósseo, órgãos vivos do esqueleto, de consistência rígida e forma variável, local de inserção dos músculos esqueléticos. Os ossos são constituídos por uma camada externa de tecido compacto (substância compacta) e uma camada interna de tecido esponjoso (substância esponjosa). A medula óssea está situada dentro do canal medular (raquidiano), formado pelo tecido esponjoso do osso, composta principalmente por adipócitos e células do sangue. Cada osso é um tipo especializado de tecido conjuntivo, constituído por células e substância extracelular calcificada. Os ossos podem ser classificados quanto à forma em: ossos longos (comprimento é maior que a largura e a espessura); ossos curtos (o comprimento, a largura e a espessura são equivalentes); ossos irregulares (comprimento, a largura e a espessura não se aplicam); ossos pneumáticos (com cavidades cheias de ar); ossos chatos (comprimento e a largura é maior que a espessura) e sesamóides (ossos curtos presos entre tendões, próximos de articulações). Do ponto de vista funcional, os ossos exercem: suporte (arcabouço para os órgãos); proteção (crânio, tórax, coluna vertebral); movimento (fixação para os músculos); hematopoese (produz hemácias, leucócitos e plaquetas) e armazenamento (triglicerídios por meio de adipócitos). Do ponto de vista anatômico, um osso longo é formado por: diáfise (constitui o corpo do osso); epífise (constitui as extremidades) e metáfise (constitui a região entre o corpo e as extremidades). Cobrindo a camada compacta dos ossos está o periósteo, uma membrana conjuntiva resistente, vascular e sensível, que reveste a superfície dos ossos, exceto nas extremidades em contato com as articulações, que são cobertas por cartilagem do tipo hialina.
Consulte também: cartilagem.

OSTEOBLASTO

Substantivo grego *Ostéon*, osso e *Blastós*, germe. Osteoblasto é o nome dado para as células (osteoblastos) que compõem o tecido ósseo. Os osteoblastos produzem e depositam fibras de colágeno e matéria orgânica, proteoglicanos e glicoproteínas, formando a matriz óssea (extracelular) calcificada. Após a calcificação da matriz óssea, os osteoblastos ficam presos e resignados em seu próprio depósito de cálcio, aprisionados em sua secreção, se transformando em osteócitos.
Consulte também: osso.

OSTEÓCITO

Substantivo grego *Ostéon*, de osso e *Kýtos*, concavidade, escavado. Osteócito é o nome dado para as células do tecido ósseo de origem mesenquimal, derivada da diferenciação de células osteoprogenitoras (osteogênicas) em osteoblastos, presos em sítios de secreção dentro da matriz óssea. Os osteócitos são células com muitos prolongamentos que se interligam com osteócitos vizinhos, formando uma rede de comunicação extensa de ligamentos por onde passam moléculas de íons entre as células. A nutrição dos osteócitos depende dos canalículos que atravessam a matriz óssea, já que não a difusão no meio extracelular calcificado, pois este é impermeável, possibilitando a troca de moléculas, íons e gases a partir dos capilares sanguíneos que percorrem e preenchem os canalículos, emergindo na superfície do osso como forames nutrícios. Do ponto de vista funcional, os osteócitos apresentam pequena atividade celular, entretanto, são importantes na manutenção da matriz óssea. A reabsorção da matriz óssea, como ocorre na retração das arcadas dentárias com a perda dos dentes em indivíduos com idade avançada, aponta para a morte dos osteócitos.
Consulte também: osteoblasto.

OSTEOCLASTO

Substantivo do grego *Ostéon* e *Plastós*, de formação. Osteoclasto é o nome dado para as pequenas cavidades alongadas situadas na matriz óssea (sítios), formando pequenos canalículos comunicantes preenchidos por osteócitos.
Consulte também: canalículo.

OSTEOCONDRAL

Adjetivo do grego *Ostéon*, osso e *Chóndros*, cartilagem, relativo ao tecido que possui osteócitos e condrócitos em sua composição, de osso cartilaginoso, o mesmo que osteocartilaginoso.
Consulte também: endocondral.

OSTEOGÊNESE

Substantivo grego *Ostéon*, osso e *Genéas*, nascimento, origem, o mesmo que osteogenia. Osteogênese é o nome dado para as células do tecido ósseo que pertencem a linhagem de células osteoprogenitoras, que se desenvolvem a partir do mesênquima embrionário, ou seja, células mesenquimatosas capazes de originarem células ósseas propriamente dita, os osteoblastos e os osteócitos.
Consulte também: osteócitos, osteogenia.

OSTEOGENIA

Substantivo grego *Ostéon*, osso e *Genéas*, nascimento, origem, o mesmo que osteogênese. Osteogenia é o nome dado para a síntese e o desenvolvimento de células osteoprogenitoras e da diferenciação para osteoblastos e osteócitos, responsáveis pela produção e manutenção da matriz óssea e do tecido do ósseo propriamente dito.
Consulte também: osteogênese.

OSTEOLOGIA

Substantivo do grego *Ostéon*, osso e *Logia*, coleta. Osteologia é o nome dado para a ciência que estuda o desenvolvimento e o crescimento normal dos ossos e do tecido ósseo.
Consulte também: osso.

ÓSTIO

Substantivo latino *Ostium, Ostii*, porta, embocadura, abertura, de *Os, Oris*, boca, entrada. Óstio é o nome dado para as pequenas aberturas ou entradas situadas em vários órgãos. Por exemplo: **Óstio faríngeo da tuba auditiva** (entrada situada na faringe, que dá acesso a tuba auditiva e a orelha média); **Óstio do seio coronário** (abertura que dá acesso a veia cardíaca esquerda, veia magna, por meio de uma dilatação que antecede o óstio, o seio coronário, situado atrás do átrio esquerdo); **Óstio do canal vaginal** (abertura que dá acesso ao canal vaginal); etc.
Consulte também: canalículo, forame.

OSTIUM

Substantivo latino *Ostium, Ostii*, porta, embocadura, abertura, de *Os, Oris*, boca, o mesmo que *Ostium* vaginal, entrada da vagina. *Ostium* é o nome dado antigamente para as aberturas de certos órgãos, o mesmo óstio.
Consulte também: óstio.

ÓTICO

Adjetivo grego *Otikós*, de *Oûs, Otós*, orelha, ouvido, pois define o que é feito para ouvir, escutar, não confundir com óptico, que se refere ao olho, visão, o que é feito para enxergar.
Consulte também: óptico.

OUVIDO

Substantivo latino *Auditus, Auditus*, de ouvir, escutar, do grego *Akoé, Akoés*, ouvido, audição. Ouvido é o nome dado para a estrutura parabólica externa situada em ambos os lados da cabeça, cuja forma lembra uma concha aberta, o mesmo que orelha externa, responsável pela

captação das ondas sonoras.
Consulte também: orelha.

OVÁRIO

Substantivo latino *Ovarium, Ovarii*, de *Ovum, Ovi, Ôvo*, de ovo, do grego *Oophóros*, que carrega ovos. Ovário é o nome dado para a gônada do sexo feminino, do tamanho de uma amêndoa, situada na cavidade pélvica, análoga aos testículos, que exerce função endócrina produzindo hormônios sexuais, a progesterona e o estrogênio. Os ovários são órgãos que produzem gametas, os ovócitos secundários, que se transformam em óvulos maduros após a fertilização. Cada ovário está posicionado ao lado do útero, preso pelo ligamento largo do útero (mesovário), o ligamento próprio do ovário (útero-ovárico) e o ligamento suspensor do ovário, fixando os ovários a parede pélvica e uterina.
Consulte também: trompa, útero.

OVISSACO

Substantivo latino *Ovum, Ovi*, ovo e *Saccus, Sacci*, saco. Ovissaco é o nome dado para os corpúsculos esféricos situados no ovário, sinalizando a maturação do folículo ovariano, também conhecido como folículo de Graaf[67], que se manifesta na puberdade.
Consulte também: óvulo, ovário.

ÓVULO

Substantivo latino *Ovu, Ovi* de ovo, o mesmo que célula ovo, de ovócito. Óvulo é o nome dado para a célula haploide que surge a partir da ovulogênese nos ovários, expelida pelo folículo ovariano a cada ciclo menstrual, pronta para ser fertilizada pelo espermatozoide, formando uma célula diploide, o zigoto, capaz de gerar um novo ser. O óvulo é uma célula grande, sem flagelo, portanto são imóveis, sendo transportado pelas fimbrias da tuba uterina.
Consulte também: ovissaco, ovário.

OXICEFALIA

Adjetivo relativo a forma defeituosa do crânio.
Consulte também: oxicéfalo.

OXICÉFALO

Adjetivo grego *Oxyx, Oxus*, pontudo e *Kephalé*, cabeça, relativo a forma pontiaguda do crânio, o mesmo que acrocéfalo.
Consulte também: acrocefalia.

---

67 GRAAF, Reinier de (1641-1673), foi um médico e fisiologista neerlandês, se dedicando principalmente ao estudo do pâncreas e os folículos ováricos.

P

PALADAR

Substantivo latino *Palatum, Palati,* de palato, apetite, do grego *Uranós, Uranôu,* abóbada celeste, céu da boca. Paladar é o nome dado para a capacidade de perceber o gosto dos alimentos, o sabor, a partir do processamento neurológico desencadeado por reações químicas que ocorrem com a excitação dos receptores gustativos presentes na superfície da língua, as papilas gustativas.
Consulte também: palato, papila.

PALATAL

Adjetivo relativo ao palato, céu da boca.
Consulte também: palato, boca.

PALATINO

Adjetivo relativo ao palato e ao osso palatino. Por exemplo: Processo palatino (estrutura do osso palatino que constitui o palato duro); Forame palatino maior e menor (pequenas aberturas adjacentes a espinha nasal posterior do osso palato, servem de passagem para os nervos palatinos); Músculo levantador do véu palatino (parte muscular da garganta que age durante o processo de deglutição); etc.
Consulte também: palato.

PALATO

Substantivo latino *Palatinus, Palati,* que se refere ao paladar, ao céu da boca, do grego *Ouranós, Ouranoû,* céu da boca. Palato é o nome dado para a parte superior da cavidade oral, dividido em dois palatos: o palato duro, formado pela lâmina horizontal do osso palatino e pelo processo palatino da maxila e o palato mole, formado pelos pilares musculares e arqueados do palatoglosso e palatofaríngeo.
Consulte também: palatino.

PALEOCEREBELO

Substantivo latino *Paleocerebellum,* de primitivo. Paleocerebelo é o nome dado para a parte cortical do cerebelo filogeneticamente antiga,

associada a manutenção do tônus muscular e da postura.
Consulte também: cerebelo.

PALEOCÓRTEX

Substantivo latino *Paleocórtex*, de antigo. Paleocórtex é o nome dado para a parte cortical do cérebro filogeneticamente antiga, associada a sentidos mais primitivos, como o olfato. O paleocórtex se desenvolve a partir do rinencéfalo, correspondendo ao córtex piriforme e ao *úncus* do cérebro.
Consulte também: neocórtex.

PÁLIDO

Substantivo latino Pallidum, de pálido, fosco, sem brilho. Pálido é o nome dado ao núcleo da base, o globo pálido, estrutura subcortical situada no cérebro, seu nome está associado a densa camada de mielina que cobre os axônios, dando a cor pálida ao tecido. O globo pálido, juntamente com o subtálamo, estrutura que integra o sistema extrapiramidal, importante na coordenação motora voluntária, está associado com a aprendizagem de novas informações e no processamento das emoções.
Consulte também: putame.

PALMAR

Adjetivo latino *Palmaris, Palmoare*, de palma, *Palmae*, de palma da mão, do grego *Paláme, Palámes*, palma, o que está relacionado com à palma da mão. Por exemplo: Prega palmar (linha de expressão ou de força situada na superfície da palma da mão, cuja forma lembra a letra M do alfabeto); Músculo palmar longo (músculo situado na camada profunda do antebraço, tenciona a pele da palma da mão, muito útil na compreensão de objetos); Ramo palmar superficial (ramo arterioso da artéria radial); etc.
Consulte também: carpo.

PÁLPEBRA

Substantivo latino *Papebra, Palpebrae, Palpare*, de pálpebra, do grego *Blépharon, Blépharou*, de acalmar, sossegar, abrandar. *Pálpebra é o nome dado para as* pregas cutâneas disposta em pares, situadas uma do lado da outra na face, abaixo dos arcos superciliares, sobrepõem os olhos bloqueando a passagem de luz pelas pupilas, protegendo, lubrificado e espalhando o líquido lacrimal por toda extensão do globo ocular quando piscamos e movimentamos os olhos. Cada uma das pálpebras possui uma mucosa que a reveste internamente e margens delineadas por cílios, as pestanas, que protegem os olhos contra poeira e fuligens contidas no ar e que podem danificar a córnea.
Consulte também: olho, cílio.

PALPEBRAL

Adjetivo referente às pálpebras ou que se relaciona com elas.
Consulte também: Pálpebra.

PAMPINIFORME

Substantivo latino *Pampinus*, de videira e *Formis*, semelhança, forma de galhos da videira, cujo formato lembra os ramos de uma parreira. Pampiniforme é o nome dado para as veias que levam testosterona para a circulação, situadas no funículo espermático, cordão conectado a bolsa escrotal.
Consulte também: funículo.

PÂNCREAS

Substantivo grego *Pan*, tudo e *Kréa, Kréas*, carne, que é de toda carne, carnudo. Pâncreas é o nome dado para o órgão situado na cavidade abdominal, entre o duodeno e o baço, anterior aos rins e posterior ao estômago, de consistência mole, com textura que lembra carne fresca, preso ao canal alimentar por meio da ampola hepatopancreática, do qual o fígado faz parte, conduzindo sulco pancreático e bile para o duodeno. O pâncreas é uma glândula retroperitoneal com aproximadamente 15 centímetros de cumprimento e 2,5 centímetros de espessura. Do ponto de vista anatômico, o pâncreas apresenta: uma cabeça, parte espessa próxima a curvatura do duodeno, um corpo, contínuo com a cabeça do pâncreas voltado para esquerda, e a cauda do pâncreas, se estendendo de forma afunilada até quase tocar o baço. A secreção do pâncreas é despejada na porção descendente do duodeno a partir das papilas duodenais maior e menor. O ducto pancreático maior, ducto de Wirsung[68], se une ao ducto colédoco do fígado, atravessando a parede duodenal, formando a ampola hepatopancreática, de Vater[69], situada a 10 centímetros abaixo do piloro. O músculo esfíncter que circula a ampola hepatopancreática, controla a passagem de sulco que desce para o duodeno. O ducto pancreático acessório, de Santorini[70], é o segundo ducto do pâncreas que despeja sulco pancreático no duodeno, de forma independente do ducto colédoco a partir da papila duodenal menor.
Consulte também: glândula.

---

68 WIRSUNG, Johann Georg (1600-1643), professor alemão de anatomia em Pádua.

69 Consulte página 38.

70 Consulte página 147.

PANCREÁTICO
Adjetivo relativo ao pâncreas. Por exemplo: Ducto pancreático principal (ducto do pâncreas que conduz sulco pancreático para dentro do duodeno).
Consulte também: pâncreas.

PANÍCULO
Substantivo *Panniculus, Panniculi,* diminutivo de *Pannus, Panni,* pedaço de pano, trapo. Panículo é o nome dado para a camada subcutânea de tecido adiposo, cuja forma lembra uma almofadinha. Por exemplo: Panículo adiposo (tecido gorduroso depositado entre as vísceras, com intuito de proteger os órgãos contra impactos, preencher os espaços vazios, auxiliar no isolamento térmico, modelar o corpo e servir como fonte de energia).
Consulte também adiposo.

PAPILA
Substantivo latino *Paila, Pailae,* mamilo do peito, diminutivo de *Popula, Papulae,* o mesmo que bolha, de vesícula. Papila é o nome dado para as pequenas estruturas salientes, ligeiramente cônicas e abaloadas sobre a pele. Por exemplo: Papilas circunvaladas (projeções em forma de pequenos caroços, são as maiores papilas gustativas situadas *à* margem do sulco terminal, entre a raiz e o corpo da língua); Papila duodenal maior, de Vater[71] (papila situada na porção descendente do duodeno conectada a ampola hepatopancreática).
Consulte também: ampola.

PAPILAR
Adjetivo que tem relação com as papilas.
Consulte também: papila.

PAPIRÁCEO
Adjetivo latino *Papyraceus,* de *Papyrus, Papyri,* papel, do grego *Papyros, Papyrou,* referente ao papiro utilizado no antigo Egito. Papiráceo é o nome dado antigamente para a lâmina papirácea do osso etmoide, cuja forma lembra uma folha de papel, compõe a parede medial da cavidade orbital, o mesmo que *lâmina orbital do osso etmoide.*
Consulte também: etmoide.

PARACOLO
Substantivo latino *Paracervix,* ao lado, pareado. Paracolo é o nome dado para a estrutura que está posicionada ao lado do colo do útero, o mesmo

---

71 Consulte página 38.

que cérvix.
Consulte também: cérvix.

PARADÍDIMO

Substantivo latino *Paradidymis,* de *Pará,* ao lado, pareado e *Didymis,* de duplo. Paradídimo é o nome dado para o órgão duplo situado sobre o epidídimo.
Consulte também: epidídimo, dídimo.

PARAMÉTRIO

Substantivo latino *Parametrium,* de *Pará,* ao lado, pareado e *Metrium,* de músculo, útero. Paramétrio é o nome dado para as estruturas situadas ao lado do útero.
Consulte também: perimétrio.

PARAOÓFORO

Substantivo latino *Paroophoron,* ao lado, e *Phoros,* ovo. pareado. Paraoóforo é o nome dado para a estrutura posicionada ao lado, preso ao ovócito.
Consulte também: folículo.

PARASSIMPÁTICO

Adjetivo do latim *Para,* de direção, lugar de destino, do grego *Sympathekós,* de *Syn,* comunidade, concordância e *Páthos,* sentimento, afeição. Parassimpático é o nome dado para a divisão funcional do sistema nervoso autônomo associado as atividades de equilíbrio, digestão e repouso. A parte parassimpática do sistema nervoso autônomo é constituída por neurônios pré-ganglionares situados em núcleos do tronco encefálico (mesencéfalo, ponte e bulbo), e nos segmentos de S1, S2 e S3, não se manifestando nos segmentos da região torácica e lombar da medula espinhal. Os neurônios pós-ganglionares fazem sinapse com os neurônios pré-ganglionares por meio de gânglios terminais, situados próximos aos órgãos e glândulas de atuação, formando uma extensa rede de fibras nervosas longas (pré-ganglionares) e curtas (pós-ganglionares), acionadas por neurotransmissores químicos (acetilcolina), dando maior precisão durante a ação parassimpática no organismo, se comportando de forma menos difusa do que a ação simpática. Na cabeça, os neurônios parassimpáticos se originam do nervo oculomotor (III), do nervo facial (VII), do nervo glossofaríngeo (IX) e do nervo vago (X), todos nervos cranianos, descendo pelo pescoço e se distribuindo pelos segmentos do tórax e abdômen.
Consulte também: simpático.

PARATIREOIDE

Substantivo do grego *Pará,* ao lado e *Thyreoidés,* de escudo. Paratireoide é o nome dado para o par de glândulas do pescoço situadas posteriormente a glândula tireoide, possuem formato ovalar e são ligeiramente achatadas. Há dois pares de glândulas paratireoides, uma de cada lado: as glândulas paratireoides superiores, situadas ao nível da margem inferior da cartilagem cricóide da laringe, e as glândulas paratireoides inferiores, situadas próximas ao polo inferior do lobo da glândula tireoide.
Consulte também: tireoide.

PAREDE

Substantivo latino *Paries,* de parede das casas romanas. Parede é o nome dado para a estrutura que serve como muro, divisor, septo.
Consulte também: parietal, septo.

PARÊNQUIMA

Substantivo grego *Parénchyma, Parenchumatos,* de *Pará,* perto, junto e *Énchyma, Enchymatos,* infusão, de agir lentamente, ao lado. Parênquima é o nome dado para o tecido que determina a parte funcional de um órgão ou de uma glândula, se contrapõem ao estroma, que atua como suporte do próprio parênquima. Do ponto de vista histológico, nos animais o parênquima é a parte mais importante de um órgão ou glândula, pois é formado por células responsáveis por exercer a função daquele tipo de tecido, principalmente relacionado a produção de secreções e humores.
Consulte também: estroma, glândula.

PARENQUIMATOSO

Adjetivo que define a composição por parênquima.
Consulte também: Parênquima.

PARIETAL

Substantivo latino *Parietalis,* de *Paries, Parietais,* muro, parede, muralha. Parietal é o nome dado para as duas lâminas ósseas situadas no topo do crânio, os parietais direito e esquerdo, unidos pela sutura sagital, são os maiores ossos da calota craniana, protegendo os lobos parietais do cérebro. O termo parietal, também se refere *à parede de um determinado órgão. Por exemplo: Pleura parietal (lâmina conjuntiva que envolve os pulmões adjacente a parede da cavidade torácica).*
Consulte também: septo, antemural.

PARÓTIDA

Substantivo latino *Parotis, Partides,* do grego *Parotís, Parotídos,* de *Pará,* próximo, junto, ao lado e *Otós,* orelha. Parótida é o nome dado para o

maior par de glândulas salivares situadas à frente e abaixo da orelha, sobre cuja forma lembra uma pequena almofada palpável sobre o ângulo da mandíbula (gônio). A parótida é uma glândula exócrina que despeja saliva por um ducto, o ducto parotídeo, que atravessa o músculo bucinador e se abre no vestíbulo da boca sobre o segundo molar superior. Consiste de pequenos aglomerados de tecido gorduroso, com o intuito de proteger a glândula contra os movimentos abruptos da mandíbula durante a mastigação, evitando danos estruturais ao tecido. A glândula parótida faz parte de um conjunto de três pares de glândulas salivares situadas ao redor da cavidade oral, são elas: parótida, sublingual e submandibular.
Consulte também: sublingual, submandibular.

PAROTIDIANO

Adjetivo que tem relação com a glândula parótida.
Consulte também: parótida.

PARVA

Substantivo latino *Parva, Parvus,* de pequeno, curto. Parva é o nome dado a certas veias de trajeto curto. Por exemplo: Veia cardíaca parva (veia curta, tributária que drena sangue para seio coronário do átrio e ventrículo direito do coração); Veias safena parva (veia curta e superficial situada na parte posterior da perna).
Consulte também: veia, magno.

PATA DE GANSO

Substantivo grego germânico *Pauta,* do latim *Patta,* pé, extremidade de cada membro dos quadrúpedes e *Gans,* ganso, do grego *Anserinus, Anser,* de ganso, pato, pata das aves domésticas de porte robusto. Pata de ganso é o nome dado para o conjunto de tendões unidos sobre a face medial e proximal da tíbia, ao lado da tuberosidade tibial, correspondente a inserção dos três músculos longos e biarticulares da coxa: o grácil, sartório e semitendíneo, cuja forma lembra a pata de um ganso.
Consulte também: aponeurose.

PATELA

Substantivo latino *Patellae,* diminutivo relativo de *Patena, Patenae,* prato pequeno utilizado para sacrifícios, do grego *Pátella, Patélles,* copo de boca larga, taça alargada, panela rasa e larga, cujo cabo se assemelha ao tendão. Patela é o nome dado para o osso sesamóide, curto e triangular, ligeiramente frouxo, situado adiante do joelho, com a base para cima e o ápice para baixo. A face posterior da patela é dividida em duas faces articulares: a face articular para o côndilo medial e lateral do fêmur. A face anterior da patela é áspera, servindo de fixação para o tendão do

músculo quadríceps femoral e o ligamento patelar, funcionando como se fosse uma roldana, por isso foi chamada de rótula, atuando como uma engrenagem, potencializando o efeito de alavanca entre a coxa e a perna.
Consulte também: rótula, sesamóide.

PAVILHÃO

Substantivo latino *Papilio, Pailionis,* barraca, tenda armada, cobertura que armada que lembra as asas de uma borboleta, do grego *Kamár, Kamáras,* lugar, região, do francês *Pavillon,* pavilhão, edificação de madeira. Pavilhão é o nome dado para a orelha externa, o mesmo que ouvido externo e pavilhão auditivo, cujo formato lembra a estrutura da asa de uma borboleta.
Consulte também: orelha, ouvido.

PÉ

Substantivo latino *Pes, Pedis* do grego *Poûs, Poudós,* pé, de pata para os quadrupedes. Pé é o nome dado para o segmento inferior contínuo com a perna, extremidade distal do membro inferior onde todos os dedos se projetam para frente, análogo ao segmento da mão. O pé é uma plataforma óssea necessária para sustentação e locomoção do corpo, formado por 07 ossos tarsais (tarso), responsáveis pela articulação do tornozelo, por 5 ossos metatarsais (metatarso), que constituem a parte intermediária do pé e por 14 falanges (proximal, média e distal), que compõem os ossos longos dos dedos do pé, do primeiro ao quinto dedo. Há três partes distintas que compõem a anatomia do pé: a parte posterior (retropé), a parte média (mediopé) e a parte anterior do pé (antepé). A planta do pé é a região que toca o chão, o mesmo que sola do pé ou região plantar. O dorso é a região que se volta para cima, é a parte que se observa quando olhamos para os pés. Posteriormente ao dorso do pé está o calcâneo, o mesmo que calcanhar, contínuo com a planta do pé, de formado arredondado e robusto, ponto de apoio quando ficamos sobre os calcanhares. De todos os dedos do pé, somente o primeiro dedo tem nome próprio, o hálux. A pele do pé possui muitas variações quanto a espessura, devido ao tipo de contato que possui com certas áreas duras e ásperas, tornando a pele mais grossa na planta do pé do que no dorso.
Consulte também: mão, hálux.

PECÍOLO

Substantivo latino *Petiolus,* de caule, cabo. Pecíolo é o nome dado para a estrutura estreita de fixação da epiglote, cuja forma lembra o caule de uma folha.
Consulte também: epiglote.

PÉCTEN

Substantivo latino *Pecten*, de pente, escova utilizada pelos romanos. Pécten é o nome dado para a parte do ânus cuja forma lembra um pente.
Consulte também: pectíneo.

PECTÍNEA

Adjetivo feminino de pectíneo, *Pectineus, Pectinei*, de *Pecten, Petinis*, em forma de pente. Por exemplo: Fáscia pectínea (tecido conjuntivo sobre o músculo pectíneo)
Consulte também: pectíneo.

PECTÍNEO

Substantivo latino *Pectineus, Pectinei*, de *Pecten, Petinis*, em forma de pente, instrumento denteado utilizado para pentear e alisar os cabelos. Pectíneo é o nome dado para o *músculo de formato quadricular e plano*, situado próximo ao púbis, na parte interna e superior da coxa. Devido ao formato e o arranjo das fibras musculares sugerir mais de uma camada, os antigos anatomistas relacionaram a carne do músculo com as cerdas de um pente de cabelo. Entretanto, há outras estruturas anatômicas que compartilham a mesma nomenclatura. Por exemplo: Ligamento pectíneo, de Cooper[72] (parte do ligamento inguinal situado próximo a margem inferior do músculo oblíquo externo, de curso diferente daquele em direção ao tubérculo púbico, inserido no ramo superior do púbis sobre a linha pectínea).
Consulte também: pectínea.

PEDARTÍCULO

Substantivo latino *Pedarticulus, Pedarticuli*, de *Pes, Pedis*, pé e *Articullus, Articuli*, articulação, junta. Pedartículo é o nome dado antigamente para os dedos dos pés, análogo aos artelhos (dedos) das mãos. O mesmo que apêndices digitiformes dos pés.
Consulte também: artelho, dedo.

PEDÍCULO

Substantivo latino *Pediculus, Pediculi*, diminutivo de *Pes, Pedis*, pé. Pedículo é o nome dado para certas partes de um órgão cujo formato lembra um pedúnculo. Por exemplo: Pedículo do arco vertebral (estrutura que sustenta o corpo vertebral das vértebras).
Consulte também: pedúnculo, pé.

---

72 COOPER, Astley Paston (1768-1841), professor de anatomia e cirurgia em Londres, médico pessoal do rei George IV, William IV e da rainha Victoria da Inglaterra.

PEDIOSO

Adjetivo latino *Pediosus*, de *Pes, Pedis*, pé, que pertence ao pé ou com ele se relaciona.
Consulte também: pé, pedículo.

PEDÚNCULO

Substantivo latino *Pedunculus, Pedunculi*, diminutivo de *Pes, Pedis*, pé, o que é pedioso. Pedúnculo é o nome dado para os dois feixes de fibras nervosas que se originam no hemisfério cerebral, situados sobre o eixo dorsoventral do mesencéfalo, limitado inferiormente pela ponte do tronco encefálico, contínuo com os pedúnculos cerebelar superior, médio e inferior. Entretanto, o termo pedúnculo pode se referir à outras estruturas anatômicas cujo formato lembra um caule de sustentação.
Consulte também: pedículo.

PEITO

Substantivo latino *Pectus*, de peito, referente a parte anterior do tórax, não compreendendo a mama, do grego *Pectis, Pectós*, de gaiola para pássaros. Peito é o nome dado para a parte ventral do tórax, saliente nos homens devido o volume do músculo peitoral maior e menor.
Consulte também: peitoral, tórax.

PEITORAL

Adjetivo latino *Pectoralis*, adorno de metal colocado sobre o peito, relativo as estruturas situadas sobre a parte anterior do tórax. Por exemplo: Músculo peitoral maior (músculo situado sobre o peito, responsável pela flexão, rotação medial e adução do braço).
Consulte também: peito.

PELE

Substantivo latino *Pellis, Pellis*, cútis, do grego *Dérma, Dérmatos*, couro, pele, o mesmo que cútis. Pele é o nome dado para o maior órgão do corpo e do sistema tegumentar. Do ponto de vista anatômico, a pele é composta por: pelos, glândulas sebáceas e sudoríparas[73], unhas e receptores sensitivos. A pele corresponde ao maior órgão de exposição ao meio ambiente, feita para cobrir o corpo humano, formada por duas camadas principais: a epiderme (fina, superficial e avascular), e a derme (profunda, espessa e vascular). As *células epiteliais são constantemente renovadas, sendo substituídas por novas células epiteliais* a medida que são

---

73 Adotamos o termo sudorípara por ser mais adequado a língua portuguesa ao invés de sudorífera, mesmo este sendo reconhecido e utilizado pela Terminologia Anatômica, por se tratar de glândulas que excretam suor (sudoríparas) e glândulas provocam a sudorese (sudoríferas), a partir do exercício físico.

naturalmente descamadas. Abaixo da derme está a hipoderme, constituída por tecido areolar e adiposo, fixando a pele *à* tela subcutânea adjacente e ao tecido conjuntivo que cobre os músculos e ossos, a fáscia muscular. A partir da hipoderme, vasos sanguíneos nutrem a pele percorrendo toda camada de gordura e as terminações nervosas, os corpúsculos lamelares e de Pacini[74] e os mecanorreceptores, fornecendo sensibilidade necessária para que possamos identificar à pressão e o toque. Do ponto de vista funcional, a pele cumpre as seguintes funções básicas: regulação da temperatura corporal; reservatório de sangue; proteção contra agentes nocivos externos; órgão sensorial, órgão de absorção e excreção e órgão de produção de vitamina D.
Consulte também: derme, epiderme.

PELVE

Substantivo latino *Pélvis*, de vasilhame comparado à uma bacia de lavar os pés. Pelve é o nome dado para a estrutura óssea formada pelos ossos do quadril (ílio, ísquio e púbis) que permitem ligar os membros inferiores com o tronco, o mesmo que bacia e quadril. A pelve óssea é formada a partir da junção dos ossos do quadril direito e esquerdo, de modo que os púbis estejam articulados anteriormente a partir da sínfise púbica e o osso sacro fechando a pelve posteriormente, formando o chamado *cíngulo do membro inferior*, o mesmo que cintura pélvica. O resultado é uma estrutura óssea de aspecto anular, se empunhada pelas asas dos ossos ilíacos, lembra facilmente o formato de uma bacia. Do ponto de vista estrutural, a pelve óssea forma um platô de sustentação para a coluna vertebral, órgãos pélvicos e do abdômen inferior. Devido a singularidade e a riqueza de detalhes de cada osso do quadril, esses costumam ser estudados separadamente, facilitando a identificação e reconhecimento das estruturas anatômicas. A cavidade do acetábulo é um importante acidente anatômico encontrado em ambos os ossos do quadril.
Consulte também: bacia, quadril, acetábulo.

PÉLVICO

Adjetivo relacionado com as estruturas e órgãos situados na pelve, o mesmo que bacia e osso do quadril.
Consulte também: bacia, quadril.

---

74 PACINI, Filippo (1812-1883), responsável pela primeira escrita sobre os corpúsculos ligados aos nervos digitais e que atualmente levam o seu nome.

PENICÍLIO

Substantivo latino *Penicilli*, de pequenos cílios. Penicílio é o nome dado para os pequenos cílios cuja forma lembra as cerdas de um pincel.
Consulte também: cílio.

PÉNIL

Substantivo que se refere a parte inferior da barriga da mulher, constituída por uma eminência ligeiramente triangular, elevada pela concentração de tecido gorduroso, coberta por pelos pubianos, o mesmo que monte de Vênus.
Consulte também: púbis, monte de vênus.

PÊNIS

Substantivo latino *Penis*, o mesmo que verga, vara, espada, de *Pendere*, suspender, erguer, do grego *Sáthe, Sáthes*, membro viril, destinado ao coito com a vagina, o mesmo que falo, do latim *Phallus*, que representa o órgão sexual masculino, ereto como símbolo de poder e capacidade reprodutiva, cultuado em várias sociedades. Pênis é o nome dado para o *órgão* de cópula masculino, que serve tanto para condução do sêmen como meio para eliminação de urina, possui formato cilíndrico, com raiz, corpo esponjoso e cavernoso, com extremidade formada por uma glande proeminente, conhecida popularmente como cabeça do pênis. O corpo do pênis é formado por tecido esponjoso, semelhante à uma esponja de banho, que inclui uma parte da uretra, permitindo-a que fique aberta durante a ejaculação, e o tecido cavernoso, diferente do esponjoso, pelo fato de possuir seios cavernosos maiores. A capacidade de ereção do pênis consiste basicamente na concentração de sangue que enche os seios sanguíneos desses corpos (esponjoso e cavernoso), permitindo que os tecidos sofram expansão e enrijecimento, decorrente do estímulo sexual sensitivo, podendo ser: visual, tátil, auditivo e olfatório. Entretanto, não podemos descartar os estímulos que surgem a partir do pensamento, sejam eles conscientes ou inconscientes, como aqueles que ocorrem nos sonhos. Do ponto de vista anatômico, o pênis possui uma raiz, parte fixa e de ancoragem do órgão, constituída por dois ramos, por bulbo e músculos presos ao osso ísquio, músculo isquiocavernoso e bulboesponjoso. O corpo do pênis se projeta de forma pendular, possui uma parte livre e suspensa a partir da sínfise púbica e uma parte pélvica, interna, perto da raiz. A glande está situada na parte distal do pênis, formada de tecido esponjoso, ela se expande durante o ato sexual, se tornando cônica e proeminente, com borda que lembra uma coroa, adjacente ao sulco balanoprepucial, escavação semicircular situada em torno do colo, separando o corpo da glande. A pele do pênis é fina e frouxa, com pigmentação de tom mais escuro do que o resto do corpo,

se projetando sobre a glande, cobrindo o sulco balanoprepucial, chamado de prepúcio do pênis. O prepúcio pode ocultar total ou parcialmente a glande do pênis, podendo prejudicar a higienização da glande e do sulco balanoprepucial. Inferiormente, a pele que cobre o corpo do pênis e que também forma o prepúcio, se prende a glande por meio de uma prega cutânea fina, porém resistente, o frênulo do prepúcio. Relativo ao desenvolvimento, o pênis é análogo ao clitóris da mulher.
Consulte também: falo, verga, membro viril.

PENTE

Substantivo latino *Pecten, Pectinis,* que se assemelha as cerdas do pente, de escova, que tem relação com o púbis, região anterior da pelve coberta por pelos pubianos, vulgo pentelho, pelos que lembram os restos de fios de cabelo curtos e retorcidos que ficam presos no pente.
Consulte também: monte de vênus, púbis.

PERFURANTE

Adjetivo latino *Perfurans,* perfurantes, o que perfura, penetra, que passa através, qualidade de muitas artérias, veias e nervos, que perfuram órgãos e glândulas para supri-los. Por exemplo: Artérias perfurantes do tálamo (pequena ramificação da artéria cerebral posterior do círculo arterial do cérebro, de Willis[75]).
Consulte também: comunicante, colateral, recorrente.

PERICÁRDIO

Substantivo latino *Percardium, Pericardii,* ao redor do coração, do grego *Perikardion,* de *Perí* em volta e *Kardía, Kardías,* coração. Pericárdio é o nome dado par a estrutura membranosa e sacular em volta do coração e dos grandes vasos da base, situado no mediastino médio, entre os pulmões direito e esquerdo. O pericárdio é um saco fibrosseroso, fechado, constituído por duas camadas: o pericárdio fibroso e o pericárdio seroso. O pericárdio seroso é subdivido em dois folhetos mesoteliais que se dobram sobre a base do coração, as lâminas parietal e visceral do pericárdio. Os movimentos que incidem sobre o osso esterno, bem como os movimentos do coração, dos grandes vasos da base do coração e do diafragma durante a respiração, influenciam o formato do pericárdio.
Consulte também: mediastino, coração.

---

75 WILLIS, Londres Thomas (1621-1675), professor de filosofia natural em Oxford e médico particular do rei James II da Inglaterra.

PERICÁRIO

Substantivo latino *Perikaryon,* corpo, do grego *Peri,* ao redor, em volta e *Karyon, núcleo,* corpo principal. Pericário é o nome dado para o corpo do neurônio.

Consulte também: neurônio.

PERICÔNDRIO

Substantivo grego *Perichondrium,* ao redor, em volta, de *Chondros,* cartilagem. Pericôndrio é o nome dado para o tecido conjuntivo que reveste as cartilagens, homologo ao periósteo que reveste os ossos.

Consulte também: periósteo.

PERILINFA

Substantivo grego *Perilympha,* de líquido, fluído aquoso. Perilinfa é o nome dado para o líquido situado dentro dos canais semicirculares da orelha interna, presente no labirinto ósseo e membranáceo.

Consulte também: endolinfa.

PERIMÉTRIO

Substantivo grego *Perimetrium,* de *Peri,* em volta e *Metra,* núcleo, corpo. Perimétrio é o nome dado para a túnica serosa do útero, camada mais superficial situada sobre o miométrio, formado pelo peritônio fixo por uma lâmina delgada de tecido conjuntivo.

Consulte também: miométrio, endométrio.

PERIMÍSIO

Substantivo latino *Perimysium, Perimysii,* do mesmo significado grego *Perí,* em volta e *Mys, Myós,* músculo. Perimísio é o nome dado para o tecido conjuntivo frouxo que envolve grupos de fibras musculares, permitindo que as mesmas se organizem em fascículos, visível quando a carne é dilacerada e pequenas fibras esbranquiçadas são expostas entre os feixes do músculo.

Consulte também: epimísio, endomísio.

PERINEAL

Adjetivo latino *Perinealis,* relativo ao períneo.

Consulte também: períneo.

PERÍNEO

Substantivo latino *Perineon, Perineoni,* em volta do pudendo, do grego *Períneon, Períneou,* de *Perinaío,* estar na vizinhança, próximo, adjacente aos órgãos do pudendo. Períneo é o nome dado para a região situada entre a raiz do pênis e o ânus nos homens e nas mulheres, entre a comissura inferior dos grandes lábios e o ânus. Do ponto de vista anatômico, o períneo é delimitado anteriormente pela sínfise púbica, posteriormente

pelo cóccix e lateralmente pela tuberosidade isquiática direita e esquerda. Uma linha imaginária transversal liga as tuberosidades isquiáticas dividindo o períneo em dois trígonos: o trígono urogenital (anterior) e o trígono anal (posterior).
Consulte também: trígono.

PERINEURO
Substantivo latino *Perineuro*, de interposto, intermediário, entre os neurônios. Perineuro é o nome dado para a camada de tecido conjuntivo que envolve os fascículos das fibras nervosas de um nervo, constituído por células epiteliais achatadas e justapostas, situadas entre o epineuro e o endoneuro.
Consulte também: endoneuro, epineuro.

PERIODONTO
Substantivo grego Peri, ao redor de e Odous, dente. Periodonto é o nome dado para o tecido conjuntivo que reveste os alvéolos dentários situados no processo alveolar da mandíbula e maxila, compondo uma gonfose para cada dente enraizado no osso. Consulte também: gonfose, sinartrose.

PERIÓSTEO
Substantivo grego *Periósteos*, de *Peri*, em volta, em roda e *Ostréon*, osso. Periósteo é o nome dado para a membrana fibrosa que recobre os ossos do esqueleto, exceto a cartilagem articular das extremidades.
Consulte também: endósteo, pericôndrio.

PERIÓSTICO
Adjetivo que se refere as estruturas que têm relação com o periósteo.
Consulte também: periósteo.

PERITÉLIO
Substantivo grego *Perí*, em torno e *Thelé*, mamelão, de mamilo, o mesmo que túnica adventícia dos capilares que forra o endotélio.
Consulte também: endotélio.

PERITONEAL
Adjetivo relativo ao peritônio e suas membranas.
Consulte também: Peritônio.

PERITÔNIO
Substantivo latino *Peritoneum, Peritonei,* que se estende ao redor, do grego *Peritónaios, Peritônios*, ao redor, de *Perí*, em volta, em torno, ao redor e *Téinem*, estender, abranger, alcançar. Peritônio é o nome dado para o órgão sacular, seroso e transparente, túnica formada por tecido epitelial

e tecido conjuntivo areolar subjacente, dividido em: peritônio parietal, que reveste a parede do abdome e peritônio visceral, que reveste as vísceras abdominais. O espaço entre o peritônio parietal e visceral, preenchido por líquido peritoneal é chamado de cavidade peritoneal e os órgãos envolvidos pelo peritônio são chamados de intraperitoneais (fígado, estômago, baço, jejuno, íleo, parte superior do duodeno, vesícula biliar, ceco, colo transverso e colo sigmoide) e *órgãos* intraperitoneais pélvicos (fundo e corpo do útero, ovários e tubas uterinas). Os órgãos que não estão dentro da cavidade peritoneal, *são chamados de extraperitoneais, e podem ser retroperitoneais (rins, glândulas suprarrenais, colo do útero, parte descendente, horizontal e ascendente do duodeno, pâncreas, colo ascendente e descendente do intestino grosso e parte superior do reto)* e subperitoneais (bexiga, parte distal dos ureteres, próstata e glândula seminal). O peritônio possui um total de 05 pregas peritoneais: o omento maior, o omento menor, o ligamento falciforme, o mesentério e o mesocolo.
Consulte também: omento, mesentério, mesocolon.

PERNA
Substantivo latino *Pernae*, perna de porco, referente ao pernil, do grego *Pérnes*, presunto, de *Knéme*, *Knémes* e *Skélos*, *Skélous*, perônio. Perna é o nome dado para o segmento situado entre o joelho e o tornozelo ou entre a coxa e o pé, antigo nome dado para o osso da perna, conhecido popularmente como canela, atual tíbia.
Consulte também: perônio, tíbia.

PERONEIRO
Adjetivo que pertence ao perônio ou fíbula.
Consulte também: perônio, tíbia.

PERÔNIO
Substantivo latino *Peroneu*, *Peronei*, do grego *Peróne*, *Peróne*, cavilha, alfinete. Perônio é o nome dado antigamente para o osso longo e fino, situado na face lateral da perna, em articulação com a tíbia, comparado com um alfinete de alfaiate. Atualmente a terminologia anatômica adota o termo fíbula, ao invés de perônio.
Consulte também: fíbula.

PERTUITO
Substantivo do latim *Pertusus*, varado, furado, atravessado, refere à perfuração em qualquer órgão. Pertuito é o nome dado antigamente para o procedimento de perfuração dos órgãos, principalmente os ossos e cavidades ósseas, utilizado pelos egípcios no processo de mumificação.
Consulte também: óstio, forame.

PESCOÇO

Substantivo latino *Cervix, Cervicis*, colo, gargalo de garrafa, de *Collum, Colli*, pescoço, do mesmo significado grego *Auxén, Auxénos*, nuca, pescoço e *Tráchelos, Tráchelou*, colo, pescoço. Pescoço é o nome dado para o segmento do corpo situado entre a cabeça e os ombros, permitindo que *órgãos e* estruturas anatômicas atravessem da cabeça para o tórax e vice-versa. O pescoço corresponde a parte do corpo que une a cabeça ao tronco, e este com os membros superiores, atuando como um condutor para vasos sanguíneos (artéria carótida e veias jugulares), nervos (frênico e vago), glândulas (tireoide e paratireoides) e órgãos (laringe, traqueia, esôfago e medula cervical). Apesar de flexível o pescoço é vulnerável *e frágil, devido a delicadeza das estruturas e órgãos que o constituem, mesmo cercado de músculos poderosos, como o músculo trapézio, os escalenos e o esternocleidomastóideo. Do ponto de vista estrutural, o pescoço sustentado* por 07 vértebras cervicais, de C1 a C7. O fluxo sanguíneo do pescoço é determinado principalmente pelas artérias carótidas e veias jugulares e seus muitos ramos cervicais.
Consulte também: colo, pedúnculo.

PIA-MÁTER

Substantivo latino *Pia*, piedosa e *Mater*, mãe, piedosa mãe, séria. Pia-máter é o nome dado para a membrana mais interna das meninges que envolve o cérebro, comparada a uma mãe com seus filhos, sempre os vigiando de perto para protegê-los. Assim é a pia-máter, difícil de enxergá-la por ser muito fina e estar entremeada por fissuras e sulcos do cérebro, porém, quando exposta a luz se mostra brilhante e transparente. A pia-máter possui inúmeras artérias e veias cerebrais, tornando-a excepcionalmente vascularizada, comparada com suas membranas irmãs (dura-máter e aracnoide), que são mais externas e intermediárias.
Consulte também: dura-máter, aracnoide.

PILAR

Substantivo latino *Pilaris, Pilareis* de *Pila, Pilae*, coluna, apoio, do grego *Stylis, Stylidos*, pequena coluna e *Stylos, Stylou*, coluna de apoio. Pilar é o nome dado para as estruturas de sustentação e de apoio para outros órgãos, ou que deles fazem parte. Por exemplo: Pilar ósseo comum (situado entre o canal semicircular anterior e posterior do labirinto ósseo e membranáceo na orelha interna); Pilar do fórnice (situado abaixo do corpo caloso, continuo com o corpo do fórnice); Pilar direito e esquerdo do diafragma (situado as margens do hiato aórtico do músculo diafragma); etc.
Consulte também: pedúnculo, columela, coluna.

PILÓRICO
Adjetivo relativo ao piloro.
Consulte também: piloro.

PILORO
Substantivo latino *Pylorus, Pylori,* que guarda uma entrada, do grego *Pylorós, Pyloroû,* porteiro, guardião da porta, de *Pyle, Pyles,* porta. Piloro é o nome dado para a região distal, estreita e afunilada do estômago, que guarda a entrada para o intestino delgado, começando pelo duodeno, chamado de esfíncter pilórico. O piloro é formado por fibras semicirculares de músculo liso, que ao se contraírem fecha a passagem do estômago para o duodeno, entretanto, sempre quando o conteúdo gástrico vence a resistência do óstio pilórico a musculatura do esfíncter relaxa, abrindo a porta para o duodeno.
Consulte também: cárdia, esfíncter.

PINEAL
Adjetivo *Pinealis, Pinealis,* de *Pinea, Pineae,* pinhão, fruto do pinheiro, de glândula pineal, pequena glândula endócrina situada abaixo do terceiro ventrículo, atrás do aqueduto cerebral, entre os dois colículos superiores do mesencéfalo, coberta pela pia-máter.
Consulte também: endócrino.

PIRAMIDAL
Adjetivo de órgãos e estruturas que tem a forma de uma pirâmide. Por exemplo: Músculo piramidal do abdome (músculo de formato triangular ligado ao músculo reto abdominal, que vai da sínfise pubiana *à* parte inferior da linha alba).
Consulte também: pirâmide.

PIRÂMIDE
Substantivo latino *Pyramis, Pyramidis,* triangular, de triângulo, do grego *Pyramís, Pyramídos,* interfaces triangulares, cujo vértice converge para o ápice. Por exemplo: Pirâmide do bulbo (coluna longitudinal que faz saliência na face anterior do bulbo).
Consulte também: clava, cone.

PIRGOCEFALIA
Substantivo grego *Pyrgos, Pyrgou,* torre e *Kephalé, Kephalés,* cabeça. Pirgocefalia é o nome dado para o formato da cabeça em torre ou foguete, o mesmo que acrocefalia.
Consulte também: acrocefalia.

PIRGOCÉFALO
Adjetivo relativo a pirgocefalia, o mesmo que acrocefalia.
Consulte também: pirgocefalia.

PIRIFORME
Adjetivo latino *Pirum*, pera e *Forma*, forma. Por exemplo: Recesso piriforme (espaço situado entre a laringe e a faringe); Músculo piriforme (músculo situado entre o sacro e o quadril); Abertura piriforme (abertura da cavidade nasal entre os ossos maxilares); etc.
Consulte também: piramidal.

PISIFORME
Substantivo latino *Pisiformis, Pisum, Pisi*, em forma de ervilha e *Forme*, semelhante, parecido. Pisiforme é o nome dado para o quarto osso da primeira distal do carpo, cujo formato lembra um grão de ervilha.
Consulte também: carpo.

PITUITÁRIA
Substantivo latino *Pituitarius, Pituita, Pituitae*, do mesmo significado grego *Phlégma, Phlégmatos*, de humor aquoso, muco, ranho. Pituitária é o nome dado antigamente para a glândula endócrina alojada na fossa hipofisária do osso esfenoide. Atualmente, a terminologia anatômica adota o termo hipófise ao invés de pituitária, por melhor explicar sua localização no hipotálamo.
Consulte também: hipófise.

PLACENTA
Substantivo latino *Placentae*, bolo, pão grande, pudim, do grego *Plakoûs, Plakoûntos*, bolo achatado, de *Pláx, Plakós*, estrutura de forma achatada. Placenta é o nome dado a massa de tecido que se desenvolve entre o útero e o feto durante a gestação. O termo tem relação com a estrutura sacular e discoide que lembra um grande bolo, de consistência mole e esponjosa ao toque. A placenta é o órgão responsável pela troca de nutrientes e gases entre o feto e a mãe, principalmente a partir da nona semana de gestação, pois é quando o feto exige mais nutrientes.
Consulte também: âmnio.

PLAGIOCEFALIA
Substantivo grego *Plágios*, oblíquo, indireto e *Kephalé*, cabeça. Plagiocefalia é o nome dado para a deformidade do crânio, consiste em ter a cabeça obliquamente alterada, achatada lateralmente, com a parte frontal retraída e alongada para trás.
Consulte também: acrocéfalo, escafocefalia, braquicefalia, pirgocefalia.

PLAGIOCÉFALO

Adjetivo que tem plagiocefalia.
Consulte também: plagiocefalia.

PLANTAR

Adjetivo latino *Plantaris*, de planta, *Plantae*, de sola dos pés, que pertence a sola a planta do pé e com ela se relaciona.
Consulte também: pé.

PLASTRÃO

Substantivo do italiano *Piastrone*, armadura que protege o peito, o mesmo que plastron. Plastrão é o nome dado antigamente para o osso esterno, cartilagens costais e costelas, tudo junto, como se fosse um bloco único, cuja forma lembra um escudo medieval usado pelos romanos.
Consulte também: esterno.

PLATICEFALIA

Substantivo do grego *Platys*, largo e *Kephalé*, cabeça. Platicefalia é o nome dado para o achatamento e alargamento do crânio, deformação produzida pela ossificação lateral do osso frontal com os ossos parietais.
Consulte também: plagiocefalia.

PLATICÉFALO

Adjetivo que tem platicefalia.
Consulte também: Platicefalia.

PLATISMA

Substantivo grego *Platysma, Platysmatos*, objeto estendido sobre uma superfície plana, de *Platys*, chato, largo, vasto. Platisma é o nome dado para o músculo plano e largo que cobre feito cobertor a face anterior do pescoço, o peitoral maior, a clavícula e os ombros, até a margem inferior da mandíbula. A contração do platisma faz com que a pele do pescoço e a parte do peito sejam tracionadas para cima, produzindo rugas e sulcos cutâneos sobre o pescoço. O músculo platisma auxilia na depressão da mandíbula, abaixando os ângulos da mandíbula, bem como alivia a pressão sobre as veias jugulares. O ramo cervical do nervo facial, inerva somaticamente o músculo platisma.
Consulte também: pescoço.

PLEURA

Substantivo grego *Pleurá, Pelurás*, lado, flanco. Pleura é o nome dado para as duas membranas que envolvem os pulmões individualmente. A pleura é uma túnica serosa formada por duas lâminas, a pleura visceral, que adere a superfície dos pulmões e a pleura parietal, que adere a face interna da parede do tórax e se estende sobre o músculo diafragma.

Entre as duas lâminas (visceral e parietal) encontra-se a cavidade pleural, espaço virtual preenchido por líquido lubrificante, diminuindo o atrito entre as lâminas durante a respiração.
Consulte também: túnica, pericárdio.

PLEURAL
Adjetivo que se refere com a pleura.
Consulte também: pleura.

PLEXO
Substantivo latino *Plexus, Pleux*, entrelaçamento, de encaracolar, entremeio, do grego *Plégma, Plégmatos*, entrelaçamento, algo que por definição sugere a ideia de complexo, difícil de reproduzir. Plexo é o nome dado para as estruturas que naturalmente se manifestam de maneira complexa, labiríntica, cujo formato lembra uma trama, com muitas ramificações interligadas. Por exemplo: Plexo braquial (conjunto de nervos que se origina das raízes nervosas ventral e dorsal da medula espinhal de C5 a T1).
Consulte também: plexo braquial, labirinto.

PLEXO BRAQUIAL
Substantivo e Adjetivo latino *Plexus*, entrelaçado, encaracolado e *Brachialis*, parte alta do braço. Plexo braquial é o nome dado para o conjunto de nervos que suprem os músculos do membro superior, pescoço e ombros, cujo acesso pode ser feito pelo pescoço ou pela axila. Os nervos do plexo braquial pós fascículo, estão separados pela clavícula em dois grupos: os ramos supraclaviculares (acima), formados pelos nervos: dorsal da escápula, torácico longo, supraescapular e subclávio; e os ramos subclaviculares (abaixo), formados pelos nervos: peitoral lateral, musculocutâneo, mediano, peitoral medial, cutâneo medial do braço e do antebraço, ulnar, subescapular superior e inferior, toracodorsal, axilar e radial. Para ambos os grupos, o plexo braquial *é constituído por* ramos anteriores dos nervos espinhais, das raízes ventrais dos segmentos de C5 a T1 da medula espinhal. Os ramos anteriores dão origem a três troncos: o tronco superior, constituído pelas raízes de C5 a C6, o tronco médio, contínuo com a raiz de C7 e o tronco inferior, constituído pelas raízes de C8 a T1. Os troncos do plexo braquial se ramificam em ramos anteriores, nervos que suprem os músculos situados no compartimento anterior do membro superior, os músculos flexores, e os ramos posteriores, nervos que suprem os músculos situados no compartimento posterior, os músculos extensores. Ambas divisões de nervos se interligam para formar os fascículos do plexo braquial: o fascículo lateral, formado por nervos anteriores do tronco superior e médio, o fascículo medial,

continuo com os nervos anteriores do tronco inferior e o fascículo posterior, formado por nervos posteriores dos troncos superior, médio e inferior.
Consulte também: plexo, nervo.

PNEUMÁTICO
Adjetivo grego *Pneumatykos, Pneuma,* de ar, sopro, relativo ao que está cheio de ar. Por exemplo: Seios paranasais (cavidades ósseas cheias de ar).
Consulte também: traqueia, seio.

POLEGAR
Substantivo latino *Polles, Polleo,* de poder, do grego *Pollein,* de ser forte. A palavra polícia, símbolo de poder, deriva do latim *Pollere,* de ter força, exercer o poder. Os imperadores romanos utilizavam o polegar como sinal de aprovação, quando apontado para cima e reprovação, quando apontado para baixo, o *Pollice Verso,* selando a vida dos gladiadores. Polegar é o nome dado para o primeiro dedo, popularmente conhecido como dedão da mão, o mais forte dos cinco dedos da mão, composto por duas falanges, a falange proximal e a falange distal.
Consulte também: hálux.

POLO
Substantivo grego *Polus,* de polo. Polo é o nome dado para a extremidade superior e inferior de certos órgãos. Por exemplo: Polo superior e inferior dos rins (extremidades que se voltam para cima e para baixo).
Consulte também: ápice.

POLPA
Substantivo latino *Pulpa, Pulpae,* parte carnosa dos tecidos moles, do grego *Sárks, Sarkós,* de polpa. Polpa é o nome dado para as partes moles, macias *e flácida*s de certos órgãos, que são facilmente reduzidas a consistência de pasta por cozimento. Por exemplo: Polpa dentária (tecido mole situado no interior dos dentes); Polpa esplênica (tecido mole e carnoso, o mesmo que parênquima, situado no interior do baço); Polpa dos dedos (tecido mole e macio situado nas extremidades distais dos dedos, feito pequenas almofadinhas); etc.
Consulte também: pulpar, coxim.

PONTE
Substantivo latino *Pons, Pontis,* do grego *Géphyra, Géphyras,* construção destinada à comunicação de dois lugares separados por uma corrente d'água. Ponte é o nome dado para as estruturas anatômicas que permitem ligar uma região com a outra, situada em uma certa distância. Por

exemplo: Ponte, de Varolio[76] (estrutura tuberosa e saliente situada no tronco encefálico que liga o bulbo ao mesencéfalo e este ao diencéfalo) Atualmente, a terminologia anatômica adota o termo ponte ao invés de ponte de Varolio.
Consulte também: comissura.

PONTINO
Adjetivo relativo a ponte. Por exemplo: Artérias pontinas (pequenas artérias associadas a ponte do tronco encefálico, como ramos da artéria basilar).
Consulte também: ponte.

POPLÍTEO
Adjetivo latino *Poplitaeus*, de *Poplis*, *Poplistis*, do grego *Ignya*, *Ignyas*, referente a curva na face posterior da perna, onde residem as cabeças do músculo gastrocnêmico. Poplíteo é o nome dado para região situada na parte de trás da articulação do joelho, local da fossa poplítea e do músculo poplíteo, onde a artéria poplítea e o nervo tibial permeiam. A fossa poplítea não é fácil de enxergar devido a inserção dos músculos gastrocnêmio e *sóleo*, mais é possível identific*á*-la pelo método da palpação direta.
Consulte também: joelho.

PORO
Substantivo latino *Porus*, de pequeno buraco. Poro é o nome dado aos pequenos óstios situados na superfície de certos órgãos, que servem de entrada ou saída para vasos sanguíneos e nervos.
Consulte também: óstio.

PORTA
Adjetivo e substantivo latino *Porta*, *Portae*, de *Portare*, levar, conduzir, sistema de veias que unem duas redes capilares antes de passar pelo coração. Do ponto de vista conceitual, *é um* tipo de circulação sanguínea que pode conduzir o sangue por meio de um sistema formado por duas redes de capilares, antes de passar pelo coração, chamado de sistema venoso portal, a exemplo do sistema portal hipofisário e porta hepático.
Consulte também: veia.

---

76 VARÓLIO, Costanzo (1543-1575), médico italiano e cirurgião dos Papas, nascido na cidade de Bolonha, seu professor Giulio Cesare Aranzio foi aluno de Vesálius. Em 1569 a universidade de Bolonha criou uma cadeira excepcional para que pudesse lecionar anatomia. Uma grande estátua em sua homenagem está situada no Teatro Anatômico Archiginnasio.

PRECORDIAL

Adjetivo latino *Praecordialis* relativo ao *Praecórdio*, que se passa adiante do coração e do estômago, a exemplo da dor sentida sobre a região retroesternal, a dor precordial, que pode ser sintoma de angina.
Consulte também: precórdio.

PRECÓRDIO

Substantivo latino *Precordium, Praecordii*, de *Prae*, adiante e *Cor*, de *Cordis*, coração. Precórdio é o nome dado antigamente para as estruturas situadas à frente do coração e à esquerda da porção inferior do osso esterno, onde reside o músculo diafragma.
Consulte também: precordial.

PREGA

Substantivo latino, *Plicare*, de prega, do grego *Plica*, dobra flexível de tecido enrugado. Prega é o nome dado para a extensão de tecido que se dobra sobre certos órgãos, como ocorre com as pregas peritoneais.
Consulte também: peritônio.

PREPÚCIO

Substantivo latino *Preapucium, Praepucci*, palavra hibrida do latim *Prae*, adiante e *Pósthion* ou *Pósthe*, pênis, membro viril. Prepúcio é o nome dado para o prolongamento de pele do corpo do *pênis sobre a glande, cobrindo-a total ou parcialmente.*
Consulte também: fimose, glande.

PRÓCERO

Substantivo latino *Procerus*, de elevado, alto, importante. Prócero é o nome dado para o músculo prócero, músculo da mímica facial situado sobre a glabela e que se estende sobre o processo frontal do osso maxilar, responsável por corrugar a região de pele entre as sobrancelhas.
Consulte também: vértice.

PROCESSO

Substantivo latino *Precessus*, de avançar, de ir adiante. Processo é o nome dado para as estruturas prolongadas ligadas ao corpo principal de um órgão. Por exemplo: Processo coracoide da escápula (extremidade óssea projetada para frente da cavidade glenoidea, serve de fixação para o *músculo coracobraquial e a cabeça curta do bíceps braquial).*
Consulte também: pedículo, pedúnculo.

PROEMINENTE

Adjetivo latino *Proeminens*, que forma um relevo, saliência, do grego *Hypéroxos*, eminente. Por exemplo: Sétima vértebra cervical (C7), também chamada de vértebra proeminente, devido ao seu processo espinhoso

prolongado, facilmente palpado sobre a região cervical ao nível da linha horizontal dos ombros.
Consulte também: processo.

PROGNATA
Adjetivo que refere as estruturas com características de prognatismo. Por exemplo: Mandíbula prognata (mandíbula projetada para frente, ressaltando a queixada).
Consulte também: prognatismo.

PROGNATISMO
Substantivo grego de *Prognáthos, Prognáthou,* de *Pró,* adiante, a frente e *Gnáthos, Gnáthou,* mandíbula, queixo, queixada. Prognatismo é o nome dado para a disposição da face de certas raças, cuja arcada dentária se projeta para frente, arrastando os incisivos na mesma direção, atribuindo a face uma aparência simiesca. A mandíbula prognata, conhecida também como mandíbula de Habsburgo[77], ocorre a partir de uma desordem de natureza genética, desfigurando o padrão de afeição natural do rosto, dando a mandíbula uma acentuada projeção sobre o restante dos ossos da face, deixando o lábio inferior afastado do lábio superior.
Consulte também: mandíbula, mento, queixo.

PROMONTÓRIO
Substantivo latino *Promontorium, Pomontorii,* de *Pró,* para diante e *Montis,* monte, elevação que avança para frente. Promontório é o nome dado para a margem saliente situada sobre a borda anterior da primeira vertebra sacral (S1), na base do osso sacro, análoga a porção de terra que avança em direção ao mar. Do ponto de vista clínico, o promontório é utilizado como ponto de referência por obstetras, para medir o diâmetro da pelve por onde o feto deverá passar durante o parto vaginal.
Consulte também: tubérculo, crista.

PRONAÇÃO
Substantivo latino *Pronatio, Pronationis,* de *Pronatus,* voltado para frente, de *Pronare,* inclinar para diante. Pronação é o nome dado para o movimento de rotação da mão, posicionando o polegar para o lado do corpo a partir da posição anatômica, de modo que a palma da mão fique para baixo, contrário de supinação, análogo ao movimento de eversão do pé.
Consulte também: supinação, eversão.

---

77 Habsburgo, mandíbula de Austríaco, se caracteriza por uma mandíbula pronunciada, dando ao indivíduo a aparência dos antigos reis da dinastia da Casa de Habsburgo, cujo primeiro governo foi de Rodolfo I, rei dos germânicos no ano de 1273, assumindo em seguida o governo da Áustria.

PRONADOR

Adjetivo relativo ao movimento de pronação. Por exemplo: Músculo pronador quadrado e redondo (situados na extremidade proximal e distal do antebraço).
Consulte também: supinador.

PRÓSTATA

Substantivo *Prostátes, Prostátuo,* do francês *Prostate,* o que está na frente, em evidência, na comparação com as tropas que se posicionam adiante da linha de combate. Próstata é o nome dado para a glândula de aproximadamente 3 centímetros de comprimento e 4 centímetros de largura, de consistência firme, situada anteroposterior sob o colo da bexiga, associada ao sistema genital masculino. A próstata possui o tamanho aproximado de uma noz, perfurada pela parte da uretra que conecta o óstio uretral à uretra prostática, atravessando-a por completo. A porção glandular é a maior parte da próstata, representa 2/3 de sua massa, sendo o restante um conjunto de tecido fibroso e muscular (fibromuscular). A função da próstata é produzir um líquido leitoso e ácido, com substâncias importantes que agem como antibiótico no combate as bactérias e para que os espermatozoides produzam ATP. As substâncias produzidas pela próstata entram na porção da uretra prostática por meio de pequenos canais, compondo cerca de 25% do volume do sêmen que é ejaculado durante a relação sexual, sendo responsável pela viabilidade e motilidade dos espermatozoides. Do ponto de vista anatômico, a próstata apresenta: uma base, parte que está intimamente associada ao colo da bexiga; um ápice, parte da glândula direcionada para a face superior dos músculos esfíncteres da uretra e do períneo; uma face anterior, composta por fibras musculares e circulares associada as fibras do músculo esfíncter da uretra; uma face posterior, posicionada junto a ampola do reto e as faces ínfero-laterais, que são justapostas com o músculo levantador do ânus; e um istmo, de posição anterior à uretra, continuo com o músculo esfíncter externo da uretra.
Consulte também: esperma, sêmen.

PROSTÁTICO

Adjetivo grego *Prostatikós,* referente ao que está na frente, que tem relação com a próstata.
Consulte também: próstata.

PROTRAÇÃO

Substantivo latino *Protractione,* deslocar para frente, adiante da posição de repouso dos ombros. Protração é o nome para o movimento dos

ombros para frente, como se as extremidades pudessem se tocar.
Consulte também: protrusão.

PROTRUSÃO

Substantivo latino *Protrusio, Protrusionis,* de *Protrudere,* empurrar para frente com força, de maneira abrupta. Protrusão é o nome dado para a posição de um órgão que ficou projetado para frente por ter crescido mais do que o normal.
Consulte também: protração, prognata.

PROTUBERÂNCIA

Substantivo latino *Protuberare,* de saliência, bojo, barriga, de *Pro,* diante e *Tuber, Tuberis,* eminência, saliência. Protuberância é o nome dado para as estruturas salientes situadas sobre a superfície de certos órgãos. Por exemplo: Protuberância occipital externa (saliência sobre a superfície do osso occipital, facilmente palpável acima da nuca).
Consulte também: tuberosidade, proeminência.

PROTUBERANCIAL

Adjetivo relativo a protuberância, de protuberância occipital, elevação óssea situada atrás da cabeça, que marca um ponto craniométrico importante.
Consulte também: protuberância.

PROTUSO

Adjetivo que se refere as estruturas que ultrapassam os limites naturais de crescimento. Por exemplo: Lábio protuso (que avança a linha dos dentes em casos de prognatismo mandibular).
Consulte também: prognatismo.

PROXIMAL

Adjetivo que se refere a qualquer estrutura anatômica situada perto de sua origem, oposto de distal, como ocorre com os ossos da fileira proximal do carpo: escafoide, semilunar, piramidal e pisiforme.
Consulte também: distal.

PSOAS

Substantivo latino *Psoae, Psoarum,* rim, do grego *Psóa, Psóas,* rim, lombo, de músculos lombares utilizado por Galeno[78], mais foi Riolan[79] quem transcreveu o termo para o latim e a descrever o músculo psoas menor. Psoas é o nome dado para os dois músculos situados na coxa, inseridos

---

78 Consulte página 70.

79 Consulte página 174.

na parte anterior das vértebras lombares, muito próximo dos rins, o músculo psoas maior, ao invés de grande psoas, e músculo psoas menor, ao invés de pequeno psoas.
Consulte também: lombar, rim.

PTERIGOIDE

Adjetivo do grego *Ptéryx, Ptérygos,* asa e *Eidos,* forma, que se assemelha com as asas de um pássaro, foi Galeno[80] que aplicou o termo, introduzido por Vesalio[81] e descrito por Riolan[82]. Pterigoide é o nome dado para as duas lâminas ósseas finas, cortantes e de tamanhos diferentes, chamadas de lâmina lateral e medial do processo pterigoide do osso esfenoide. As duas lâminas se expandem lateralmente de forma duplicada, preenchendo parte da fossa infratemporal.
Consulte também: asa.

PTÉRIO

Substantivo grego *Pterón, Pteroû,* de asas, plumagem, de ser alado, o mesmo que *Ptérion.* Ptério é o nome dado para o ponto craniométrico situado na região lateral do crânio, a partir da sinostose entre os ossos frontal, parietal, esfenoide e a parte escamosa do temporal, formando uma sutura craniana cuja forma lembra a letra H do alfabeto. O ptério pode ser localizado posicionando dois dedos perfilados sobre o arco zigomático. A importância clínica do ptério está relacionada a fratura do osso neste local, pois na maioria dos casos é fatal, devido a passagem dos ramos frontais dos vasos meníngeos médios, onde ocorre a divisão da artéria meníngea média.
Consulte também: astério, básio, dácrio, estefânio, ófrio.

PUBIANO

Adjetivo relativo ao púbis, o mesmo que púbico. Por exemplo: Pelos pubianos (pelos crespos que crescem sobre a região da pele que cobre o púbis com o início da puberdade)
Consulte também: púbis.

PÚBIS

Substantivo latino *Pubes, Púbis,* pelos, buço, bigode, penugem, do grego *Hébe, Hébes,* juventude, relativo as mudanças do corpo que ocorrem com o amadurecimento que se inicia na puberdade. O púbis é o par de ossos que se fundem anteriormente com o ílio e o ísquio. Devido ao

---

80 Consulte página 70.

81 Consulte página 212.

82 Consulte página 174.

alongamento dos ramos (braços) superior e inferior do púbis, ele se torna saliente e de fácil identificação com a palpação sobre o baixo ventre. As suturas remanescentes do processo de ossificação (sinostose), local onde se fixam o ílio e o *ísquio, desaparecem com o avanço da idade tornando difícil identificar* onde começa e termina cada osso. Em geral, o púbis apresenta forma triangular que faz lembrar a letra V do alfabeto. No adulto, a região de pele sobre o púbis é coberta por pelos crespos (pubianos). Nas mulheres, a região coberta por pelos pubianos é chamada de monte púbico ou monte de Vênus[83].

Consulte também: monte de vênus.

PUDENDO

Adjetivo latino *Pudendus*, de púbis, do grego *Aidoíos*, que expressa o sentimento sobre as partes do corpo que se deve ter vergonha de mostrar. Relativo ao comportamento e as mudanças no corpo dos jovens que se iniciam com a puberdade. O termo pudendo se refere as partes sexuais, região do períneo ocupada pelas genitálias, incluindo o vulgo traseiro, ânus, verga.

Consulte também: períneo, púbis.

PULMÃO

Substantivo latino *Pulmo, Pulmonis*, pulmão, bofe, do grego *Pnéumon, Pnéumonos*, de *Pnéin*, respirar. Pulmão é o nome dado para os dois órgãos principais da respiração, com a função primordial de oxigenar o sangue (hematose), por meio do fluxo de ar que enche os alvéolos pulmonares e nutre com oxigênio os capilares sanguíneos adjacentes. Os pulmões possuem formato triangular, com a base apoiada sobre o músculo diafragma e o ápice voltado para abertura superior do tórax, na região do colo, entre os ombros. Como peças de laboratório, os pulmões assumem a forma de órgãos murchos, de cor pálida com pouca elasticidade. Esta condição é inversa em pulmões frescos, pois em vida os pulmões estão cheios de ar, inflados e são rosados. Sua elasticidade natural permite que ocupem quase todo espaço das cavidades pulmonares, posicionados lado a lado, separados pelo mediastino e o pelo coração. Do ponto de vista anatômico, os pulmões apresentam: um ápice, cumes que convergem sobre o lobo superior apontados para cima, uma base, com sua face diafragmática sobre o músculo diafragma, uma face esternal, voltada para o osso esterno do tórax, uma face mediastinal, voltada para o mediastino e face costal, extensa e convexa, intimamente aderida aos arcos costais das costelas. Cada pulmão apresenta números de lobos

83 Consulte página 212.

diferentes, o direito é formado por 03 lobos (superior, médio e inferior) e o esquerdo por 02 lobos (superior e inferior). Os lobos pulmonares estão separados por fissuras, que são invaginações profundas do tecido pulmonar, permitindo que cada lobo possa ser separado manualmente. O pulmão esquerdo possui lobos separados pela fissura oblíqua, já o pulmão direito, possui o lobo superior separado pela fissura horizontal e inferior pela fissura oblíqua. O tamanho entre os pulmões também se difere, o direito é relativamente maior que o esquerdo, devido a posição do coração que ocupa uma parte maior da cavidade pulmonar esquerda. As estruturas que entram e saem dos pulmões o fazem pelo hilo pulmonar, que está situado na face mediastinal de cada pulmão. Pelo hilo pulmonar, passam artérias, veias, brônquios, nervos autônomos e vasos linfáticos.
Consulte também: brônquio, pleura.

PULMONAR
Adjetivo latino *Pulmonaris*, do grego *Pneumonikós*, tudo que pertence aos pulmões. Por exemplo: Pleura pulmonar (membrana serosa de dupla face que envolve individualmente cada pulmão).
Consulte também: pulmão.

PULPAR
Adjetivo latino *Pulparis*, de *Pulpa, Pulpae*, de polpa, parte ou porção carnosa, normalmente de textura macia e esponjosa.
Consulte também: polpa.

PULSO
Substantivo latino *Pulsus, Pulsus*, abalo, movimento convulsivo, agitação, do grego *Sphygmós, Sphygmôu*, palpitação, pulsação, o mesmo que punho. Pulso é o nome dado antigamente para a região distal do antebraço que corresponde ao punho, isso porque é o local de procedimento para palpação dos batimentos sistólicos da artéria radial, pressionando-se levemente o polegar sobre a pele alinhada com a inserção do polegar.
Consulte também: artéria, punho.

PULVINAR
Substantivo latino *Pulvinar, Pulvinaris*, almofada, coxim, equivalente ao leito nupcial. Pulvinar é o nome dado pela neuroanatomia para a região associativa situada no tálamo, que recebe neurônios aferentes da camada do córtex visual e do colículo superior do mesencéfalo. Do ponto de vista anatômico, o pulvinar é o maior núcleo situado no tálamo, principalmente nos grandes mamíferos, devido sua abrangência associativa com várias regiões neurais do encéfalo, demonstrando assim uma grande complexidade neurológica. Apesar da funcionalidade do pulvinar

ser descrita pela neuroanatomia, essa estrutura ainda requer maiores esclarecimentos neurofisiológicos. Atualmente o pulvinar se destaca por sua participação na atenção visual e no comportamento oculomotor para respostas motoras específicas.
Consulte também: tálamo.

PUNHO

Substantivo latino *Pugnus, Pugni*, que confere a mão fechada, cerrada, do grego *Karpós*, carpo. Punho é o nome dado para a região de articulação das extremidades distais dos ossos do antebraço (rádio e ulna) com os ossos da fileira proximal do carpo (escafoide e semilunar). O mesmo que o popular pulso.
Consulte também: pulso.

PUPILA

Substantivo latino *Pupila, Pupillae*, diminutivo de *Pupa, Pupae*, de pupila, do grego *Kóre, Kóres*, definida pela expressão popular, a menina dos olhos. Pupila é o nome dado para a abertura esférica situada no centro da íris, por onde a luz entra, passando pelo cristalino, corpo vítreo até atingir a retina.
Consulte também: íris.

PUPILAR

Adjetivo que se relaciona com a pupila.
Consulte também: pupila.

PUTAME

Substantivo latino *Putamen, Putaminis*, ramagem decotada, estria, de *Putare*, recortar. Putame é o nome dado para a estrutura neurológica que forma o corpo estriado, que também é formado pelo núcleo lentiforme (lenticular) e o núcleo pálido. O putame apresenta superfície irregular, como se fosse recortado, de formato arredondado, situado na base do lobo frontal do cérebro, associado a substância negra e ao núcleo pálido. O putame recebe fibras do córtex motor permitindo-o estar associado a manutenção dos movimentos mais grosseiros. Entretanto, também está relacionado com o comportamento, a memória e o aprendizado motor.
Consulte também: lenticular, pulvinar.

Q

QUADRADO

Adjetivo latino *Quadratus*, de quatro pontas, do grego *Tetrágonos*, o que têm quatro lados e *Gonía, Gonías*, ângulo. Quadrado é o nome dado para a estrutura anatômica que possui quatro lados ou quatro pontas, cuja forma lembra um quadrado. Por exemplo: Músculo quadrado lombar (músculo que compõem a parede da cavidade abdominal); Músculo pronador quadrado (músculo situado na extremidade distal do antebraço); Músculo quadrado femoral (músculo da coxa situado no quadril); Músculo quadrado plantar (músculo situado na sola do pé); etc.
Consulte também: redondo.

QUADRÍCEPS

Adjetivo latino *Quadrus*, quadrado e *Caput*, cabeça. Quadríceps é o nome utilizado para classificar e identificar os músculos que possuem quatro cabeças (origens) presas ao esqueleto. Por exemplo: Músculo quadríceps femoral (músculo situado na coxa, suas cabeças estão presas no osso do quadril, formado pelos quatro ventres musculares: reto femoral, vasto lateral, medial e intermédio), com inserção que converge na forma de um tendão sobre a patela.
Consulte também: bíceps, tríceps.

QUADRICIPITAL

Adjetivo relativo ao quadricípite ou quadríceps, músculo que possui quatro origens ou cabeças situado na coxa.
Consulte também: quadríceps.

QUADRIGÊMEO

Adjetivo latino *Quadrigeminus*, de quadrigêmea, quadrigeminal, quádruplo, do que possui quatro partes iguais. Quadrigêmeo é o nome dado para a estrutura que possui quatro tubérculos, os colículos quadrigêmeos, situados sobre a lâmina do teto do mesencéfalo no tronco encefálico, agrupados em dois pares, os colículos cerebrais superiores e inferiores. Os colículos cerebrais possuem forma esférica, semelhante à pequenas ervilhas, separados por um sulco em forma de cruz, abaixo da

glândula pineal e atrás do aqueduto do mesencéfalo, de Sylvius[84].
Consulte também: trigêmeo.

QUADRIL

Substantivo latino *Quadra* mais *Il*, de *Quadril*, o que está situado na pelve, de *Pélvis, Pélvis*, de quadril, bacia. Quadril é o nome dado para o segmento entre o abdômen e as coxas, cuja forma lembra uma bacia de uso doméstico, formado pelos ossos do quadril (ílio, ísquio e púbis), que serve de receptáculo para a articulação da cabeça do fêmur direito e esquerdo e de plataforma para apoiar a coluna vertebral.
Consulte também: anca, bacia, pelve.

QUARTO VENTRÍCULO

Substantivo latino *Ventriculus Quartus*, referente ao quarto ventrículo do cérebro. Quarto ventrículo é o nome dado para o último espaço reservado para o líquido cerebrospinal, situado no interior do encéfalo, posterior a ponte do tronco encefálico e adiante do cerebelo, superiormente ligado ao aqueduto cerebral.
Consulte também: aqueduto.

QUIASMA

Substantivo grego *Chíasma, Chásmatos*, de cruz, o que cruza de um lado para o outro. Quiasma é o nome dado para o cruzamento (decussação) de parte das fibras aferentes do nervo óptico, o quiasma óptico, e para a divisão dos tendões do músculo flexor superficial dos dedos, o quiasma tendíneo de Camper[85], que se separam para que os tendões do músculo profundo dos dedos passem por dentro, cuja forma lembra uma abotoadeira de uniforme militar.
Consulte também: decussação.

QUILÍFERO

Adjetivo do grego *Khylós* de caldo, suco, sumo, referente aos vasos quilíferos ou linfáticos, oriundo dos intestinos que conduzem o quilo proveniente da digestão, direcionando-o para o ducto torácico.
Consulte também: quilo, linfa.

---

84 SYLVIUS, Franciscus (1614-1672), médico, químico, fisiologista e anatomista, também conhecido como Fraz De La Boë. Atuou como professor de prática médica em Leyden no sul da Holanda, e foi um dos primeiros a divulgar a circulação do sangue no país.

85 CAMPER, Petrus (1722-1789), anatomista, antropólogo e naturalista holandês, famoso pelo estudo relacionado a forma do crânio de mamíferos e humanos.

QUILO

Substantivo do latim *Chylós, Chyloû*, de líquido leitoso, do grego *Khylós*, de caldo, suco cremoso, sumo. Quilo é o nome dado para a substância leitosa e cremosa rica em lipídios retirada dos alimentos digeridos. O quilo é absorvido pelos intestinos por capilares linfáticos, os capilares lactíferos, que conduzem a substância cremosa direto para os vasos linfáticos maiores, alcançando a cisterna do quilo, dilatação situada no ducto torácico principal.
Consulte também: linfa.

QUIMO

Substantivo grego *Khumós*, de serosidade. Quimo é o nome dado para o alimento parcialmente digerido pelo estômago, embolando e transformado em uma massa semilíquida chamada de bolo alimentar, que sai do estômago e segue pelo duodeno, passando pelo intestino delgado até alcançar o intestino grosso.
Consulte também: estômago.

R

RADIAÇÃO

Substantivo latino *Radiotio,* de irradiação, que se irradia para outras partes. Radiação é o nome dado para as estruturas que possuem grandes extensões, abrangendo enormes áreas do corpo, como ocorre com os axônios dos neurônios do sistema nervoso periférico, as fibras nervosas dos nervos terminais.
Consulte também: neurônio, nervo.

RADIAL

Adjetivo latino *Radialis* que se relaciona com o rádio, osso lateral do antebraço, que tem relação com o *rádio. Por exemplo: Artéria radial (*ramo da artéria braquial situada sobre o rádio).
Consulte também: rádio.

RADÍCULA

Substantivo latino *Radícula, Radiculae,* de raiz pequena, curta. Radícula é o nome dado para as estruturas com origem em um tronco principal. Por exemplo: Radículas da raiz anterior e posterior (nervos que se originam das raízes do nervo espinhal).
Consulte também: radicular, raiz.

RADICULAR

Adjetivo relativo à radícula, estruturas nervosas que possuem raízes pequenas e curtas.
Consulte também: radícula, nervo.

RÁDIO

Substantivo latino *Radius, Radii,* de roda, do grego *Kerkís, Kerkídos,* raio de roda, cabeça do rádio. Rádio é o nome dado para o osso lateral e mais curto do antebraço, situado ao lado da ulna, com extremidade proximal arredondada, a cabeça do rádio, cuja forma lembra uma pequena roda (rodinha), análoga ao botão dos antigos rádios elétricos, que se articula com o capítulo do úmero e a incisura radial da ulna. O corpo do rádio se alarga em direção a extremidade distal que é achatada, com formato

quadrilátero e uma face articular para o osso escafoide e semilunar, ossos da fileira proximal do carpo, compondo a articulação radiocarpal do punho.
Consulte também: ulna, cúbito.

RAFE
Substantivo grego *Raphé, Raphés,* costura, sutura. Rafe é o nome dado para a linha saliente que lembra a costura feita por um alfaiate. Por exemplo: Rafe do pênis (linha cutânea mediana que corta a face inferior da pele do *pênis ao meio*).
Consulte também: septo.

RAIZ
Substantivo latino *Radix, Radicis,* de origem, do grego *Ríza, Rízes,* de base, raiz de uma árvore, fonte, origem. Por exemplo: Raiz dos dentes (estrutura de fixação dos dentes presa a cavidade alveolar da arcada dentária superior e inferior).
Consulte também: radícula.

RAMALHETE
Adjetivo relativo a expressão utilizada antigamente para identificar o conjunto de músculos presos ao processo estiloide do osso temporal. O ramalhete de Riolan[86] é composto pelos músculos estilo-glosso, estilo-hioideo e estilo-faríngeo, de modo que o arranjo desses músculos lembra um ramalhete de flores.
Consulte também: jarrete.

RAMIFICAÇÃO
Substantivo latino *Ramificatio, Ramificationis* do grego *Palyozía, Polozías,* de *Poly* muito, vários e *Ózos,* ramo, haste, referente a divisão de uma haste, de vaso sanguíneo ou de um nervo em vários ramos. Ramificação é o nome dado para a divisão de um órgão que resulte em ramos, braços e extensões. Vasos e nervos possuem muitos ramos, devido a abrangência que devem ocupar no organismo.
Consulte também: ramo.

RAMO
Substantivo latino *Ramus, Rami,* do grego *Ózos* e *Kládos,* ramo, parte, galho, referente as divisões (ramificações) de nervos e vasos sanguíneos. Ramo é o nome dado para as divisões individuais de certos órgãos, principalmente vasos sanguíneos e nervos periféricos. Por exemplo: Ramos

---

86 RIOLAN, Jean (1577-1657), foi botânico e médico pessoal de Maria Médici, um dos divulgadores dos ensinamentos de Cláudio Galeno.

do nervo trigêmeo (cada ramo das três divisões do quinto par de nervo craniano, oftálmico, maxilar e mandibular).
Consulte também: ramificação.

RAMPA
Substantivo do francês *Rampe*, superfície inclinada, em declive. Rampa é o nome dado para a estrutura anatômica que possui superfície em leve declive. Por exemplo: Rampa do tímpano da cóclea (superfície levemente inclinada situada no interior da cóclea da orelha interna).
Consulte também: oblíquo.

RAMÚSCULO
Substantivo latino *Ramusculus, Ramusculi*, diminutivo de *Ramus, Rami*. Ramúsculo é o nome dado antigamente para uma pequena subdivisão de um ramo, de raminho, graveto. Apesar do termo sugerir relação com a palavra músculo, o mesmo não está associado ao órgão propriamente dito.
Consulte também: ramo.

RANHURA
Substantivo do francês *Rainer*, entalhe em madeira. Ranhura é o nome dado antigamente para os sulcos de pouca ou nenhuma profundidade. Por exemplo: Sulco da artéria occipital (pequena escavação situada no osso temporal devido a passagem da artéria occipital).
Consulte também: sulco.

RANINO
Adjetivo latino *Raninus*, de *Rana, Ranae*, do grego *Bátrachos* de rã, palavra incomum para os vasos sanguíneos que permeiam longitudinalmente a face inferior da língua, comparado com o papo translúcido da rã e seus vasos sanguíneos.
Consulte também: musculomembranoso.

RÂNULA
Substantivo latino *Rana*, de rã. Rânula é o nome dado para o cisto da glândula sublingual devido à voz grossa e áspera que os pacientes com tal afecção apresentam, cujo o formato do som lembra o de uma rã.
Consulte também: laringe.

RAQUE
Substantivo grego *Ráchis, Rácheos*, dorso, espinha dorsal, de coluna vertebral. Raque é o nome dado para as estruturas associadas a medula espinhal e as meninges. Por exemplo: Líquido cefalorraquidiano (substância aquosa situada no espaço trabecular da aracnoide).
Consulte também: espinhal.

RECESSO

Substantivo latino *Recessos,* de recuo, do grego *Recessus,* de afastado. Recesso é o nome dado para as estruturas recuadas, permitindo o surgimento de pequenos espaços e cavidades. Por exemplo: Recesso faríngeo (afastamento da parte superior da faringe, a nasofaringe, adjacente ao toro tubário e ao óstio faríngeo da tuba auditiva); Recesso epitimpânico (cavidade situada na cavidade timpânica propriamente dita, superior aos ossículos da orelha média); Recesso retrocecal (recuo situado atrás do ceco); etc.

Consulte também: antro, cavidade.

RECORRENTE

Adjetivo latino *Recurrens,* que retorna e *Recurrere,* voltar, recorrer. Por exemplo: Artéria recorrente radial (artéria situada ao nível do cotovelo, ramo derivado da artéria radial e braquial); Nervo laríngeo recorrente (nervo destinado a laringe, ramo derivado do nervo vago); etc.

Consulte também: acessório.

REDE

Substantivo latino *Rede,* de trama. Rede é o nome dado para as estruturas que entrelaçam formando ramificações complexas, de compreensão e arranjo estrutural.

Consulte também: plexo, aracnoide.

REDONDO

Adjetivo latino *Rotundus* do grego *Peripherés,* e *Kyklikós,* de buraco grande, de formato redondo. Por exemplo: Forame redondo (abertura que dá passagem ao segundo ramo do nervo trigêmeo).

Consulte também: oval.

REGIÃO

Substantivo latino *Régio, Regionais,* direção, lugar. Região é o nome dado para o espaço ou determinada área do corpo. Por exemplo: Região palmar (área de pele que cobre a face ventral da mão); Região plantar (área de pele que cobre a face ventral da sola do pé); Região poplítea (área de pele situada atrás do joelho); etc.

Consulte também: face.

REGIONAL

Adjetivo que se relaciona com uma determinada região. Por exemplo: Músculos do jarrete (músculos situados na região posterior da coxa).

Consulte também: região.

REGO
Substantivo latino *Rivus,* de sulco, pequena escavação alongada, de lava, córrego. Rego é o nome dado antigamente para o sulco de pequena profundidade que serve para o escoamento de água, situado no aparelho lacrimal, o mesmo que rego lacrimal, que acumula lágrima.
Consulte também: carúncula.

RENAL
Adjetivo latino *Renale, Renalis,* relativo aos rins. Por exemplo: Artéria e veia renal (vasos sanguíneos que permitem a vascularização dos rins, passando pelo hilo renal para em seguida sofrerem muitas ramificações e anastomoses).
Consulte também: rim.

RESTIFORME
Adjetivo latino *Restiformis,* de *Restins, Restins,* corda e *Formis,* forma, cuja formato lembra uma corda, cordão. Por exemplo: Corpo restiforme (pedúnculo cerebral inferior, braços similares a dois cordões grossos e esbranquiçados situados na face posterior do bulbo do mesencéfalo).
Consulte também: pedúnculo.

RETAL
Adjetivo que pertence ao reto. Por exemplo: Plexo retal (conjunto de fibras simpáticas e parassimpáticas do sistema nervoso autônomo pertinente a inervação do reto).
Consulte também: reto.

RETICULADO
Adjetivo relativo ao que é reticular, cuja forma lembra a trama de uma rede.
Consulte também: retículo.

RETÍCULO
Substantivo latino *Reticulus, Reticuli,* diminutivo de *Retis,* rede, teia. Retículo é o nome dado para as estruturas com fibras entrelaçadas em forma de rede. Por exemplo: Retículo trabecular do ângulo iridocorneal, de Fontana[87] (estrutura de aspecto aracnídeo, ou seja, em forma de teia, fletido entre a córnea e o músculo da íris, preso a esclera e ao corpo ciliar situados intrinsicamente ao olho).
Consulte também: aracnoide.

---

87 FONTANA, Abbada Felice (1720-1805), professor de filosofia e anatomia, fundador do Museu de História Natual em Florença.

RETINA

Substantivo latino *Retinae*, de *Rete, Retis*, teia ou rede. Retina é o nome dado para a membrana fotossensível e vascular, o mesmo que túnica interna do bulbo, situada no fundo do bulbo ocular, forrando a face interna do olho, contendo fotorreceptores sensíveis aos raios luminosos que alcançam a retina, os cones e os bastonetes. A retina é a parte neural do bulbo do olho, formada por duas partes funcionais: a parte óptica, sensível aos raios luminosos e a parte cega, contínua com o estrato pigmentado da parte óptica.
Consulte também: olho.

RETO

Substantivo latino *Rectum*, parte linear, porção distal do intestino que não possui curvas nem sinuosidades. Reto é o nome dado para o órgão em forma de funil, parte distal do intestino grosso, situado a partir da curvatura do colo sigmoide, onde as tênias se difundem para formar a túnica muscular do reto, desprovido de apêndices epiplóicos (gordura), contínuo inferiormente com o canal anal.
Consulte também: ânus.

RETRODUODENAL

Adjetivo latino *Retro*, para trás e *Duodenalis*, relativo ao duodeno.
Consulte também: duodeno.

RETROPÚBICO

Adjetivo latino *Retro*, para trás e *Pubicus*, relativo ao púbis.
Consulte também: púbis.

RIM

Substantivo latino *Ren, Renis*, de rim, do grego *Nefros, Nephrôu*, referente aos dois órgãos que filtram e extraem do sangue o excesso de água, sais e resíduos metabólicos, reabsorvendo nutrientes e outras substâncias químicas. Rim é o nome dado para o par de órgãos situados na cavidade abdominal, um de cada lado, ao nível da décima segunda vértebra torácica e terceira vértebra lombar, de modo que o rim direito está 2,5 centímetros mais baixo do que o esquerdo, ambos presos a parede posterior do abdômen, portanto, retroperitoneais. Do ponto de vista anatômico, cada rim possui um revestimento fibroso, fino e translúcido, é a cápsula fibrosa, cobrindo a forma peculiar do órgão que faz lembrar um grão de feijão. Com polos superior e inferior e concavidade aberta para dentro, o hilo renal, por onde entram e saem vasos sanguíneos e o ureter, que segue individualmente, um para cada rim, em direção a bexiga urinária. Os rins cumprem um papel fisiológico importante para homeostase do corpo, a síntese de urina através do processo de filtração do sangue

pelos néfrons. A urina produzida é coletada por meio de tubos renais e conduzida por ureteres individuais até a bexiga urinária para ser armazenada e posteriormente eliminada pela micção, permitindo que o sistema urinário esteja anatômico e funcionalmente associado com o sistema genital, formando o aparelho urogenital masculino e feminino.
Consulte também: néfron.

RIMA

Substantivo latino *Rima, Remae,* do mesmo significado grego *Régma, Régmatos,* fenda. Rima é o nome dado para a fenda que se forma a partir do encontro de dois lábios, como ocorre com o encontro dos lábios superior e inferior da boca, produzindo a rima labial, esteja ela mais aberta ou fechada, análoga à rima do pudendo feminino a partir do encontro dos lábios maiores da vulva e a rima da glote, com o encontro das pregas vestibular e vocal da laringe.
Consulte também: cissura.

RINENCEFÁLICO

Adjetivo relativo a rinencéfalo.
Consulte também: rinencéfalo.

RINENCÉFALO

Substantivo grego *Rhís, Rhinós,* nariz e *Enképhalos,* encéfalo. Rinencéfalo é o nome dado antigamente para a forma do nariz prolongado, com aspecto de tromba, desafeiçoando o rosto dos indivíduos portadores deste tipo de nariz. Atualmente, o termo é utilizado para identificar anatomicamente a parte do córtex que atua funcionalmente no processamento de sinais químicos e sensoriais do olfato, vinculados ao estímulo do nervo olfatório, primeiro par de nervos cranianos situados no cérebro.
Consulte também: nariz, olfato, rino.

RINO

Substantivo grego *Rhinós,* nariz. Rino é o nome dado para as estruturas e órgãos associados ao nariz externo e interno, órgão primário do olfato e secundário da respiração. Por exemplo: Rinofaringe (o mesmo que nasofaringe, termo mais apropriado atualmente para identificar a região da faringe, situada logo atrás da abertura posterior das fossas nasais, as coanas).
Consulte também: nariz.

RISÓRIO

Adjetivo latino *Risórium,* o que faz rir, de riso, de *Risus, Risus* ou de *Risor, Risoris,* que gosta de rir, referente aos músculos dérmicos situados em ambos os lados da face, o músculo risório, cuja contração isolada do

músculo resulta no deslocamento do ângulo da boca, tracionando-a em direção a orelha, produzindo uma expressão facial alegre e sorridente.
Consulte também: musculodérmico.

RITMO
Substantivo grego *Rhythm,* de cadência, ritmo. Ritmo é o nome dado para a cadência ritmada de certos processos fisiológicos controlado pelo sistema nervoso autônomo. Por exemplo: Ritmo cardíaco (cadência de pulso provocado pelas batidas do coração em uma determinada frequência de tempo).
Consulte também: nó.

ROCHEDO
Substantivo do francês *Roche,* do mesmo significado grego *Pétra, Pétras,* amontoado de pedras ou rochas. Rochedo é o nome dado antigamente para a parte petrosa do osso temporal, muito dura e irregular, situada sobre a base superior do crânio, a partir da elevação óssea que se ergue entre a fossa craniana média e posterior, local onde se abre o meato acústico interno, que dá passagem ao nervo facial, ao vestibulococlear e a artéria labiríntica, corresponde a região entre o forame lacero e o canal carótico a partir da base inferior do crânio.
Consulte também: tuberosidade, protuberância.

ROMBENCÉFALO
Substantivo grego *Rhomencephalon,* de obtuso, de *Rhombos,* encéfalo e *Enkephalos,* de encéfalo, crânio. Rombencéfalo é o nome dado para a parte anterior e desenvolvida do tubo neural e da crista neural, a partir das chamadas vesículas encefálicas primárias. O rombencéfalo se subdivide para formar as vesículas encefálicas secundárias, o metencéfalo, que dá origem a ponte, o cerebelo e a parte superior do quarto ventrículo, e o mielencéfalo, originando o bulbo e a parte inferior do quarto ventrículo.
Consulte também: Prosencéfalo, Mesencéfalo.

ROMBOIDE
Substantivo latino *Rhomboeidés, Rhomboeidés,* de *Rhombus, Rhombi,* rombo, termo geométrico, do grego *Rhómbos, Rhómbou,* losango e *Eidos,* forma, que tem semelhança com um losango. Romboide é o nome dado para a estrutura cujo formato lembra um losango, figura geométrica que possui os lados iguais e ângulos não retos. Por exemplo: Músculo romboide maior e menor (músculos situados abaixo do músculo trapézio, entre a margem medial da escápula e o processo espinhal das vértebras torácicas); Fossa romboide do quarto ventrículo (fossa situada no dorso

do mesencéfalo, entre a ponte e bulbo).
Consulte também: trapézio.

ROSTRO

Substantivo grego *Rostrum*, bico dos pássaros, focinho dos cães. Rostro é o nome dado antigamente para a face dos animais, equivalente ao rosto dos humanos em animais quadrupedes, como a parte anterior do crânio que se projeta para frente, onde estão localizados os órgãos dos sentidos, o viscerocrânio.
Consulte também: rosto.

ROTAÇÃO

Substantivo grego Ratatio, de movimentos rotativos. Rotação é o nome dado para o tipo de movimento executado principalmente pelos membros superiores e inferiores, desenhando no espaço um círculo completo, girando em torno do próprio eixo, tanto no sentido horário e anti-horário, por isso há dois tipos de rotação, a medial, no sentido do plano lateral e a rotação lateral, no sentido medial do corpo.
Consulte também: abdução, adução.

RÓTULA

Substantivo latino *Rotulae*, diminutivo de roldana, pequena roda. Rótula é o nome dado para o grande osso sesamóide, que atualmente a terminologia adotou como patela.
Consulte também: patela, sesamóide.

RUGOSIDADE

Substantivo latino *Rugositas, Rugositatis, Rugosus*, de rugoso, irregular, do grego *Rhiknótes, Rhiknótetos*, pequenas depressões, saliências em forma de pregas, dobras, que tem rugas, franzido. Por exemplo: Ânus (órgão em forma anular, esfíncter, que possui borda franzida, rugosa).
Consulte também: ânus, esfíncter, piloro.

S

SACO

Substantivo latino *Saccus,* de saco, recipiente feito de couro utilizado pelos romanos para armazenar vinho e ervas. Saco é o nome dado para as estruturas saculares que servem para armazenar certas substâncias e fluídos.
Consulte também: estômago, ceco, acetábulo.

SACO

Substantivo grego *Saccus,* de saco, bolsa de fundo cego, utilizada antigamente pelos romanos para transportar vinho e hidromel. Saco é o nome dado para as estruturas de formato saculiforme que servem para armazenar líquidos, substâncias e secreções do corpo. Por exemplo: Saco lacrimal (pequena bolsa situada entre o olho e a raiz do nariz, na região nasolacrimal, ligada aos canalículos lacrimais e ao ducto nasolacrimal, reservatório que serve de escoamento da lágrima para a cavidade nasal).
Consulte também: vesícula, haustro, sáculo.

SACRO

Substantivo latino *Sacrum,* de *Sacer, Sacri,* sagrado, do grego *Hierón Ostéon,* osso sagrado, devido aos antigos sacerdotes oferecerem este osso em rituais de sacrífico. Sacro é o nome dado para o osso situado na parte posterior do quadril, cravado entre os dois ossos ilíacos feito uma cunha de carpinteiro. O sacro é o osso que encerra a coluna vertebral, formado por quatro a cinco vértebras ossificadas entre si, tornando-o uma peça óssea única, inflexível, curvada para frente, cujo formato lembra um triângulo de cabeça para baixo. Do ponto de vista anatômico, o osso sacro apresenta: uma base voltada para cima, um ápice apontado para baixo e margens laterais direita e esquerda, que se articulam com os ossos ilíacos por meio de faces articulares em forma de orelha, a face auricular do osso sacro. O ventre e o dorso do osso sacro são perfurados por forames sacrais, alinhados horizontalmente em pares, atravessando o osso de um lado ao outro, servindo de passagem para os nervos sacrais

ventrais e dorsais, homólogos aos nervos espinhais que emergem lateralmente pelos forames intervertebrais da coluna vertebral. A primeira vértebra sacral (S1) é diferenciada, de modo que algumas características anatômicas das vértebras lombares são conservadas nesta vértebra, tornando-a uma vértebra de transição. A base do osso sacro é pronunciada pela face articular lombossacral, com borda anterior saliente, de grande importância na obstetrícia, chamada de promontório.
Consulte também: promontório.

SACULAR
Adjetivo relativo ao sáculo. Por exemplo: Vesícula biliar (estrutura sacular situada no fígado reservada para armazenar bile).
Consulte também: sáculo.

SACULIFORME
Adjetivo latino *Saccus*, de saco, e *Formis*, forma de saco.
Consulte também: sacular, sáculo.

SÁCULO
Substantivo latino *Sacculus, Sacculi*, diminutivo de *Saccus, Sacci*, saco. Sáculo é o nome dado para as estruturas em forma de saco (saculiforme), resultam em dilatações de fundo cego, como vesículas e ampolas, que servem para armazenar substâncias.
Consulte também: vesícula, ampola, ceco.

SAFENO
Adjetivo grego *Saphés*, de claro, evidente, de fácil identificação, características das duas veias subcutâneas situadas na perna, a veia safena magna e veia safena parva.
Consulte também: parva.

SAGITAL
Adjetivo *Sagittalis*, de *Sagitta, Sagittae*, em forma de ponta de flecha. Sagital é o nome dado para o tipo de articulação fibrosa e imóvel, que une os ossos parietais da calota craniana, entre a sutura frontal e lambdoide, situada sobre a linha média (sagital), cuja forma lembra a ponta de uma fecha.
Consulte também: sutura, sinostose.

SALIVA
Substantivo latino *Saliva*, de suco. Saliva é o nome dado para o suco que umedece a cavidade da boca, líquido alcalino e claro, meio viscoso, produzido pelas glândulas salivares, a parótida, sublingual e submandibular, que serve para amolecer, homogeneizar e digerir os alimentos,

facilitando a mastigação e a deglutição do bolo alimentar.
Consulte também: parótida.

SALPINGE

Substantivo grego *Salpinx*, de trompa, trombeta. Salpinge é o nome dado para a estrutura em forma de trompa, tuba. Por exemplo: Trompa de Falópio (estrutura em forma de tuba presa em ambos os lados do útero, atual tuba uterina); Tuba auditiva, de Eustáquio (canal em forma de trombeta, de tuba, situada entre a cavidade timpânica e o óstio faríngeo da tuba auditiva).
Consulte também: tuba, canal.

SANGUE

Substantivo latino *Sanguen*, de sangue. Sangue é o nome dado para o líquido vermelho de consistência viscosa que circula pelas artérias, veias e capilares sanguíneos, sendo o principal meio de distribuição e transporte de substâncias pelo organismo.
Consulte também: hemal.

SARCOLEMA

Substantivo grego *Sárks, Sarkós*, carne e *Lémma, Lémmatos*, casca, envoltório, o mesmo que miolema. Sarcolema é o nome dado a membrana que reveste as fibras musculares, análoga a membrana plasmática das células, delimitando o sarcoplasma e separando-o do meio extracelular, possui uma camada fina de polissacarídeos, rico em fibras de colágenos, que se fundem com as fibras dos tendões que se prendem aos ossos.
Consulte também: miolema, sarcômero.

SARCÔMERO

Substantivo do grego *Sárks*, carne e *Mero*, puro, simples. Sarcômero é nome dado para as estruturas tubulares que reúnem os filamentos grossos e finos de miosina e actina, de modo que cada sarcômero reveste as miofibrilas de uma fibra muscular, de uma linha Z a outra.
Consulte também: miofibrila.

SARTÓRIO

Substantivo latino *Sartorius, Sartorii*, de *Sartos, Sartoris*, alfaiate, do grego *Rhaphideutós, Rhaphideutoû*, alfaiate, costureiro, devido ao movimento de cruzar uma perna sobre a outra, comum entre os alfaiates, o mesmo que músculo dos costureiros. Sartório é o nome dado para o mais longo músculo que cruza a coxa até o joelho, portanto, o músculo sartório é um músculo biarticular, com origem no osso ílio e inserção sobre a face medial da tíbia, compondo o tendão cuja forma lembra a

pata de um ganso.
Consulte também: pata de ganso.

SECREÇÃO

Substantivo latino *Se*, de parte e *Cre*, separar, de *Secretion*, que significa, separação, do grego *Ekkrisis*, secreção. Secreção é o nome dado para certas substâncias sintetizadas por células secretoras que compõem o tecido glandular, tais como: hormônio, saliva, líquido seminal, bile, suco gástrico, etc.
Consulte também: endócrino, exócrino.

SEGMENTO

Substantivo grego *Segmentum*, de parte, pedaço. Segmento é o nome dado para as partes e divisões anatômicas do corpo. Por exemplo: Braço (segmento entre a divisão do ombro e do antebraço); Pescoço (segmento entre a divisão da cabeça e o tórax, nivelado com os ombros); Perna (segmento entre a divisão da coxa e do pé); etc.
Consulte também: região.

SEIO

Substantivo latino *Sinus, Sinus*, cavidade, sinuosidade, dilatação. Seio é o nome dado para a cavidade óssea dos ossos pneumáticos do crânio e para algumas dilatações de certos vasos sanguíneos. Por exemplo: Seio frontal (cavidade cheia de ar contida nos ossos da face); Seio coronário (dilatação do ramo da veia cardíaca situada atrás do átrio esquerdo do coração); Seio carotídeo (dilatação situada na raiz da artéria carótida interna); etc. O termo sinusite é usado para identificar a situação patológica decorrente da inflamação da mucosa que reveste os seios paranasais, produzindo secreções que podem causar incômodo, dores, inchaço e corrimento pelo nariz.
Consulte também: antro, cavidade.

SELA

Substantivo latino *Sella, Sellae*, de sela, selim, do grego *Ephippion*, de *Epí*, em cima e *Hippos*, assento, montaria, cavalo. Sela é o nome dado para a estrutura côncava situada entre o processo clinoide anterior e posterior do osso esfenoide, chamada de sela turca, pois se assemelha a sela de montaria utilizada pelos turcos, cujo centro é ocupado pela fossa hipofisária, cavidade rasa que reserve para acomodar a glândula hipófise, o mesmo que fossa pituitária.
Consulte também: hipófise, fossa.

SÊMEN

Substantivo latino *Seminis*, do grego *Sporá, Sporás*, ou *Spóros, Soprou*, semente, germe. Sêmen é o nome dado para o líquido cremoso composto por substâncias produzidas pelas glândulas do aparelho reprodutor masculino. O sêmen contém os espermatozoides, células gaméticas que surgem nos túbulos seminíferos dos testículos; o líquido seminal, produzido pelas vesículas seminais; o líquido prostático, produzido pela próstata; e secreções das glândulas bulbouretrais, produzido pelas glândulas bulbouretrais. A quantidade de sêmen que é ejaculado varia entre 2,5 a 5 mililitros, contendo aproximadamente 150 milhões de espermatozoides. O aspecto leitoso do sêmen é decorre da mistura com o líquido prostático, enquanto que o líquido das glândulas seminais e bulbouretrais conferem ao sêmen uma textura pegajosa, cremosa. O sêmen permite que os espermatozoides sejam transportados, nutridos e ativados pelo líquido seminal, quando são misturados a partir do ducto ejaculatório, possibilitando minimizar o ambiente hostil da uretra masculina e do canal vaginal.

Consulte também: seminal.

SEMICANAL

Substantivo latino *Semicanalis*, de canal aberto, pela metade. Semicanal é o nome dado para os canais abertos, cortados ao meio, cuja forma lembra as calhas antigas inventadas pelos romanos e que hoje são utilizadas para escoar a água da chuva dos telhados. Por exemplo: Semicanal da tuba auditiva (semicanal que liga a cavidade timpânica a faringe, por meio do óstio faríngeo da tuba auditiva, formado por uma calha de cartilagem composta por duas lâminas, lateral e medial).

Consulte também: canal, sulco.

SEMILUNAR

Adjetivo latino *Semi-lunaris*, de *Semi*, meio, metade e *Lunares*, de lua, do grego *Menoeidés*, crescente e *Méne, Ménes*, de lua e *Eidos*, forma, semelhança, que tem a forma de meia lua. Por exemplo: Semilunar (segundo osso da primeira ordem dos ossos do corpo).

Consulte também: hemisfério.

SEMIMEMBRANOSO

Adjetivo latino *Semimembranosus*, de *Semi*, meio e *Membranosus*, cheio de membranas, do mesmo significado grego *Hemi*, meio e *Hymenoidés*, de *Hymen*, membrana e *Oidés*, semelhança. Semimembranoso é nome dado para o músculo situado na parte posterior da coxa, devido ao aspecto membranoso que se manifesta no terço superior do músculo. O

mesmo que semimembranáceo.
Consulte também: semitendíneo, semilunar.

SEMINAL

Adjetivo latino *Seminalis, Seminale,* de *Seminis,* de semente, que tem como objetivo semear, analogia com o esperma e os espermatozoides. Por exemplo: Vesícula seminal (são duas pequenas bolsas saculares que armazenam o líquido seminal e o misturam ao liquido espermático durante a ejaculação). O esperma, que chega pelos ductos deferentes, ao passar pelos ductos ejaculatórios, que estão conectados a vesícula e a uretra prostática, se mistura ao líquido seminal e as secreções das glândulas bulbouretrais para compor o sêmen.
Consulte também: sêmen.

SEMINÍFERO

Adjetivo latino *Seminis,* a semente, analogia feita com os espermatozoides e *Fero,* de conduzir, levar. Por exemplo: Túbulos seminíferos (pequenos canais torcidos e enrolados em compartimentos, os lóbulos dos testículos, local onde ocorre o processo de gênese dos espermatozoides, a espermatogênese).
Consulte também: canalículo.

SEMITENDINOSO

Adjetivo latino *Semi-tendinosus,* de *Semi,* meio e *Tendinosus,* cheio de tendões, o mesmo que semitendíneo, músculo situado na face posterior da coxa, de formato cilíndrico e alongado, cujo tendão preenche metade do músculo, com origem em conjunto com a cabeça longa do bíceps femoral, inserido na face medial da tíbia, logo abaixo do trocânter medial, local conhecido como pata de ganso.
Consulte também: semimembranoso, pata de ganso.

SENSITIVO

Adjetivo latino Sensitivus, de sensível, emotivo, impressionável, referente as fibras nervosas aferentes formadas por neurônios sensitivos do sistema nervoso autônomo.
Consulte também: fibra, aferente.

SEPTAL

Adjetivo relativo ao septo. Por exemplo: Músculo depressor do septo nasal (músculo da mímica facial situado na base do nariz, próximo ao músculo orbicular da boca, sobre o lábio superior).
Consulte também: septo.

SEPTO

Substantivo latino *Septum Septi*, parede, muro, do grego Diafragma, *Diaphrágmatos*, separação. Septo é o nome dado para a estrutura que atua como parede, dividindo e separando uma cavidade em duas. Por exemplo: Septo nasal (estrutura óssea-cartilaginosa que divide a cavidade nasal em duas).
Consulte também: diafragma.

SEROSA

Substantivo do latino *Sérum*, *Seri*, parte aquosa, serosa de qualquer substância, do grego *Ixoroeidés*, de *Íxor*, *Íxoros*, humor, líquido e *Eidos*, forma, semelhança. Serosa é o nome dado para as estruturas saculares constituídas por membranas que revestem internamente as cavidades, cuja face interna é capaz de produzir certa quantidade de líquido ou secreção. Por exemplo: Pleura pulmonar (estrutura sacular que envolve individualmente os pulmões por meio de duas lâminas pleuras, a parietal e a visceral). Assim como ocorre com o pericárdio, o peritônio e as cápsulas das articulações sinoviais.
Consulte também: folheto, membrana.

SESAMÓIDE

Adjetivo latino *Sesamoides*, *Sesamoidis*, de semente, ervilha, do grego *Sesamoidés*, de sésamo, gergelim, pequena semente de planta begoniácea. Sesamóide é o nome dado para os pequenos e arredondados ossos que crescem próximo as juntas, mergulhado na espessura dos tendões dos músculos que cruzam as articulações. Os ossos sesamóides são encontrados junto as articulações metacarpofalângicas da mão, metatarsofalângicas do pé, e dos joelhos, a patela.
Consulte também: patela.

SIGMOIDE

Adjetivo grego *Sigmoeidés*, de *Sígma*, *Sígmatos*, relativo a letra grega sigma (ς), correspondente a letra S do alfabeto. Sigmoide é o nome dado para toda estrutura cuja forma lembra a letra S do alfabeto, de forma sinuosa. Por exemplo: Cólon sigmoide (porção distal do intestino grosso continuo com o reto, porém, sem curvas).
Consulte também: circunvolução.

SIMPÁTICO

Adjetivo grego *Sympathekós*, de *Syn*, comunidade, concordância e *Páthos*, sentimento, afeição, associado as atividades fisiológicas que inspiram sentimentos e afeição pelo outro. Simpático é o nome dado para as estruturas relacionadas ao sistema nervoso autônomo simpático, que reage aos estímulos do meio, que causa excitação, desiquilíbrio,

alterando o estado normal do organismo. O sistema simpático não está submetido à vontade consciente do corpo, de forma autônoma e inconsciente, atua sobre o organismo de modo abrangente. Do ponto de vista anatômico, o sistema simpático é formado por dois cordões de gânglios verticais, um de cada lado, próximo a coluna vertebral, como se fossem cordões de conta, se estendendo do crânio até o osso sacro, chamado de tronco simpático. Cada tronco simpático direito e esquerdo é formado de 3 gânglios cervicais, de 11 a 12 gânglios torácicos, de 4 a 5 gânglios lombares, de 4 a 8 gânglios sacrais e 1 gânglio coccígeo. O tronco simpático se conecta com as fibras pré-ganglionares curtas e com as fibras pós-ganglionares longas, que se estendem sobre os órgãos efetores, e por isso agem de modo mais difuso, tornando o efeito da ação simpática mais abrangente e sistêmica.
Consulte também: parassimpático, gânglio.

SINAPSE

Substantivo grego *Syn*, junto e *Haptein*, tocar, ponto de contato entre os neurônios. Sinapse é o nome dado para a forma de junção e de contato entre os neurônios, permitindo a troca de informações neurológicas entre neurônios por de reações físico-químicas na fenda sináptica situada entre uma célula e outra.
Consulte também: neurônio, fibra.

SINARTROSE

Substantivo grego *Synárthrosis*, encaixar-se, adaptar-se, de *Syn*, aproximação, união, junta e *Arthrosis*, articulação. Sinartrose é o nome dado para as articulações imóveis ou suturais. Por exemplo: Sutura frontal (juntura entre os ossos frontal e parietal situada sobre a calota craniana).
Consulte também: diartrose, anfiartrose.

SINCIPÚCIO

Substantivo latino *Sinciput, sinciputis*, de *Semi*, meio e *Caput*, do grego *Mesókranon*, meio da cabeça, metade da cabeça. Sincipúcio é o nome dado antigamente para a parte que corresponde ao encontro (vértice) da sutura sagital com a frontal, a bregma.
Consulte também: bregma.

SINCONDROSE

Substantivo grego *Synchóndrosis*, de *Syn*, juntamente, ao lado, e *Chóndros*, cartilagem. Sincondrose é o nome dado para a articulação semimóvel, cujo material interposto é do tipo cartilaginoso, de modo que a união dos ossos ocorre por meio de uma cartilagem. Por exemplo: Articulação esternocostal (juntura entre o osso esterno e a costela).
Consulte também: sínfise.

SINDESMOLOGIA

Substantivo grego *Syndesmos, Sydesmou,* laço, ligamento e *Logía,* coletânea, estudo. Sindesmologia é o nome derivado de sindesmose, referente a parte da Anatomia que estuda sobre os ligamentos.
Consulte também: Sindesmose.

SINDESMOSE

Substantivo grego *Syndesmos, Sydesmou,* laço, ligamento, o que está unido por tecido fibroso. Sindesmose é o nome dado para as articulações semimóveis, cujo material interposto é do tipo fibroso, de modo que a união dos ossos é realizada por uma membrana ou ligamento. Por exemplo: Articulação tíbio-fibular (juntura entre as extremidades distal da tíbia e da fíbula). Este tipo de articulação é mais raro do que as demais junturas do tipo fibrosa.
Consulte também: sinostose, gonfose.

SÍNFISE

Substantivo grego *Symphysis,* união, junção, de *Syn,* juntamente, ao lado e *Physis, Physeos,* natureza, o que é natural. Sínfise e o nome dado para as articulações semimóveis que unem os ossos, cujo material interposto é do tipo fibroso e cartilaginoso ou fibrocartilaginoso. Por exemplo: Sínfise púbica (juntura que une os púbis, permite que pequenos ajustes, adequando o diâmetro do círculo da pelve ao tamanho da cabeça do feto no parto vaginal.
Consulte também: anfiartrose.

SINOSTOSE

Substantivo grego *Syn,* juntamente, ao lado e *Ostéon,* osso. Sinostose é o nome dado para as articulações imóveis do tipo fibrosa, que unem os ossos do crânio, as suturas cranianas.
Consulte também: sagital, ptério.

SINÓVIA

Junção derivada do substantivo grego *Syn,* juntamente, ao lado, com o substantivo latino *Ovum,* ovo. Sinóvia é o nome dado para o líquido sinovial (humor), situado no interior das articulações sinoviais, de aspecto viscoso, semelhante a clara de ovo, produzido pela membrana que reveste internamente as articulações sinoviais, a membrana sinovial. A função do líquido sinovial é lubrificar as extremidades dos ossos cobertos por cartilagem articular (hialina), diminuindo o atrito e evitando o desgaste do tecido ósseo.
Consulte também: sinovial.

SINOVIAL

Adjetivo que tem relação com o líquido sinovial, com a membrana sinovial, com as pequenas bolsas que protegem alguns tendões, as bursas tendíneas, que permitem melhorar os pontos onde os ligamentos escorregam, antigamente chamadas de sinóvias tendinosas. Atualmente recebem o nome de bainhas tendíneas ou sinoviais.
Consulte também: bainha.

SISO

Substantivo latino *Sensos, Sensos,* do mesmo significado grego *Kritérion, kritériou,* juízo, senso razão, prudência. Siso é o nome dado para o último dente molar que aparece na arcada dentária superior, o siso, que surge a partir da idade adulta, coincidindo com o período que se acreditava ter mais juízo e responsabilidade.
Consulte também: molar.

SISTEMA

Substantivo grego *Systema,* de conjunto, associação de mecanismos. Sistema é o nome dado para o conjunto de órgãos com atividades fisiológicas semelhantes, que anatomicamente se complementam dentre de um organismo. No corpo humano há 12 sistemas que são descritos anatomicamente: Sistema Nervoso; Sistema Circulatório; Sistema Digestório; Sistema Respiratório; Sistema Esquelético; Sistema Articular; Sistema Muscular; Sistema Urinário; Sistema Genital; Sistema Tegumentar; Sistema Endócrino e Sistema Sensorial.
Consulte também: aparelho.

SÍSTOLE

Substantivo grego *Syn,* junto e *Stellein,* apertar. Sístole é o nome dado para a contração do miocárdio, comprimindo as cavidades atriais (sístole atrial) e ventriculares (sístole ventricular) do coração, ejetando o sangue pelas artérias aórtica e pulmonar, promovendo a circulação do sangue pelo organismo, chamada de circulação sistêmica ou grande circulação.
Consulte também: coração, átrio, ventrículo.

SÓLEO

Adjetivo *Solearis,* de *Solea, Soleae,* do mesmo significado grego *Hypodéma, Hypdématos,* sandália, palmilha, o mesmo que solear. Sóleo é o nome dado para o músculo situado na face posterior da perna (panturrilha), da fíbula até o tendão de Aquiles[88], cujo formato lembra uma grande

88 Consulte página 61.

palmilha de sapato, hipoteticamente calçada pelos ventres do músculo gastrocnêmio.
Consulte também: sura.

SUBCLÁVIO

Adjetivo latino *Subclavius*, de sub, por baixo e *Clávio* relativo à clavícula, do grego *Hypó-klêidos*, de *Hypó*, abaixo e *Klêis, Klêidos*, clavícula, o mesmo que subclavicular ou subclávia. Por exemplo: Artéria subclávia (artéria que passa abaixo do terço médio da clavícula).
Consulte também: clavícula.

SUBÍCULO

Substantivo grego *Subiculum*, de sustentação, do latim *Subiculum*, que suporta, de submissão. Subículo é o nome dado para a região curvada do giro para-hipocampal do cérebro, que faz transição entre a zona cortical entorrinal situada inferiormente e com o hipocampo localizado acima. O subículo é subdividido em 04 sub-regiões: o para-subículo, o pré-subículo propriamente dito e o pró-subículo.
Consulte também: hipocampo.

SUBLINGUAL

Adjetivo latino *Sublingualis*, do mesmo significado grego *Hypolgóssios*, de *Hypó*, debaixo e *Glóssa*, língua, o que está debaixo da língua. Por exemplo: Artéria sublingual (artéria situada abaixo da língua, sobre o assoalho da mandíbula, ramo da artéria lingual da carótida externa); Glândula sublingual (glândula salivar situada abaixo da língua, sobre o assoalho da mandíbula); Nervo sublingual (nervo situado abaixo da língua, sobre o assoalho da mandíbula, ramo do nervo lingual); etc.
Consulte também: hipoglosso, língua.

SUBMANDIBULAR

Adjetivo latino *Sub-Mandibularis*, de *Sub*, debaixo, a baixo e *Mandibularis*, relativo à mandíbula, osso móvel do crânio, oposto a maxila, osso maxilar, o que está por baixo da mandíbula.
Consulte também: mandíbula.

SUBMENTUAL

Adjetivo latino *Submentalis*, de sub, debaixo e *Mentalis*, de *Mentum, Menti*, queixo, queixada, o que está situado sob o mento, ponta do queixo. Por exemplo: Artéria submentual (artéria situada sob o ramo da mandíbula, ramo da artéria facial); Veia submentual (veia sob o ramo da mandíbula, anastomose com a veia facial, retromandibular e facial); Linfonodo submentual (linfonodo situado abaixo do assoalho da

mandíbula); etc.
Consulte também: mento.

SUBSTÂNCIA

Substantivo latino *Substare,* de líquido, fluído, do grego *Substantia,* de essência, existir. Substância é o nome dado para o líquido, fluído e secreções produzidas por tecidos glandulares do corpo, de consistência variável, que vai do aquoso, fluído até o gelatinoso, cremoso.
Consulte também: humor, sinovial.

SUBTÁLAMO

Substantivo grego *Subthalamus,* de abaixo, inferior ao tálamo. Subtálamo é o nome dado para a região situada entre o diencéfalo e o mesencéfalo, local onde reside o núcleo subtalâmico, com fibras que se ligam ao globo pálido. O subtálamo atua na manutenção da atividade motora e pode ser considerado com um dos núcleos da base, devido a rica e vasta rede de conexões neurológicas.
Consulte também: tálamo, epitálamo.

SUCO

Substantivo latino *Sucu,* de suco, secreção. Suco é o nome dado para o líquido que é resultado da secreção de glândulas. Por exemplo: Suco gástrico (líquido secretado pela mucosa do estômago que ajuda na quebra de alimentos fibrosos); Suco pancreático (líquido alcalino secretado pelo pâncreas e liberado no duodeno facilitando a quebra de gordura, tornando-a hidrossolúvel).
Consulte também: humor, bile.

SUDORÍPARA

Substantivo latino *Sudor,* de suor. Sudorípara é o nome dado para as glândulas responsáveis por eliminar o suor (perspiração), diminuindo a temperatura devido a troca de calor da epiderme úmida com o meio externo. As glândulas sudoríparas ou sudoríferas ocorrem em torno de três a quatro milhões de glândulas, presas aos folículos pilosos e na superfície da pele por meio de poros. As glândulas sudoríparas são classificadas de dois modos: glândulas écrinas, que são glândulas tubulares de formato enovelado, empalhadas sobre a pele principalmente sobre a testa, palma da mão e sola dos pés, e as glândulas epócrinas, que são glândulas tubulares de formato enovelado e ductos com diâmetro maior, situadas na axila, na virilha, aréolas das mamas e sobre a pele que cresce os pelos da barba no rosto.
Consulte também: epiderme, derme.

SULCO

Substantivo latino *Sulcus, Sulci*, rego, do grego *Holkós, Holkôu*, traço ou ranhura. Sulco é o nome dado para as depressões rasas sobre a superfície de certos órgãos, serve para acomodar a passagem de vasos sanguíneos, nervos periféricos e ligamentos, quando estão vazios, permanecem como marcas e impressões permanentes sobre a superfície. Por exemplo: Sulco do vômer (sulco situado sobre as faces do osso vômer, situado dentro da cavidade nasal, serve para a passagem do nervo nasopalatino e vasos); Sulco infraorbital (situado dentro da cavidade orbital, serve para a passagem da artéria e nervo infraorbital); Sulco da artéria temporal média (sulco situado sobre a lâmina escamosa do osso temporal, na fossa temporal, serve para a passagem da artéria temporal média, ramo da artéria temporal superficial); etc.
Consulte também: cissura, cessura, fúrcula.

SUPERCILIAR

Adjetivo latino *Superciliaris*, de *Super*, sobre e *Ciliares*, relativo aos cílios, que tem relação com os supercílios e com o arco superciliar, protuberância em forma de arco sobre a borda superior do osso frontal, imediatamente acima das órbitas.
Consulte também: supercílio.

SUPERCÍLIO

Substantivo latino *Supercilium, Supercilii*, de *Super*, acima e *Cílium, Cilii*, pestana, sobrancelha. Supercílio é o nome dado para a eminência óssea arqueada revestida por pele e tecido conjuntivo frouxo, frequentemente coberta por pelos das sobrancelhas, situada acima dos cílios de cada pálpebra superior.
Consulte também: cílio, mesófrio.

SUPINAÇÃO

Substantivo latino *Supinatio, Supinationis*, de *Supinare*, lançar de costas, do grego *Hyptótes, Hyptiótetos*, posição de uma pessoa deitada de costas, em decúbito dorsal. Supinação é o nome dado para a rotação lateral do antebraço direcionando a palma da mão para cima, resultado da ação do músculo supinador, o contrário de pronação.
Consulte também: pronação.

SUPINADOR

Adjetivo latino *Supinator, Supinatoris*, de *Supinus*, deitado de costas, referente ao músculo de mesmo nome, responsável pelo movimento que permite a palma da mão se posicionar para cima, como se alguém pedisse alguma coisa, contrário de pronação.
Consulte também: supinação, pronação.

SUPINO

Adjetivo *Supinus*, de *Supus*, deitado de costas, o que está deitado com as costas para baixo e o ventre para cima, o mesmo que decúbito dorsal.
Consulte também: supinação.

SUPRA

Preposição cujo significado define o que está acima, sobre. Por exemplo: Fissura orbital superior (fissura situada no fundo da cavidade orbital, próximo ao canal óptico); Fossa supraescapular (escavação funda situada acima da espinha da escápula, serve de fixação para o músculo de mesmo nome); Glândula suprarrenal (glândula situada sobre o polo superior do rim); etc.
Consulte também: Infra.

SURA

Substantivo latino *Sura, Surae*, de perna, panturrilha, do grego *Knéme, Knémes*, barriga da perna. Sura é o nome dado para a região volumosa situada posteriormente a perna, devido a inserção dos músculos gastrocnêmio e sóleo, também conhecida pela expressão popular, batata da perna.
Consulte também: sural, gastrocnêmio.

SURAL

Adjetivo latino *Suralis*, de *sura*, barriga da perna, que pertence a barriga da perna, de panturrilha, conhecida popularmente como a região da batata da perna.
Consulte também: sura, panturrilha.

SUTURA

Substantivo latino *Sutura*, de emenda, costura, o mesmo que sinostose. Sutura é o nome dado para articulação fibrosa que une os ossos do crânio de um adulto, nomeada com os nomes dos ossos envolvidos. Por exemplo: Sutura esfenoparietal (sutura entre o osso esfenoide e parietal); Sutura frontozigomática (sutura entre o osso frontal e zigomático); Sutura parietotemporal (sutura entre o osso parietal e temporal); etc. Algumas suturas não são nomeadas com os nomes dos ossos, mais pelo formato que a sutura aparenta. Por exemplo: Sutura coronal (sutura entre o osso frontal e os ossos parietais, cuja forma lembra uma coroa sobre a cabeça); Sutura sagital (sutura entre o osso frontal, os ossos parietais e o osso occipital, cuja forma lembra a ponta de uma flecha); Sutura lambdoide (sutura entre os ossos parietais e o osso occipital, cuja forma lembra a letra lambda do alfabeto grego); etc.
Consulte também: sinostose.

T

TÁLAMO

Substantivo latino *Thalamus, Thalami,* de quarto para dormir, relativo a cama, do grego *Thálamos, Thálamou,* leito nupcial. Tálamo é o nome dado para as duas massas ovoides posicionadas lado a lado, conectadas entre si pela aderência intertalâmica. Na extremidade posterior do tálamo, o núcleo pulvinar é o maior núcleo talâmico. O tálamo faz vizinhança com outras estruturas do diencéfalo, o terceiro ventrículo, os ventrículos laterais, o assoalho da fissura transversa do cérebro, abaixo do corpo caloso e do fórnice, e o sulco hipotalâmico, que separa o hipotálamo do subtálamo. O tálamo é formado por núcleos de substância cinzenta, subdivididos em grupos (anterior, posterior, lateral e medial), compondo uma importante estação neurológica para o processamento de várias funções primárias do encéfalo, facilitando a distribuição dos sinais que chegam até o córtex cerebral por meio dos órgãos do sentido, tendo um papel importante na aprendizagem e na formação da memória afetiva.
Consulte também: epitálamo, subtálamo.

TALÃO

Substantivo latino *Talus, Tali,* referente ao que é posterior, proximal, *Calx, Calcis,* de calcanhar, do grego *Ptérna, Ptérnes,* calcanhar. Talão é o nome antigo dado para a parte posterior do pé, atualmente formado pelo osso calcâneo, o mesmo que calcanhar.
Consulte também: calcâneo.

TALAR

Adjetivo relativo ao talão.
Consulte também: talão.

TÁLUS

Substantivo latino *Talus, Tali,* referente ao que é posterior, proximal do pé. Tálus é o nome dado para o primeiro osso de formato irregular da pilha de ossos do tarso e o osso mais alto do pé, se articulando com a extremidade distal da tíbia e da fíbula, por meio da face troclear do

tálus com a face articular inferior da tíbia e a face articular dos maléolos lateral e medial.
Consulte também: tarso.

TARSIANO
Adjetivo relativo ao tarso.
Consulte também: tarso.

TARSO
Substantivo grego *Tarsos, Tarsôu,* conjunto de objetos empilhados em uma determinada ordem ou critério de distribuição. Tarso é o nome dado para o conjunto de sete ossos que compõem o esqueleto do pé (tálus, calcâneo, cuboide, navicular, cuneiforme lateral, intermédio e medial), organizados de modo que os maiores ficam em cima e os menores em baixo. Tarso também é o nome que identifica a prega que dá forma e sustentação às pálpebras dos olhos, relativamente espessa, composta por tecido conjuntivo, bem como as glândulas tarsais, de Meibom[89], glândulas sebáceas organizadas em fila que secretam um líquido gorduroso, evitando que as pálpebras sofram colabamento.
Consulte também: pé, pálpebra.

TECTÓRIA
Adjetivo latino *Tectória,* que serve de teto, de cobertura. Por exemplo: Membrana tectória (membrana gelatinosa flexível que reveste as células ciliadas do órgão espiral situado na orelha interna).
Consulte também: cóclea.

TEGME
Substantivo grego *Tegmen,* de revestimento. Tegme é o nome dado para o tecido conjuntivo que reveste certos órgãos. Por exemplo: Tegmen timpânico (tecido que recobre a membrana timpânica, o timpâno).
Consulte também: tegmento, tegumento.

TEGMENTO
Substantivo grego *Tegmentum,* de cobertura, o mesmo que tegme. Tegumento é o nome dado para o revestimento que protege determinados órgãos de ambiente nocivos e contaminados, corresponde atualmente a pele e ao tecido conjuntivo do sistema tegumentar.
Consulte também: tegumento.

---

89 MEIBOM, Heinrich (1638-1700), filho do médico Johan Heinrich Meibom (1590-1655). Heinrich foi professor de medicina, de história e de poesia na cidade de Helmstedt na Alemanha, conhecido pela descoberta das glândulas sebáceas, glândulas Meibonianas.

TEGUMENTO

Substantivo latino *Tegumentum, Tegumenti*, tudo que serve para cobrir, cobertura, de *Tegumen, Teguminis*, de *Tegere*, cobrir, revestir. Tegumento é o nome dado para o conjunto de tecidos que compõem a pele, órgão que reveste o corpo humano externamente, e estruturas anexas (pelos, unhas, glândulas e receptores sensitivos). Do ponto de vista funcional, o sistema tegumentar regula a temperatura corporal, armazena sangue, protege o corpo externamente, detecta estímulos externos, excreta e absorve substâncias, e produz vitamina do tipo D.
Consulte também: pele.

TELA

Substantivo latino *Tela, Telae*, de tela, armação, do grego *Histín, Histíou*, de véu, trama de tecido. Tela é o nome dado para o tecido conjuntivo com fibras entrelaçadas, cuja forma lembra uma rede. Por exemplo: Tela subcutânea (tela de tecido conjuntivo preenchida por espessa camada de gordura e vasos sanguíneos, situada entre a derme e a aponeurose que recobre os músculos).
Consulte também: derme, hipoderme.

TELENCÉFALO

Substantivo grego *Telecephalon*, de *Telos*, que se desenvolve como estruturas satélites, extremidades laterais. Telencéfalo é o nome dado para as duas grandes massas encefálicas a partir da divisão do cérebro, as metades do cérebro, que se desenvolvem sobre o diencéfalo e tronco encefálico, se originam do prosencéfalo. O telencéfalo forma os dois hemisférios do cérebro, separados parcialmente pela fissura longitudinal do cérebro, conectados entre si pelo carpo caloso. Os ventrículos cerebrais estão situados no interior de cada hemisfério cerebral, se comunicando com o terceiro ventrículo do diencéfalo pelo forame interventricular.
Consulte também: córtex, cérebro.

TÊMPORA

Substantivo latino *Tempus, Temporis*, de têmporas, do grego *Krótaphos, Krótaphou*, têmpora. Têmpora é o nome dado para a região lateral da cabeça, imediatamente acima do arco zigomático, entre a cavidade orbital e a orelha externa, local onde a escama do osso temporal projeta a fossa temporal, onde se encontra o ptério. O mesmo que fonte, de nascente, manancial, relativo a região do cérebro, o lobo temporal, como local de origem das memórias, fonte de informação e recordação, não confundir com o termo fronte, relativo ao osso frontal, osso da testa.
Consulte também: fronte, temporal.

TEMPORAL

Substantivo latino *Temporalis, Tempus, Temporis,* de osso temporal, fonte, do grego *Krotaphítos, Krotaphítou,* têmpora. Temporal é o nome dado para o osso irregular situado na parte lateral do crânio, um de cada lado da cabeça óssea, e para as estruturas associadas a ele. Por exemplo: Artéria temporal superficial (artéria situada sobre a escama do osso temporal, na fossa temporal); Músculo temporal (músculo que auxilia na mastigação situado sobre a fossa temporal); Lobo temporal (lobo lateral do cérebro, situado sobre a fossa craniana média, protegido pelo osso temporal); etc.
Consulte também: têmpora.

TENAR

Substantivo grego *Thénar, Thénaros,* de palma da mão. Tenar é o nome dado para a saliência carnosa sobre a pele da palma da mão, de consistência macia, aparentando uma pequena almofada, local onde reside os músculos tênares, na base da articulação do polegar, vulgo dedão da mão, acima da região hipotenar.
Consulte também: hipotenar.

TENCA

Adjetivo latino *Tenca,* referente a tainha da água doce, cuja a boca lembra o colo do útero.
Consulte também: focinho de tenca.

TENDA

Substantivo do baixo latim de *Tendere,* de barraca, do grego *Baíte, Baítes,* pavilhão de couro. Tenda é o antigo nome dado para certas estruturas anatômicas cuja forma lembra a cobertura flexível de uma barraca de acampamento, de considerável mobilidade armada por hastes de madeira, o mesmo que tentório. Por exemplo: Tentório do cerebelo (invaginação fibrosa proveniente da dura-máter em forma de meia-lua que separa os lobos occipitais dos hemisférios cerebrais do cerebelo).
Consulte também: meninge.

TENDÃO

Substantivo do latino *Tendere,* distender, do grego *Ténon, Ténontos,* tendão de *Teinêin,* alongar, distender. Tendão é o nome dado para muitas das terminações musculares em que o tecido fibroso, rico em colágeno, se funde com o tecido ósseo fixando a carne dos músculos ao esqueleto. Do ponto de vista anatômico, os tendões são cordões longos, cilíndricos e frequentemente achatados, de tom esbranquiçado e brilhante, resistentes a trações, situados nas extremidades dos músculos esqueléticos. A maneira como os tendões estão dispostos nos músculos, serve como

critério de classificação para o estudo do sistema muscular. Por exemplo: Músculo bíceps (dois tendões de origem); Músculo tríceps (três tendões de origem); Músculo policaudado (mais de dois tendões de inserção); Músculo digástrico (músculo formado por um tendão que divide o ventre muscular em dois); Músculo poligástrico (músculo formado por divisões tendíneas que separa o ventre em pequenas porções); etc.
Consulte também: aponeurose, aponevrose.

TENDÃO DE AQUILES

Adjetivo e substantivo latino *Tendere*, de tendão e *Aquilles*, de Aquiles, personagem da mitologia grega. Tendão de Aquiles é o nome dado para o espesso tendão situado na parte posterior da perna (panturrilha), próximo ao tornozelo, formado pela reunião dos tendões do músculo gastrocnêmio e do músculo sóleo, inserido fortemente na parte posterior do osso calcâneo. A composição do nome faz referência ao ponto vulnerável (mortal) do personagem da mitologia grega conhecido como Aquiles. Reza a lenda que ao nascer, Aquiles foi mergulhado nas águas do rio Stígio, tornando-se protegido. Entretanto, segurado pelos calcanhares por sua mãe, ao ser banhado pelas águas mágicas do rio, os tendões ficaram de fora, deixando esta parte do corpo vulnerável. Na famosa guerra de Tróia, Páris acertou uma flecha que atingiu o calcanhar de Aquiles causando sua morte.
Consulte também: sóleo.

TÊNIA

Substantivo latino *Taenia*, do grego *Tainia, tainias*, fita, faixa. Tênia é o nome dado para as fitas de músculo liso em forma de faixas longitudinais, que se manifestam sobre os cólons do intestino grosso. As tênias cólicas, comparadas ao parasita intestinal conhecido popularmente como solitária, escorregam sobre a superfície do intestino grosso em número de três: a tênia livre, aparece livremente sobre o cólon ascendente, descendente e sigmoide, a tênia mesocólica, só é visível se a prega peritoneal (mesocolo) for seccionada, liberando os cólons da parede posterior do abdômen, e a tênia omental, vista sobre o cólon transverso, que está parcialmente livre com seus apêndices omentais aparentes.
Consulte também: omento, vermiforme.

TENTÓRIO

Substantivo grego *Tentorium*, de tenda, cobertura. Tentório é o nome dado para revestimento que se sobrepõem a determinados órgãos, cuja forma lembra uma tenda. Por exemplo: Tentório do cerebelo (estrutura que lembra uma tenda, revestimento que cobre o cerebelo, funciona

como um septo que separa o cerebelo do cérebro).
Consulte também: septo.

TERCEIRO VENTRÍCULO

Adjetivo e substantivo grego *Ventriculus Tertius*, de terceiro ventrículo, referente ao nome dado para a cavidade cheia de líquido (cérebro-espinhal), situado no centro do diencéfalo, logo abaixo dos ventrículos laterais do cérebro, onde reside o tálamo e hipotálamo, comunicando-se com o quarto ventrículo por meio do aqueduto cerebral.
Consulte também: aqueduto, ventrículo.

TESTA

Substantivo latino *Testae*, de vaso de barro cozido. Testa é o nome dado para a parte da cabeça que compreende a região de pele acima dos olhos, comparada a superfície de um vaso de barro cozido, sutilmente modelado, liso, com poucas marcas de força.
Consulte também: fronte.

TESTES

Substantivo latino *Testium*, de testículos. Teste é o nome dado antigamente para os tubérculos quadrigêmeos, devido sua aparência com os testículos, os colículos superiores e inferiores, quatro pequenas protuberâncias situadas no dorso do tronco encefálico.
Consulte também: quadrigêmeo, nates.

TESTICULAR

Adjetivo que pertence ou tem relação com os testículos.
Consulte também: testículo.

TESTÍCULO

Substantivo latino *Testiulus, Testiculi*, diminutivo de *Testis, Testis*, testemunha, do grego *Orchís, Orchídos*, espécie de azeitona grande. Testículo é o nome dado para as duas gônadas situadas no interior da bolsa escrotal, estrutura saculiforme que abriga os testículos. Cada testículo possui aproximadamente 05 centímetros de comprimento e 2,5 de centímetros de largura, peso que varia entre 10 a 15 gramas cada um. Durante a fase intrauterina, os testículos se desenvolvem próximos aos rins, dando início a sua descida por volta dos dois últimos meses de gestação, passando pelo canal inguinal situado entre a parede abdominal e a parede pélvica. O testículo apresenta um envoltório externo de dupla face, a túnica vaginal, derivado do peritônio, formado durante a descida dos testículos até a bolsa escrotal, e uma camada adjacente indissociável, a túnica albugínea, revestindo e separando os testículos como uma cápsula fibrosa. A túnica albugínea emite septos que penetram na carne

(estroma) de cada testículo, fracionando-o em pequenos lóbulos, cerca de aproximadamente 200 a 300 lóbulos testiculares. Cada lóbulo testicular possui 1 a 3 túbulos enrolados, os túbulos seminíferos, local onde ocorre a formação dos espermatozoides, a espermatogênese. Os testículos funcionam como glândulas, com a função de produzir hormônios, o mais importante deles é a testosterona, responsável pelas características masculinizantes do corpo, principalmente a partir da puberdade.
Consulte também: escroto, gônada.

TÍBIA

Substantivo latino *Tibiae*, flauta, do grego *Knéme, Knémes*, tíbia, de canela. Tíbia é o nome dado para o maior e mais espesso osso da perna, cuja aparência instigou a imaginação dos antigos anatomistas comparando-a com uma flauta, daí a origem de seu nome. A tíbia é o principal osso da perna, a cana (canela) da perna, vulnerável a golpes sobre face medial, principalmente em esporte de contato, como o futebol. Do ponto de vista anatômico, a tíbia possui aspecto triangular, sendo mais espessa na extremidade proximal junto ao joelho, do que na extremidade distal próxima ao tornozelo. Os côndilos da tíbia, em forma de grandes platôs, estão posicionados lado a lado na extremidade proximal, servem para suportar os poderosos côndilos do fêmur. Próximo ao tornozelo, a tíbia se espessa na forma de um receptáculo raso, a face articular inferior da tíbia, e uma parede medial, o maléolo medial, servindo de escora para o encaixe da tíbia sobre a tróclea do tálus, um dos ossos empilhados situado no pé. Lateralmente o corpo da tíbia se articula com o corpo da fíbula por meio de uma membrana fibrosa (sindesmose), a membrana interóssea.
Consulte também: fíbula.

TIBIAL

Adjetivo relativo a tíbia.
Consulte também: tíbia.

TIMO

Substantivo latino *Thymus, Thymi*, do grego *Thymos, Thymou*, de bulbo, calosidade, massa ligeiramente espessa, tenra. O timo é o nome dado para a glândula linfoide situada no mediastino superior, de formato plano, com lobos posicionados atrás do manúbrio, podendo alcançar o mediastino anterior e o pericárdio. Na fase adulta, o timo é invadido por tecido adiposo, dando a impressão de uma grande massa gordurosa. A função do timo é pouco conhecida nos adultos, porém, no feto o timo atua como um importante órgão linfoide, produzindo hormônios tímicos, como a timosina, fator tímico humoral (THF), fator tímico (TF)

e timopoetina, promovem a maturação dos linfócitos do tipo T, responsáveis pela eliminação de micróbios.
Consulte também: baço, linfoide.

TIMPÂNICO

Adjetivo relativo ao tímpano.
Consulte também: tímpano.

TÍMPANO

Substantivo latino *Tympanum, Tympani,* película de batucar, do grego *Tympanon, Tympanou,* tambor, o mesmo que membrana timpânica. Tímpano é o nome dado para a membrana timpânica, de consistência fina e aparente delicadeza, de formato oval e ligeiramente transparente, situada entre o meato acústico externo e a cavidade timpânica, separando o ouvido externo do ouvido médio.
O tímpano apresenta uma depressão central sobre a face externa, o umbigo do tímpano, de modo que o cabo do martelo se adere ao tímpano como se fosse uma haste, aparentando um pequeno guarda-chuva aberto.
Consulte também: orelha.

TIREOIDE

Adjetivo grego *Thyreoeidés,* de escudo e *Eidos,* forma, que tem a forma de escudo, referente a glândula cujo formato lembra um escudo, situada logo abaixo da laringe. A glândula tireoide possui lobos direito e esquerdo interligados por um istmo, podendo haver um terceiro lobo, o lobo piramidal, frequentemente posicionado acima do istmo da tireoide. Do ponto de vista funcional, as células foliculares da tireoide sintetizam dois hormônios: tiroxina, de tetraiodotironina ou T4, e tri-iodotironina ou T3, chamados em conjunto de hormônios da tireoide ou tireoidianos, essenciais no aumento da taxa metabólica basal (TMB), atuando na bomba de sódio e potássio, elevando o consumo de ATP e influenciando na manutenção da temperatura corpórea, o chamado efeito calorigênico. Por analogia, o termo tireoide também é utilizado para identificar a cartilagem tireoide da laringe, situada logo acima da glândula de tireoide.
Consulte também: glândula.

TONSILA

Substantivo latino *Tonsillae,* o mesmo que amígdala, do grego *Amygdale, Amygdales,* amêndoa, e de *Parísthmia,* de *Pará,* perto e *Isthmós, Isthimôu,* garganta, o que está próximo da garganta, da goela, o que é estreito. Tonsila é o nome dado para o par de nódulos ovoides distribuídos ao redor da garganta, entre a cavidade oral e a orofaringe, como duas

grandes massas de tecido linfático, situadas entre os arcos palatoglosso e palatofaríngeo, com vista para a úvula palatina. As tonsilas compõem o anel de proteção situado no istmo da cavidade oral, formado pelas tonsilas linguais, pelas tonsilas palatinas (amígdalas) e pelas tonsilas faríngeas (adenoides).
Consulte também: adenoides, amígdalas.

TORÁCICO

Adjetivo que tem relação com o tórax.
Consulte também: tórax.

TÓRAX

Substantivo latino *Thorax, Thoracis,* de peito, caixa óssea, do grego *Thórax, Thórakos,* couraça que cobre o peito. Tórax é o nome dado para o segmento situado entre o pescoço e o abdômen, contendo uma grande cavidade, a cavidade torácica, cujo formato lembra um cone truncado, com abertura superior estreita e abertura inferior larga, onde o músculo diafragma fecha parcialmente a cavidade torácica. A caixa torácica é a principal estrutura de sustentação do tórax, um arcabouço flexível formado por: um osso esterno, 12 pares de costelas, 12 vértebras torácicas e por cartilagens costais, do tipo hialina. Os músculos torácicos são os principais agentes ativos da mecânica da respiração, diminuindo a pressão interna da cavidade torácica que comprime os pulmões, possibilitando que o ar passe pelos brônquios até chegarem aos alvéolos pulmonares, viabilizando a oxigenação das células nos capilares sanguíneos. Os pulmões são os maiores órgãos torácicos, um de cada lado, ocupando as cavidades pulmonares direita e esquerda, com vista para o coração e o mediastino.
Consulte também: plastrão.

TORCULAR

Substantivo latino *Torcularis, Torculare,* de espremer, comprimir, apertar. Torcular é o nome dado ao encontro das veias da dura-máter, a confluência do seio sagital com o seio transverso, em anastomose sob a protuberância occipital interna. O mesmo que alagar de Herófilo[90].
Consulte também: seio.

TORO

Substantivo grego *Tous,* de elevação, o mesmo que *Torus.* Toro é o nome da saliência que se forma sobre a mucosa que reveste a faringe,

---

90 Consulte página 181.

adornando superiormente o óstio faríngeo da tuba auditiva, o toro tubário.
Consulte também: eminência.

TRABÉCULA
Substantivo grego *Trabeculae,* de pequenas cavernas, pequenas traves, colunas. Trabécula é o nome dado para as pequenas cavernas que se formam em meio ao tecido muscular do miocárdio, situado na parede interna dos ventrículos, cujo formato lembra um labirinto formado de pequenas cavernas separadas por pilares, colunas que interligadas umas às outras, formando uma rede trabecular.
Consulte também: aracnoide.

TRAGO
Substantivo latino *Tragus, Tragi,* cheiro de bode, do grego *Tragos, Trágou,* odor de bode velho. Trago é o nome dado para a pequena língula situada na entrada do meato acústico externo, coberto por pelos no adulto, semelhante aos pelos do bode, devido ao cheiro similar da cera retirada do ouvido.
Consulte também: língula, antítrago.

TRANSVERSÁRIO
Adjetivo latino *Transversarius,* de transverso, relativo as extremidades transversas.
Consulte também: transverso.

TRANSVERSO
Adjetivo latino *Transversus,* de *Trans* e *Vertere,* virar, voltar, através de, do que está atravessado, relativo as estruturas que se posicionam de forma atravessada, disposta transversalmente, com as extremidades apontadas uma para cada lado. Por exemplo: Processo transverso (extremidade óssea das vértebras da coluna vertebral, exceto para as vértebras de sacrais e coccígeas, de S2 a Cc4); Seio transverso (veias que percorrem a dura-máter dispostas transversalmente); Músculo transverso (músculo situado transversalmente na parede do abdômen); etc.
Consulte também: sagital.

TRAPÉZIO
Substantivo latino *Trapezius, Trapezii,* do grego *Trapézion, Trapéziou,* pequena mesa, tábua, superfície plana quadrilátera, de modo que os lados sejam desiguais e paralelos entre si. Trapézio é o nome dado para o músculo do ombro e o primeiro osso lateral da fileira distal do carpo, cuja forma lembra a figura geométrica de um trapézio.
Consulte também: escaleno.

TRAPEZOIDE

Adjetivo relativo as estruturas que possuem forma de trapézio, relativo ao segundo osso lateral da fileira distal do carpo, osso trapezoide, situado entre os ossos trapézio e capitato da mão.
Consulte também: trapézio, capitato.

TRAQUEIA

Substantivo latino *Trachea, Tracheae,* do grego *Trachys,* rude, áspero, grosseiro. Traqueia é o nome dado para o tubo pérvio, rugoso e aerífero, situado do pescoço e no tórax, com aproximadamente 2,5 centímetros de largura, nos lactantes apresenta a espessura de um lápis de escrita. A traqueia é aberta posteriormente por uma incisão sobre os anéis de cartilagem, cortando-as verticalmente, formando um pequeno espaço que é preenchido por uma fita de músculo membranoso, local onde o esôfago se adere ao tubo traqueal. Os anéis da traqueia conferem uma estrutura de fibrocartilagem, de modo que sua construção se dá basicamente por um empilhamento de anéis feitos de cartilagem em forma de meia-lua, fechados na frente e abertos parcialmente atrás, onde o músculo traqueal preenche a incisão de cada cartilagem traqueal. A traqueia desce pela cavidade torácica a frente do esôfago, em seguida penetra no mediastino superior, ligeiramente inclinado para a direita, dando origem aos brônquios principais ou brônquios de primeira ordem. Cada brônquio principal dará origem aos brônquios secundários, também chamados de brônquios lobares, em número correspondente a quantidade de lobos de cada pulmão que os precede. A traqueia termina entre o manúbrio e o corpo do osso esterno, um pouco acima do coração, antes dos brônquios principais direito e esquerdo.
Consulte também: brônquio.

TRATO

Adjetivo grego *Tractus,* referente ao conjunto de fibras ou filamentos que se conectam para formar um sistema ou plexo nervoso.
Consulte também: nervo.

TRIANGULAR

Adjetivo que caracteriza o formato e a disposição triangular de várias estruturas anatômicas.
Consulte também: triângulo.

TRIANGULO

Substantivo latino *Triangulus, Trianguli,* do grego *Trígonon, Trígonou,* figura que possui três lados e três cantos. Triangulo é o nome dado para a forma e disposição das estruturas, regiões ou espaços anatômicos que lembram a figura geométrica de um triângulo. Por exemplo: Prega

triangular (prega situada logo abaixo da tonsila palatina); Fossa triangular (fossa situada na orelha, logo abaixo da hélice); Espaço triangular (espaço situado entre o músculo subescapular e o músculo redondo maior, por onde passa o nervo axilar e a artéria circunflexa do úmero); etc.
Consulte também: escaleno, trapézio.

TRÍCEPS

Adjetivo latino *Tri,* três e *Caput,* cabeça, que possui três cabeças, referente ao músculo com três tendões de origem. Por exemplo: Músculo tríceps braquial (músculo situado na face posterior do braço); Músculo tríceps sural, antigo crural (formado pelo músculo gastrocnêmio e pelo músculo sóleo, ambos situados na face posterior da perna).
Consulte também: bíceps.

TRICÚSPIDE

Adjetivo latino *Tricuspis, Tricuspidis, Tríozos, Tríozou,* de tri, três e *Ózos, Ózou,* ramo, cabo, haste, do grego *Triglóchis, Triglóchinos,* três e *Glochín, Glochínos,* ponta de flecha. Tricúspide é o nome dado para o mecanismo armado com três cúspides que controla a passagem de sangue injetado pelo átrio direito no ventrículo do mesmo lado, é a valva atrioventricular direita, ou simplesmente tricúspide, o mesmo que triglóquina. Quando o sangue passa do átrio para o ventrículo direito, a valva tricúspide se fecha, impedindo que o sangue retorne para o átrio. Cada cúspide funciona como uma válvula, que funciona de forma simultânea.
Consulte também: cúspide, valva, válvula, mitral.

TRIGLÓQUINA

Adjetivo, o mesmo que tricúspide, estrutura anatômica armada com três pontas ou cúspides.
Consulte também: tricúspide.

TRÍGONO

Adjetivo latino *Trigonus,* triangular, do grego *Trís,* três vezes e *Gonía, Gonías,* ponta, ângulo, região ou área ligeiramente de formato triangular. Por exemplo: Trígono cerebral (região situada abaixo do corpo caloso e do septo dos ventrículos laterais); Trígono vaginal (região situada na parede anterior da vagina, abaixo do orifício externo do colo do útero); Trígono vesical (região situada na base a superfície interna da bexiga, limitado por três orifícios: em cima e para trás, os dois orifícios dos ureteres, em baixo e para diante, o orifício da uretra); etc.
Consulte também: períneo, triângulo.

TRIGONOCEFALIA

Substantivo grego *Trígonos, Trígonou*, triângulo e *Kephalé*, cabeça. Trigonocefalia é o nome dado para a malformação do crânio, resultado da fusão prematura da sutura metópica do osso frontal, dando a curvatura da testa uma aparência pontuda, devido a proeminência que se forma acima dos olhos, chamada de proeminência metópica.
Consulte também: acrocefalia, pirgocefalia.

TRIGONOCÉFALO

Adjetivo que tem relação com a trigonocefalia.
Consulte também: trigonocefalia.

TRIPÉ

Substantivo latino *Tripus, Tripodis*, de *Tris*, três e *Pedes*, pé, do grego *Tripódes, Tripódou*, que tem três pés. Tripé é o nome dado para as estruturas anatômicas que se assemelham a um assento com três pés. Por exemplo: Tripé celíaco (antigo nome dado ao tronco celíaco, formado pelas artérias gástrica esquerda, esplênica e hepática comum).
Consulte também: celíaco.

TROCÂNTER

Substantivo grego *Trochantér, Trochantéros*, cursor, rotador. Trocanter é o nome dado para as duas tuberosidades volumosas situadas sobre a extremidade proximal do fêmur, o trocânter maior e menor, logo abaixo do colo, conectados anteriormente pela linha intertrocantérica e posteriormente pela crista intertrocantérica. Os trocanteres maior e menor servem de inserção para os músculos da coxa e do quadril.
Consulte também: fêmur, tubérculo.

TROCANTERIANO

Adjetivo relacionado as estruturas que pertencem aos trocânteres. Por exemplo: todos os músculos que se inserem de alguma forma nos trocânteres.
Consulte também: trocânter.

TRÓCLEA

Substantivo latino *Trochlea, Trochleae*, guindaste, cabrestante, roldana, do grego *Trochilía, Trochilías*, polia, molinete. Tróclea é o nome dado para a extremidade em forma de carretel de linha, que escorrega para frente e para trás com a flexão e extensão do cotovelo, possibilitando classificar este tipo de junta como uma articulação do tipo trocóide, derivado direto da palavra tróclea, permitindo executar movimentos angulares ou em dobradiça. Por exemplo: Articulação umeroulnar (articulação do cotovelo em que a tróclea do úmero serve de polia para a

incisura troclear da ulna).
Consulte também: gínglimo.

TROCLEAR

Adjetivo relativo a tróclea. Por exemplo: Incisura troclear (recorte na extremidade proximal da ulna em forma de boca, análoga ao utensílio que serve para apertar e desapertar porcas, chave-inglesa).
Consulte também: tróclea.

TROCÓIDE

Adjetivo grego *Trócheidés*, de *Trochós, Trochou*, roda, roldana. Trocóide é o nome dado para as articulações que se utilizam de estruturas de formato cilíndrico, apoiadas em faces lisas e côncavas, permitindo movimentos circulares em torno do próprio eixo. O mesmo que articulações em pivô. Por exemplo: Articulação atlantoaxial (articulação entre o dente do áxis e o atlas, segunda e primeira vértebra cervical); Articulação radioulnar proximal (articulação entre a cabeça do rádio com a face articular para a cabeça do rádio da ulna).
Consulte também: axial.

TROMPA

Substantivo do italiano *Trompa*, de tromba, alongamento pronunciado, do latim *Tuba, Tubae*, trombeta, canudo, tubo que suga, do grego *Sálpings, Sálpingos*, trombeta. Trompa é o nome dado antigamente para a trompa de Fallópio[91], atual tuba uterina. As tubas uterinas são tubas em forma de trombetas, com caules mais finos e entradas mais largas, que servem para conduzir o ovócito (oócito) que é liberado a cada ciclo menstrual de um ovário durante a vida fértil da mulher. Consideramos que este é o local em que o processo de fertilização acontece. Aas tubas uterinas se estendem lateralmente a partir do corpo do útero, com acesso a cavidade peritoneal próximo dos ovários. Cada tuba uterina é dividia em 4 partes: o infundíbulo (extremidade distal que se abre na cavidade peritoneal, contendo as fímbrias); a ampola (parte mais larga e longa da tuba); o istmo (parte que penetra na parede do útero); e a parte intramural (porção que atravessa a parede do útero e se abre na cavidade uterina). Trompa de Eustáquio[92] é o epônimo para a tuba auditiva, canal que alcança o tímpano e a cavidade timpânica, se comunicando com a faringe.
Consulte também: tuba.

---

91 Consulte página 160.

92 EUSTACHIO, Bartolomeo (1515-1574), professor de anatomia em Roma e médico do Papa.

TRONCO

Substantivo latino *Truncus, Trunci,* de tronco, do grego *Steléchos, Steléchous,* parte do corpo sem a cabeça, o pescoço e os membros, que serve de sustentação. Tronco é o nome dado para a estrutura central, preponderante, que permite originar ramos, dando suporte para todas as outras partes do corpo. Por exemplo: Tronco celíaco (principal artéria que nutre o estômago e o fígado); Tronco braquiocefálico (principal artéria do arco aórtico direcionada para suprir lado direito do ombro, pescoço e cabeça); Tronco simpático (principal conjunto de gânglios situados verticalmente de cada lado da coluna vertebral); etc.
Consulte também: raiz.

TROQUINO

Substantivo grego *Trochós, Trochou,* roda de máquina, o que é ligeiramente redondo. Troquino é o nome dado antigamente para a pequena tuberosidade situada na parte proximal do úmero, oposto de troquiter, correspondente ao atual tubérculo menor do úmero.
Consulte também: troquiter, tubérculo.

TROQUITER

Substantivo do grego *Trochós, Trochou,* roda de máquina, o que é ligeiramente redondo. Troquiter é o nome dado antigamente para a grande tuberosidade situada na parte proximal do úmero, onde se inserem os músculos supra-espinhal, infra-espinhal e redondo menor, oposto de troquinho, corresponde atualmente ao tubérculo maior do úmero.
Consulte também: troquino, tubérculo.

TUBA

Substantivo latino *Tubae,* trompa, trombeta e *Tubus, Tubi,* tubo, canal. Tuba é o nome dado para certos canais cuja forma lembra uma trombeta, com uma extremidade larga e a outra estreita, que serve como condutores naturais. Por exemplo: Tuba uterina (o mesmo que trompa uterina, trompa de Fallópio[93]); Tuba auditiva (o mesmo que tuba de Eustáquio[94]).
Consulte também: trompa.

TUBÁRIO

Adjetivo *Tubarius,* de tuba, trompa. Tubário é o nome dado para a estrutura que tem relação com a tuba auditiva, de Estáquio[95] e a tuba uterina,

93 Consulte página 160.

94 Consulte página 312.

95 Consulte página 312.

de Fallópio[96]. Por exemplo: Toro tubário (pequena elevação da mucosa que guarnece o óstio faríngeo da tuba auditiva); Pregas tubárias (pequenas vilosidades alongadas que se manifestam no interior no infundíbulo da tuba uterina).
Consulte também: tuba, trompa.

TÚBER

Substantivo grego *Tuber*, de saliência, tubérculo, tumor. Túber é o nome dado para a protuberância robusta situada inferiormente sobre o ísquio, local onde o quadril se apoia para que possamos permanecer sentados, o túber isquiático.
Consulte também: tuberosidade.

TUBÉRCULO

Substantivo latino *Tuberculum, Tuberculi*, diminutivo de *Tuber, Tuberis*, inchaço, tumefação, saliência. Tubérculo é o nome dado para as elevações que se manifestam sobre a superfície de um tecido, perceptível ao toque. Sobre a superfície dos ossos, os tubérculos podem ter tamanhos variados, surgem a partir da inserção de tendões musculares e ligamentos articulares. Por exemplo: Tubérculo maior (tuberosidade no úmero onde se prendem os músculos supra-espinhal, infra-espinhal e redondo menor). Tubérculo conóide (tubérculo situado na clavícula onde se prende o ligamento coracoclavicular); etc. Em outras situações, os tubérculos são protuberâncias ligeiramente arredondadas devido a concentração de cartilagem, pele, osso e nervos). Por exemplo: Tubérculo trigeminal (tubérculo situado no tronco encefálico); Tubérculo cuneiforme (tubérculo situado na cartilagem da laringe); Tubérculo de Darwin[97] situado na hélice da orelha externa); etc.
Consulte também: tuberosidade, trocânter.

TUBEROSIDADE

Adjetivo grego *Tuberositas*, de tubérculo, relativo ao conjunto irregular de pequenos tubérculos.
Consulte também: tubérculo.

TUBO

Substantivo latino *Tubus, Tubi*, de canal, canudo, do grego *Syrinx, Syringos*, tubo, canal. Tubo é o nome dado para determinados canais condutores situados no corpo, o mesmo que túbulo. Por exemplo: Tubo intestinal (canal alimentar que se inicia na boca e termina no ânus); Tubos

---

96 Consulte página 160.

97 Consulte página 119.

uriníferos (túbulos contorcidos que conduzem a urina até os cálices menores nos rins).
Consulte também: canal.

TÚNICA

Substantivo latino *Tunicae*, de vestido, do grego *Chitón, Chitonós*, vestimenta de baixo, íntimo. Túnica é o nome dado para a membrana que forma as paredes de um determinado órgão ou glândula. Por exemplo: Túnica albugínea (membrana que reveste externamente os testículos).
Consulte também: membrana, fáscia, folheto.

TURBILHÃO

Substantivo latino *Turbo*, de redemoinho, sorvedouro, do francês *Tourbillon*, de turbilhão. Turbilhão é o nome dado para a forma ou efeito de redemoinho de certas estruturas torcidas sobre o próprio eixo, ou para o trajeto que o ar inspirado faz dentro da cavidade nasal.
Consulte também: cóclea.

U

ULNA

Substantivo latino *Ulnae*, cana do braço, antebraço, o mesmo que cúbito. Ulna é o nome dado para o osso medial do antebraço em forma de chave-inglesa, com extremidade proximal mais espessa próxima a articulação do cotovelo, do que a extremidade distal que é mais fina próxima a articulação do punho. *O olécrano é o processo que escorrega para a fossa de mesmo nome no úmero, situado na extremidade proximal da ulna, juntamente com o processo coronoide,* formando uma incisura para a tróclea do úmero, a incisura troclear. A extremidade distal da ulna está direcionada para a articulação radiocarpal mais não participa dela, possui uma pequena projeção nodular, a cabeça da ulna, juntamente com o processo estiloide da ulna, posicionado medialmente. O corpo da ulna é mais fino ao se aproximar da extremidade distal, ligeiramente torcido no sentido horário com uma borda laminar lateral chamada de margem interóssea, que serve para fixação da membrana interóssea, uma sindesmose entre a ulna e o rádio.
Consulte também: olécrano, coronoide.

ULNAR

Adjetivo Latino *Ulnaris* relativo a ulna, antigo cúbito, o mesmo que cubital.
Consulte também: ulna.

ULO

Adjetivo grego *Oûlos*, termo de composição que dá ideia de cabelo crespo, frisado, enrolado.
Consulte também: ulótrico.

ULÓTRICO

Adjetivo grego *Oûlos*, crespo e *Tríx, Trikós*, cabelo, o que tem o cabelo crespo, lanoso, de região com pelos crespos.
Consulte também: púbis.

UMBIGO

Substantivo latino *Umbilicus, Umbilici,* do grego *Bigo,* de umbigo. Umbigo é o nome dado para a cicatriz remanescente da circulação útero placentária ligada ao cordão umbilical, entre a placenta e o feto, situada sobre a pele da parede anterior do abdome, sobre o plano transumbilical, próxima a pelve. O umbigo é uma depressão cutânea que possui formato esférico e de profundidade variável, podendo ser mais ou menos pregueado, que acusa retenção de sujeira depois de um certo tempo sem higienização.
Consulte também: onfálico, ônfalo.

UMBILICAL

Adjetivo latino *Umbilicalis,* do grego *Omphális,* que tem relação com o umbigo, de onfálico.
Consulte também: cordão.

UMERAL

Adjetivo que se relaciona com o osso do braço, o úmero.
Consulte também: úmero

ÚMERO

Substantivo latino *Humerus, Humeri,* de osso preponderante do braço, do grego *Oléne, Olénes,* osso superior do braço, *Braquio,* relativo ao ombro. Úmero é o nome dado para o osso maior e mais espesso osso do membro superior, situado entre o ombro e o cotovelo, com extremidade proximal espessa e arredondada devido a presença da cabeça do úmero, estrutura óssea de formato semiesférico que se encaixa na cavidade glenoidea da escápula, compondo a articulação do ombro, a articulação escapulo-umeral. Dois tubérculos tornam a extremidade proximal mais pesada do que a extremidade distal, situados abaixo do colo anatômico, o tubérculo maior e menor do úmero, ambos servem para a inserção de músculos do ombro, separados entre si por um sulco, o sulco intertubercular, por onde passa a cabeça longa do músculo bíceps braquial. O colo cirúrgico está situado abaixo dos dois tubérculos, local de maior intervenção cirúrgica em fraturas do terço proximal do úmero. O corpo do úmero é ligeiramente cilíndrico até a extremidade distal, achatada para os lados devido a presença dos epicôndilos lateral e medial. A tróclea e o capitulo do úmero são estruturas anatômicas que compõem a articulação do cotovelo, juntamente com a fossa do olécrano situada posteriormente, servindo de cama para o olécrano da ulna quando o cotovelo está estendido.
Consulte também: braço.

UNCIFORME

Adjetivo *Unciformis*, de *Uncus*, *Unci*, gancho, estrutura cujo formato lembra um gancho, de anzol, de uncinado. Por exemplo: Processo uncinado do etmoide (processo ósseo ligado a concha nasal média); Processo uncinado do pâncreas (extremidade da cabeça do pâncreas, próximo a artéria e veia mesentérica superior).
hamato.
Consulte também: uncinado.

UNCINADO

Substantivo latino *Uncinado*, de *Unci*, de gancho, garra. Uncinado é o nome dado antigamente para a estrutura ganchosa, cujo formato lembra uma garra, referente ao quarto osso da fileira distal do carpo, o hamato, cuja face anterior possui uma extremidade ganchosa. O mesmo que uncinato.
Consulte também: adunco, hamato.

ÚNCUS

Substantivo latino *Uncus*, gancho, âncora. Úncus é o nome dado antigamente para as estruturas cuja a forma lembra um gancho de anzol. Por exemplo: Uncinato (quarto osso situado na fileira proximal do carpo, atual hamato).
Consulte também: unciforme, hamato, adunco.

UNGUIS

Substantivo latino *Unguis*, *Unguis*, de unha. Unguis é o nome antigo do chamado osso lacrimal, situado na parede medial da cavidade orbital. A origem do nome se deve a posição do osso lacrimal lembrar os antigos anatomistas do formato de uma unha.
Consulte também: Unha.

ÚNGULA

Substantivo latino *Úngula*, *Ungulae*, diminutivo de *Unguis*, *Unguis*, de unha, casco. Úngula é o nome dado para os cascos dos quadrupedes, apêndice epidérmico de extrema dureza, comparado a saliência membranosa que aparece no canto interno do olho, de caráter patológico.
Consulte também: unha, cutícula.

UNHA

Substantivo latino *Unguis*, *Unguis*, de unha, casco, do grego *Onyx*, *Onykos*, garra característica dos animais predadores. Unha é o nome dado para as estruturas laminares, ligeiramente translúcidas, constituídas por células epiteliais provenientes da epiderme queratinizada, situada nas extremidades dos dedos das mãos e dos pés, utilizada como

garras por animais que caçam e como pás por animais que escavam tocas e abrigos. Do ponto de vista anatômico, cada unha apresenta: um corpo, porção visível da unha sobre os dedos, uma borda livre, extremidade que avança e ultrapassa a ponta dos dedos e a raiz, parte esbranquiçada que prende a unha na margem dorsal, onde termina a pele dos dedos.
Consulte também: lúnula, cutícula, úngula.

ÚRACO
Substantivo grego *Ourachós, Ourachôu,* de *Oûron, Oûrou,* urina, uretra. Úraco é o nome dado para o cordão fibroso resultante da contração e obliteração do alantoide no período fetal, que na fase adulta permanece como um ligamento remanescente preso entre o ápice da bexiga e a cicatriz umbilical, a prega umbilical mediana.
Consulte também: umbigo.

URETER
Substantivo grego *Ouretér, Ouretéros,* de *Ourêin,* de urina. Ureter é o nome dado para os dois tubos situados entre os rins e a bexiga urinária, de aproximadamente 25 a 30 centímetros de comprimento, fornecendo meio de condução da urina até a bexiga para ser armazenada e eventualmente eliminada pela uretra. Os ureteres são tubos estreitos e retroperitoneais, com parede muscular que varia na espessura, com partes abdominal, pélvica e intramural. Na pelve renal, o ureter é mais fino (ureter pélvico), penetrando na parede muscular da bexiga urinária (ureter intramural), atravessando a musculatura e surgindo internamente a partir do óstio ureteral direito e esquerdo.
Consulte também: bexiga, uretra.

URETRA
Substantivo latino *Urethtra, Urethrae,* do grego *Ourethra, Ourethras,* canal urinário. Uretra é o nome dado para o canal musculomembranoso que conecta a bexiga urinária com o meio externo, por meio do óstio uretral interno e externo. A uretra é o meio de eliminação da urina e de ejaculação nos homens. A uretra feminina é mais linear e curta do que a uretra masculina, sendo mais longa e sinuosa. Nos homens, a uretra conduz a urina e o sêmen durante a ejaculação, tendo duplo papel no aparelho urogenital masculino. Do ponto de vista anatômico, a uretra masculina apresenta: uretra vesical, parte que atravessa o colo da bexiga e o músculo esfíncter interno da uretra, conectado ao óstio uretral interno; uretra membranosa ou membranácea, parte que atravessa o músculo esfíncter externo da uretra; uretra bulbar, parte curvada da uretra que atravessa o bulbo do pênis; uretra esponjosa, parte longa e curva

da uretra que atravessa a maior porção do corpo esponjoso do pênis e a uretra balânica, parte distal da uretra situada na glande do pênis que termina com a fossa navicular e o óstio externo da uretra. A uretra feminina não apresenta as mesmas partes da uretra masculina, entretanto, está conectada ao óstio uretral interno pela extremidade proximal e ao óstio uretral externo pela extremidade distal da uretra.
Consulte também: bexiga.

ÚTERO

Substantivo latino *Uterus, Uteri*, de mãe, do grego *Métra, Métras*, madre, de *Hystéra, Hystéras* ventre materno, que dá origem. Útero é o nome dado para o órgão ímpar do aparelho reprodutor feminino incumbido de oferecer abrigo e proteção ao feto durante a sua formação. O útero é um órgão ímpar, oco e retroperitoneal situado na cavidade pélvica, entre a bexiga urinária e o reto, cujo formato lembra uma pera (piriforme), com cavidade uterina curvada para frente, posição antevertida, e parede muscular que varia de espessura, principalmente durante a gestação. O útero não gravídico possui cerca de 7,5 centímetros de comprimento, 5 centímetros de largura e 2 de espessura, pesando aproximadamente 90 gramas. O útero está preso a parede da cavidade pélvica por um par de ligamentos derivado do mesentério, o ligamento largo do útero. Do ponto de vista anatômico, o útero apresenta: fundo, parte proximal curvada para frente, sobrepondo-se a bexiga urinária; corpo, parte alongada, ligeiramente curvada para frente sobre a bexiga em úteros não gravídicos, com cavidade uterina estreita; e colo, parte distal conectada ao canal vaginal por meio do óstio do útero, permitindo que a cavidade uterina se comunique com o meio externo. A parede do útero é formada por três camadas distintas, o perímetro, camada serosa mais externa, o miométrio, camada intermediaria de músculo liso, confere espessura a parede do útero, e o endométrio, camada de mucosa interna que se modifica a cada ciclo menstrual. Na parte proximal do útero, as duas tubas uterinas estão conectadas lateralmente pelos cornos do útero, aparentando pequenos braços abertos. Devido ao posicionamento do útero na pelve menor, surgem dois espaços, um entre a bexiga e o corpo do útero: a escavação vesicouterina; e outro entre o corpo do útero e o reto: a escavação retouterina.
Consulte também: vagina.

UTRÍCULO

Substantivo latino *Utriculus, Utriculi*, diminutivo de *Uter, Utris*, vasilha de couro para liquido. Utrículo é o nome dado para a estrutura que possui forma sacular, semelhante a um cantil de água utilizado por cavaleiros em ambiente áridos e secos. Por exemplo: Utrículo do ouvido

(saco elíptico situado na parte superior do vestíbulo membranoso, onde ocorre o encontro dos canais semicirculares do labirinto cheio de linfa); Utrículo prostático (óstio situado na uretra prostática com acesso às formações saculares intrínsecas de secreção da próstata).
Consulte também: próstata.

ÚVULA
Substantivo do grego *Staphylé, Staphylés,* diminutivo de uva. Úvula é o nome dado para o apêndice cônico e muscular, preso pelo palato mole, situado entre os arcos palatoglosso e a faringe, tornando o istmo da cavidade oral ligeiramente fendido. A úvula é mais conhecida pelo seu nome popular, a campainha da garganta, capaz de estimular o vômito se tocada. Úvula também é o nome dado para a pequena crista da mucosa que se forma na margem do óstio uretral interno da bexiga urinária, a úvula da bexiga.
Consulte também: palato.

V

VACUOLAR
Adjetivo relativo aos vacúolos.
Consulte também: vacúolo.

VACÚOLO
Substantivo latino *Vacuolus, Vacuoli*, de *Cacuus*, de espaço vazio. Vacúolo é o nome dado para as pequenas cavidades que se formam em meio a um tecido, podendo se encher de ar (aerífero) obtendo a forma de sacos. Por exemplo: Alvéolos pulmonares (pequenas projeções saculiformes cheias de ar nos pulmões); Aréola (pequenas projeções saculiformes deixadas em meio ao tecido areolar).
Consulte também: aréola.

VAGINA
Substantivo latino *Vagina, Vaginae*, bainha de espada, estojo, envoltório, do grego *Elytron, élytrou*, qualquer invólucro que serve como bainha, em comparação com a bainha das espadas curtas utilizadas pelos romanos. Vagina é o nome dado para o órgão muscular do aparelho reprodutor feminino com o formato de tubo, medindo de 7 a 9 centímetros de comprimento, está preso ao colo do útero, comunicando-se com o meio externo através do óstio da vagina, abertura situada no vestíbulo da vagina, espaço em forma de fenda entre os lábios menores do pudendo. No vestíbulo da vagina estão localizados também o óstio externo da uretra e as glândulas vestibulares menores. O óstio do canal vaginal é parcialmente fechado pelo hímen, principalmente em mulheres que não iniciaram a vida sexual. A vagina é o órgão de cópula que se ajusta ao formato e tamanho do pênis durante o ato sexual, devido sua parede muscular flexível, permitindo que o sêmen ejaculado permaneça sobre o colo do útero, preenchendo eventualmente o espaço que circunda o colo, o fórnice da vagina, dificultando a precipitação do sêmen pelo canal vaginal após a relação. A vagina e o canal vaginal que a compõem, são comprimidas por quatro músculos esfíncteres: pubovaginal,

esfíncter externo da uretra, esfíncter uretrovaginal e bulboesponjoso. Consulte também: pudendo, hímen.

VAGINAL

Adjetivo latino *Vaginalis*, relativo à vagina, que tem a forma de uma bainha. Por exemplo: Túnica vaginal (membrana serosa que envolve os testículos).
Consulte também: vagina, testículo.

VAGO

Substantivo latino *Vagus*, errante, de vai a vários lugares distantes, que vaga sem rumo ou destino, significado concebido pelos romanos, referente aquele indivíduo que se insinua, mas foi Meckel[98] que traduziu para o francês, batizando de nervo pneumogástrico, inserido por Chaussier[99]. Vago é o nome dado para o nervo vago, décimo nervo craniano que deixa a região da cabeça e pescoço para atingir e se ramificar pelo tórax e abdômen, como se estivesse vagando pelo tronco e por uma série de vísceras. O nervo vago craniano formado por fibras eferentes (motoras) e aferentes (sensitivas), dando o caráter de nervo misto, deixa a cabeça, permeia o pescoço passando junto a artéria carótida comum e a veia jugular interna, até alcançar regiões distantes do tórax e abdômen, emitindo inúmeros nervos terminais nestes segmentos. Apesar de sua distribuição estar mais associada aos segmentos do tronco, na cabeça os axônios do nervo vago, compõem fibras aferentes situadas na pele da orelha externa, produzindo estímulos táteis, álgicos e térmicos. Está associado a receptores gustativos situados na epiglote e faringe. Compõem alguns proprioceptores localizados em músculos do pescoço e faringe. No pescoço, o nervo vago está conectado a barorreceptores do seio carotídeo e quimiorreceptores presente nos glomos paraórticos. Fibras aferentes vagais estão espalhadas pelos órgãos torácicos e abdominais, informando o encéfalo em relação a certos estímulos, como a fome, plenitude ou desconforto, se reunindo no gânglio superior e inferior, para em seguida chegar no bulbo e na ponte do tronco encefálico, passando pelo forame jugular situado na base do crânio. As fibras eferentes (motoras) vagais parassimpáticas, tem origem no bulbo e inervam os pulmões, as vias respiratórias, o coração, as glândulas gástricas,

---

98 MECKEL, Johann Friedrich (1781-1833), foi médico e anatomista alemão e um dos fundadores da teratologia. Atuou como professor de anatomia, patologia e zoologia na Universidade de Halle.

99 CHAUSSIER, François (1746-1828), foi um anatomista francês de Dijon, sendo lembrado por seu trabalho inovador no campo da medicina forense.

o esôfago, o estomago, a vesícula biliar e parte do intestino grosso. Consulte também: nervo, fibra, parassimpático.

VALÉCULA

Substantivo latino *Vallecula*, de pequeno, diminuto. Valécula é o nome dado para a pequena depressão localizada em certos órgãos. Por exemplo: Valécula epiglótica (pequena fossa situada entre a epiglote e a raiz da língua, dividida ao meio pela prega glossoepiglótica mediana, delimitada lateralmente pela prega glossoepiglótica lateral, onde eventualmente pode se esconder resíduos de alimentos mastigados, causando mal cheiro na boca).
Consulte também: fossa.

VALVA

Substantivo latino *Valva*, de batente de porta, entrada, portal. Valva é o nome dado para o conjunto de válvulas que atual simultaneamente no mesmo local. Por exemplo: Valva atrioventricular direita ou tricúspide (conjunto de três válvulas que impedem o refluxo de sangue para o átrio direito); Valva atrioventricular esquerda ou bicúspide, o mesmo que Mitral (conjunto de duas válvulas que impedem o refluxo de sangue para o átrio esquerdo); Valva de Kerckrin[100] (conjunto de pregas duodenais semicirculares situadas na porção descendente do duodeno, dificultando o refluxo do conteúdo gástrico).
Consulte também: válvula.

VÁLVULA

Substantivo latino *Valvulae*, diminutivo de valva, *Valvae*, de folheto, película, do grego *Ptyx, Ptychós*, pequena prega dobrada. Válvula é o nome dado para as pregas que se dobram em forma de folheto, permitindo controlar o fluxo e a circulação de certos líquidos no interior de vasos e tubos. As válvulas servem de mecanismo de retenção contra o refluxo de substâncias, ofuscando parcialmente a luz de um determinado vaso; outras válvulas se assemelham a bolsas em forma de meia-lua, cujo formato lembra o bolso de uma camisa, impedindo que o líquido retorne por meio do enchimento do bolso, colapsando a parede do vaso. Por exemplo: Válvulas de Houstron-Kohlrausch[101] (válvulas em forma de pregas situadas no canal anal); Válvulas atrioventriculares (válvulas situadas entre o átrio e o ventrículo direito e esquerdo do coração,

---

100 KERCKRING, Theodor (1640-1693), médico alemão e anatomista em Amsterdã, e depois em Hamburgo.

101 HOUSTON, John (1802-1845), cirurgião em Dublin; KOHLRAUSCH, Otto Ludwig Bernhard (1811-1854), médico em Hannover.

pregas em forma de cúspide); Válvula da veia cava inferior (válvula septal situada na borda do septo atrioventricular direito do coração); Válvula do seio coronário, de Thebesian, Tebésio[102] (válvula septal situada na margem do óstio do seio coronário, na parede do átrio direito do coração); Válvula do forame oval (válvula septal situada na borda da impressão da fossa oval, na parede do átrio esquerdo do coração); Válvulas semilunares (válvulas em forma de bolso de camisa, situada na extremidade proximal do tronco da artéria pulmonar e aórtica; presente também nas veias do tronco e membros).
Consulte também: cúspides, valva.

VALVULAR

Adjetivo relativo as válvulas, cuja função é controlar o fluxo de certas substâncias no interior dos vasos.
Consulte também: válvula, valva.

VASO

Substantivo latino *Vas*, de vaso, vasilhame. Vaso é o nome dado para tubos cilíndricos anastomosados, que servem para conduzir o sangue ou a linfa, que eventualmente seguem para o coração para compor o volume sanguíneo do corpo.
Consulte também: veia, artéria, linfa.

VASTO

Substantivo latino *Vastus*, de imenso, espaçoso, foi Riolan[103] quem batizou os grandes músculos da coxa com este nome. Vasto é o nome dado para os músculos da coxa que compõem o quadríceps femoral ou da coxa, o músculo vasto lateral, medial e intermédio, mais o músculo reto da coxa.
Consulte também: sural.

VEIA

Substantivo latino *Vena, Venae*, do grego *Phlébs, Phlébis*, de condução, caminho de volta ao coração. Veia é o nome dado para os vasos que conduzem o sangue da parte periférica do corpo de volta ao coração. As veias possuem parede mais fina do as artérias, com uma túnica íntima, formada pelo endotélio, membrana basal e lâmina elástica interna, uma túnica média, formada pela camada de músculo liso e lâmina elástica externa e uma túnica externa, composta por fibras elásticas e colágeno.

---

102 THEBESIUS, Adam Christian (1686-1732), nascido em Silésia, anatomista e patologista em Leyden e médico em Hirschberg, Silésia.

103 Consulte página 276

As veias mais grossas do corpo são as veias cavas superior e inferior, e o tronco pulmonar ou artéria pulmonar, antigamente chamada de *vena* arteriosa.
Consulte também: vênula, artéria.

VELUS

Substantivo latino *Velus, Vellus,* de pelo curto e muito fino. *Velus* é o nome dado para os pelos que substituem os primeiros pelos que crescem no feto a partir do quinto mês de gestão, a lanugem. Na infância, o *velus* está presente em boa parte do corpo, exceto nas sobrancelhas, cílios e na cabeça, pois estes são pelos terminais. O *velus* é gradualmente substituído por influência dos hormônios produzidos na puberdade, principalmente nas axilas, no púbis, na face, nos membros e tórax, respondendo aos padrões hormonais masculino e feminino, o que resulta na maior concentração de *velus* nas mulheres (35%) do que nos homens (5%).
Consulte também: lanugem.

VENOSO

Adjetivo latino *Venosus,* do grego *Phleboidés,* toda estrutura que está relacionada com as veias. Por exemplo: Forame venoso, de Vesalius[104] (pequeno forame inconstante que surge ao lado do forame oval no osso esfenoide); Seio venoso da esclera, de Schlemm[105] (pequeno canalículo situado na esclera junto a inserção da córnea do olho); etc.
Consulte também: vênula, veia.

VENTRAL

Adjetivo latino *Ventralis,* que pertence ao ventre, o que está adiante, na frente. Por exemplo: Face ventral da mão (palma da mão voltada para frente, segundo a posição anatômica).
Consulte também: ventre, dorsal.

VENTRE

Substantivo latino *Venter, Ventris* e *Alvus, Alvi,* barriga, ventre, do grego *Gastér, Gastrós, Koilía, koilías,* cavidade ventral. Ventre é o nome dado para a região situada anteriormente, o contrário de costas, dorso. Antigamente o ventre era identificado pelo estômago, o mesmo que abdome. Foi também associado ao ventre feminino, cujo útero é o órgão

---

104 VESALIUS, Andreas (1514-1564), médico belga considerado o pai da Anatomia moderna, foi autor da publicação *De Humani Corporis Fabrica,* livro publicado em 1543.

105 SCHLEMM, Friedrich (1795-1858), foi professor de anatomia em Berlim na Alemanha.

principal, preponderante, incumbido de gerar um novo ser, dar a vida.
Consulte também: dorso.

VENTRÍCULO

Substantivo latino *Ventriculus, Ventriculi,* diminutivo de *Venter, Ventris,* do grego *Gastrídion, Gastrídiou,* pequeno ventre, daquilo que é reservado, íntimo. Ventrículo é o nome dado para determinadas cavidades que são íntimas de certos órgãos, comparado ao leito de um quarto, reservado somente aos moradores. Os ventrículos são cavidades que omitem acessos importantes, protegendo estruturas mais nobres em certos órgãos. Por exemplo: Ventrículo do coração (câmara cardíaca inferior, separada pelo septo interventricular, responsável pelo bombeamento do sangue para os pulmões e demais órgãos do corpo); Ventrículo cerebral (câmaras situadas no interior do cérebro e do tronco encefálico, interligadas por forames e canais, preenchidas pelo líquido cérebro-espinhal e pelas formações dos plexos corióideos); Ventrículo da laringe (espaço transglótico situado entre as pregas vestibulares e vocais, no interior da laringe, de difícil acesso, protege os músculos vocais e o espaço infraglótico que precede a traqueia); etc.
Consulte também: átrio, coração.

VÊNULA

Substantivo latino *Venulae, Veiazinha,* diminutivo de *Vena, Venae,* do grego *Phlégion, Phlébiou,* de pequena veia, vaso amiúde. Vênula é o nome dado para as pequenas veias, ao nível dos capilares sanguíneos.
Consulte também: veia.

VERGA

Substantivo latino *Virga, Virgae,* vara, cajado, do grego *Sáthe, Sáthes,* o mesmo que membro viril. Verga é o nome dado antigamente para o membro viril, atual pênis, comparado a verga de uma vara de pesca.
Consulte também: pênis, membro viril.

VERME

Substantivo latino *Vermis,* de verme, larva, do grego *Helmís, Helmínthos,* vermes intestinais. Verme é o nome dado para a estrutura situada no cerebelo cuja forma lembra um verme vivo, o verme cerebelar, que divide os dois hemisférios cerebelares direito e esquerdo.
Consulte também: lumbrical, cerebelo.

VERMIFORME

Adjetivo latino *Vermis,* de verme e *Formis,* forma, semelhante ao corpo de certos vermes.
Consulte também: verme, apêndice.

VÉRTEBRA

Substantivo latino *Vertebrae*, de *Vertere*, virar, girar, do grego *Spóndylos, Spóndylou*, vértebra, ossículo. Vértebra é o nome dado para cada um dos ossos que formam a coluna vertebral, num total de 33 vértebras, sendo 7 cervicais, 12 torácicas, 5 lombares, de 4 a 5 sacrais e de 3 a 4 coccígeas. As vértebras cervicais, torácicas e lombares, exceto a primeira, o atlas, e a segunda, o áxis, possuem estruturas anatômicas típicas: um corpo vertebral, um par de processo transverso, um processo espinhoso, um par de pedículo e um forame vertebral.
Consulte também: sacro, coluna.

VERTEBRAL

Adjetivo relativo à tudo que está associado com as vértebras.
Consulte também: vértebra, coluna.

VÉRTICE

Substantivo latino *Vertex, Verticis*, de cume, parte mais alta, que se eleva, do grego *Koriphé, Koriphés*, ápice, extremidade, cabeça, o mesmo que *vértex*. Vértice é o nome dado para o ápice da cabeça, parte que corresponde ao topo do crânio, próximo da sutura lambdoide.
Consulte também: calvária.

VERUMONTANUM

Substantivo latino *Veru*, diminutivo de coluna, de balaústre e *Montanus*, saliência, de crista. *Verumontanum* é o nome dado antigamente para a crista uretral situada no canal da uretra prostática, um pouco à frente do colo da bexiga urinária, adiante da úvula da bexiga.
Consulte também: crista, úvula.

VESÍCULA

Substantivo latino *Visicula, Visiculae*, diminutivo de *Vesica, Vesicae*, do grego *Cystis, Cystidos*, de bexiga, reservatório saculiforme. Vesícula é o nome dado para as estruturas apendiculares e saculiformes, como a vesícula biliar do fígado e as vesículas seminais adjacentes à próstata. A vesícula biliar está situada sobre a face visceral, entre o lobo quadrado e o lobo direito do fígado, é o reservatório que armazena a bile, essencial para homogeneização da gordura, cumprindo o papel de agente emulsificador, permitindo que alimentos gordurosos se misturem com a água tornando-os hidrossolúveis, para que possam ser processados, absorvidos e reabsorvidos pelos intestinos. A vesícula biliar possui de 7 a 10 centímetros de comprimento e capacidade de armazenamento de 50 mililitros de bile. Do ponto de vista anatômico, a vesícula apresenta três partes: o fundo, que é a parte de fundo cego da vesícula, o corpo, de maior proporção e o colo, extremidade estreita oposta ao fundo ligado

ao ducto cístico.
Consulte também: bexiga.

VESICULAR

Adjetivo relativo à vesícula.
Consulte também: vesícula, bexiga.

VESTÍBULO

Substantivo latino *Vestíbulum, Vestibuli,* de *Ve,* que indica diminuição e *Stabulum, Stabuli,* pequena entrada. Vestíbulo é o nome dado para a parte que fornece meio de entrada e saída de um órgão, cujo formato lembra uma antessala, que precede a cavidade principal. Por exemplo: Vestíbulo do nariz (região que compreende as narinas, com paredes úmidas e cobertas por pelos, antecedendo a cavidade nasal propriamente dita); Vestíbulo da cavidade oral (região que compreende o espaço entre as arcadas dentárias e as bochechas); Vestíbulo da orelha (região que compreende a cavidade situada na divisão da orelha interna, compondo parte do aparelho vestíbulococlear); Vestíbulo da laringe (região que compreende o espaço situado acima das pregas vestibulares da laringe); Vestíbulo da vagina (região que compreende o espaço situado entre os lábios menores do pudendo, onde se encontra o óstio do canal vaginal, óstio uretral externo e eventualmente a membrana himenal).
Consulte também: ádito, átrio, seio.

VESTÍGIO

Substantivo latino *Vestigium, Vestigii,* do grego *Íchnos, Íchnou,* traço, daquilo que deixou pegadas, rastro para ser seguido e encontrado. Vestígio é o nome dado para as estruturas que se manifestam como resíduos, estruturas anatômicas remanescentes do passado, presentes em certos órgãos que constituíram uma parte do corpo e que sofreu regressão, deixando em seu lugar um pequeno vestígio de sua condição anterior. Por exemplo: Cóccix (pequenas vértebras rudimentares calcificadas entre si, situadas na extremidade inferior do sacro que atualmente representa o vestígio de uma cauda embrionária que se acredita também ser o remanescente de uma cauda preênsil presente em um ancestral primitivo do homem); Fossa oval (depressão na parede do átrio direito do coração que atualmente representa o vestígio embrionário da comunicação interatrial entre ambos os átrios).
Consulte também: cauda.

VÉU MEDULAR

Substantivo latino *Velum Medullare,* de membrana muito fina, cortina. Véu medular é o nome dado para a fina lâmina composta por substância branca, situada entre os pedúnculos cerebelares superiores, o véu

medular superior, e as bordas laterais do nódulo do cerebelo, o véu medular inferior.
Consulte também: membrana.

VÉU PALATINO

Substantivo latino *Velum Palatinum*, de palato mole, *Palatum Molle* ou *Septum Staphylinum*, parede, divisória. Véu palatino é o nome dado para a parte musculomembranosa que se estende do céu da boca até a úvula, a campainha da garganta constituída anterior ao istmo da boca, onde as bordas laterais constituem os arcos palatoglosso. O véu palatino é constituído por músculos e membranas que revestem a cavidade da boca, como parte integrante do palato mole.
Consulte também: palato.

VIBRISSA

Substantivo latino *Villous*, coberto de pelos, de *Villus, Villi*, pequenos tentáculos que se movimentam livremente, o mesmo que vilosidade. Vibrissa é o nome dado para as estruturas que possuem vilosidades, presente na superfície de certos órgãos tubulares, com paredes que necessitam de aderência, servem para absorver e coletar certas substâncias soltas pelo organismo. Por exemplo: Vilosidade intestinal (região do canal alimentar forrada de pequenos tentáculos que servem para aumentar a superfície de contato entre a mucosa intestinal e os alimentos digeridos); Vibrissa da tuba uterina (extremidade pregueada de tentáculos na extremidade da tuba uterina, atuais fímbrias, servem para coletar o óvulo solto próximo ao óstio da tuba uterina).
Consulte também: fímbria.

VILOSIDADE

Substantivo latino *Villi*, de tentáculos, parecido com pelos curtos, o mesmo que vibrissa. Vilosidade é o nome dado para as pequenas e curtas projeções digitiformes situadas sobre a superfície de algumas mucosas, aumentando a superfície de contato e a aderência com certas substâncias. Por exemplo: Vilosidade intestinal (vilosidade situada sobre a superfície da mucosa dos intestinos, permitindo aumentar a capacidade de absorção e reabsorção dos alimentos digeridos).
Consulte também: vibrissa.

VÍSCERA

Substantivo latino *Viscus, Visceris*, intestino, do grego *Splánchnon, Splánchnou*, entranha, tripa. Víscera é o nome dado para o órgão e estruturas localizadas dentro de grandes cavidades corpóreas, a cavidade esplâncnica, como aquelas que se manifestam no tórax, abdômen e pelve.
Consulte também: esplâncnico.

VISCERAL
Adjetivo relativo às vísceras. Por exemplo: Pleura visceral (lâmina serosa que envolve intimamente os pulmões); Peritônio visceral (dobra da membrana peritoneal em contato com as vísceras do abdômen); Face visceral (superfície de qualquer órgão em contanto com a superfície de outra víscera adjacente); etc.
Consulte também: víscera.

VÍTREO
Substantivo latino *Vitreus*, de vidro, transparente e *Vitrum*, vidro. Vítreo é o nome dado para o líquido extracelular gelatinoso e transparente, situado dentro do bulbo do olho, mantendo a retina pressionada contra a corioide, preenchendo quatro quintos do bulbo, dando a forma estrutural arredondada do olho.
Consulte também: humor.

VÔMER
Substantivo latino *Vômer, Vomeeris*, dente do arado que rasga a terra. Vômer é o nome dado para o osso ímpar e laminar situado entre as duas lâminas mediais do processo pterigoideo do osso esfenoide, conectado inferiormente com o osso palatino e o palato duro do osso maxilar e superiormente com a lâmina perpendicular do osso etmoide, dividindo a cavidade nasal ao meio, constituindo parte do septo ósseo do nariz interno.
Consulte também: septo.

VÓRTEX
Substantivo latino *Vórtex, Vorticis*, de redemoinho, do grego *Strómbos, Strómbou*, de turbilhão, o mesmo que vórtice e vértice. *Vórtex* é o nome dado para a estrutura em forma de espiral, aparente círculo concêntrico, que lembra a estrutura de um caracol. Por exemplo: Cóclea (estrutura em forma de espiral do aparelho vestibulococlear); Hámulo (parte em espiral da cóclea).
Consulte também: cóclea, hélix, vértice, mucrônico.

VÓRTICE
Substantivo latino *Vortex*, de redemoinho, redemoinho, o mesmo que *Vórtex*. Vórtice é o nome dado para a estrutura de espiral, de formato concêntrico. Por exemplo: Vórtice do coração (região onde a musculatura se desenvolve de forma concêntrica, feito um espiral); Veias vorticosas (vórtice ou veias vorticosas, presente na túnica vascular do bulbo do olho).
Consulte também: mucrônico.

VULVA

Substantivo latino *Vulva, Vulvae,* de envolver, o mesmo que pudendo. Vulva é o nome dado para o conjunto de estruturas e órgãos que compõem a parte da genitália externa feminina, onde também estão localizados os grandes e pequenos lábios do pudendo, o monte púbico, o clitóris, os bulbos do vestíbulo e as glândulas vestibulares maiores e menores. A origem do nome se deve ao fato do pudendo envolver o pênis na relação sexual.
Consulte também: vagina.

X

XIFOIDE

Adjetivo grego *Xiphoidés,* de *Xíphos,* espada e *Eidos,* forma. Xifoide é o nome dado para o processo xifoide, o mesmo que apêndice xifoide, estrutura de forma variável situada na extremidade distal do osso esterno. O processo xifoide se funde ao corpo do osso esterno em indivíduos acima dos 40 anos de idade, em indivíduos mais jovens está separado por cartilagem. O processo xifoide possui formato variável, podendo ser pontiagudo, bífido, rombo para dentro ou para fora. Em algumas situações, o processo xifoide se projeta para frente, dando a aparência conhecida como peito de pombo, devido a saliência para frente que se forma sobre a pele do tórax. A extremidade inferior do processo xifoide está no mesmo nível da décima vértebra torácica, ponto importante para localizar a margem superior do fígado, o centro tendíneo do diafragma e a borda inferior do coração.

Consulte também: manúbrio, esterno.

Z

ZIGOAPOFISÁRIO

Adjetivo grego *Zygas*, de par, casal, cópula, *Apo*, longe, além e *Physys*, sulco, crescimento.
Consulte também: zigomático, apófise.

ZIGOMA

Substantivo latino *Zygoma, Zygómatos*, objeto utilizado para ligar, unir. Zigoma é o nome dado antigamente para o osso irregular da face, atualmente chamado de osso zigomático, localizado abaixo da cavidade orbital em ambos os lados do rosto, responsável pela proeminência dos malares, osso da maçã do rosto, local onde a pele se torna enrubescida quando constrangido e envergonhado.
Consulte também: zigomático.

ZIGOMÁTICO

Adjetivo relativo ao zigoma, referente ao osso de mesmo nome, osso zigomático, que une as partes laterais do rosto ao osso temporal por meio do arco zigomático, papável a frente da orelha externa, logo acima do ângulo mandíbula.
Consulte também: zigoma.

ZONA

Substantivo latino *Zona*, de região de transição. Zona é o nome dado para as regiões de transição e circunscrição em certos órgãos e tecidos. Por exemplo: Zona cárdica (área que corresponde a cárdia do estômago); Zona pilórica (área afunilada que corresponde a região de transição entre o estômago e o piloro); Zona orbicular (região que corresponde a inserção do ligamento de mesmo nome da cápsula articular do quadril, coxofemural); etc.
Consulte também: zônula.

ZÔNULA

Adjetivo latino *Zonula*, diminutivo de zona, relativo as pequenas estruturas situadas em locais específicos, peculiares. Por exemplo: Fibras da

zônula (fibras de prolongamentos ciliares situadas no corpo ciliar presas a cápsula do cristalino responsáveis pela acuidade visual).
Consulte também: região.

REFERÊNCIAS

Andrade, Carlos Henrique Vianna. *História da medicina na antiguidade*. Editora Baraúna, 2015.

Barros, Lidia Almeida. *Curso básico de terminologia*. São Paulo: Editora USP, 2004.

Bezerra, Frank Silva. *Dicionário de terminologia anatômica*. 1. Rio de Janeiro: Elsevier, 2016.

Dângelo, José Geraldo e Carlo Américo Fattini. *Anatomia humana sistêmica e segmentar*. 2. São Paulo: Atheneu, 2000.

Dio, Liberto J. A. Di. "Lançamento oficial da terminologia anatomica em São Paulo: um marco histórico para a medicina brasileira." *Revista da Associação Médica Brasileira*. 46.3 (2000): 191-193.

Dorland, William Alexander Newman. *Dorland's Pocket Medical Dictionary*. Elsevier Saunders, 2008.

Fargen, Kyle M. e Brian L. Hoh. "The debate over eponyms." *Clinical Anatomy* 27.8 (2014): 1137-1140.

Federative Committee on Anatomical Terminology. *Terminologia anatomica*. Thieme, 1998.

Fontelles, Mauro Pantoja, et al. "Dicionário de estruturas e termos anatômicos: versão bilíngue português/inglês empregando multimídia em CD-ROM." *Revista Paraense de Medicina* 20 (2006): 2.

Fritzsch, Bernd e Karen L. Elliot. "Auditory nomenclature: combining name recognition with anatomical description." *Front Neuroanat* 12.99 (2018): 99.

Gartner, Leslie P. e James L. Hiatt. *Tratado de histologia*. 2. Rio de Janeiro: Guanabara Koogan, 2003.

Gest, Thomas R. "Anatomical nomenclature and the use of eponyms." *Clinical Anatomy* 27.8 (2014): 1141-1141.

Gilroy, Anne M. *Atlas de anatomia*. 3. Rio de Janeiro: Guanabara Koogan, 2008.

Guilhermano, Luiz Gustavo, et al. *Páginas da história da medicina*. Edipucrs, 2010.

Henderson, Beverley. *Terminologia médica para leigos*. Alta Books Editora, 2016.

Hirsch, Bruce Elliot. "Does the terminologia anatomica really matter?" *Clinical Anatomy* 24 (2011): 503-504.

Jacob, Stanley W. e Clarice Ashworth Francone. *Anatomia e fisiologia humana*. 5. Rio de Janeiro: Guanabara Koogan, 1990.

Junqueira, Lilina. *Anatomia palpatória: pelve e membros inferiores*. 1. Rio de Janeiro: Guanabara Koogan, 2002.

Junqueira, Luiz Carlos Uchoa e José Carneiro. *Histologia básica: texto e atlas*. 13. Rio de Janeiro: Guanabara Koogan, 2018.

Kachlik, David, Baca Vaclav e Ivana Brozdechova. "Anatomical terminology and nomenclature: past, present and highlights." *Medline* 6.30 (2008): 459-466.

Kachlik, David, et al. "Mistakes in the usage of anatomical terminology in clinical practice." *Biomed Papers of the Medical Faculty* 2 (2009): 157-61.

Kachlik, David, Vladimir Musil e Vaclav Baca. "Terminologia anatomica after 17 years: inconsistencies, mistakes and new proposals." *Annals of Anatomy*. Elsevier, 2015. 8-16.

Kardong, Kenneth Vide *Vertebrados: anatomia comparada, função e evolução*. 7. Rio de Janeiro: Guanabara Koogan, 2016.

Kiernan, John A. *Neuroanatomia humana de Barr*. 7. São Paulo: Manole, 2003.

Manuila, L. *Dicionário médico*. Climepsi, 2003.

Martinez, Ana Maria Blanco e Silvana Allodi. *Neuroanatomia essencial*. 1. Rio de Janeiro: Guanabara Koogan, 2014.

Mehta, Lopa A., M. Natrajan e M. L. Kothari. "Understanding anatomical terms." *Clinical Anatomy* 9.5 (1996): 330-36.

Mello, Romário de Araújo. *Embriologia humana*. 1. São Paulo: Atheneu, 2000.

Moore, Keith L. "Anatomical terminology/clinical terminology." *Clinical Anatomy* 1.1 (1988): 7-13. Digital.

Morre, Keith L., Arthur F. Dalley e Anne M. R. Agur. *Anatomia orientada para clínica*. 8. Rio de Janeiro: Guanabara Koogan, 2019.

Netter, Frank H. *Atlas de anatomia humana*. 2. Porto Alegre: Artmed, 2000.

Oliveira, Ana Maria Pires de, Aparecido Negri Isquerdo e Ieda Maria Alves. *As ciências do léxico: lexicologia, lexicografia, termonologia*. Editora Humanitas, 2001.

Olry, Regis. "Anatomica eponyms, part 1: to look on the bright side." *Clinical Anatomy* 27.8 (2014): 1142-4.

—. "Anatomical eponyms, part 2: the other side of the coin." *Clinical Anatomy* 27.8 (2014): 1145-48. Digital.

O'Rahilly, Ronan. "Anatomy, the writing of a textbook." *Clinical Anatomy* 6.6 (1993): 366-69.

Pezzi, Lucia Helena Antunes, et al. *Anatomia clínica*. 2017. Rio de Janeiro: Guanabara Koogan, 2017.

Rosse, C. "Terminologia anatomica: considered from the perpective of next-generation knowledge sources." *Clinical Anatomy* (2001): 1015-22.

Sadler, T.W. *Langman, embriologia médica*. 13. Rio de Janeiro: Guanabara Koogan, 2017.

SBA. *Terminologia anatômica*. 1. Vol. 2. Manole, 2001.

Strzelec, B., P.P. Chmielewski e B. Gworys. "The terminologia anatomica matters: examples from didactic, scientific, and clinical practice." *Folia Morphol* 76.3 (2016): 340-347.

TD, Turmezei. "The linguistic roots of modern english anatomical terminology." *Clinical Anatomy* (2012): 1015-22.

Tindall, A. R. *Medical terms*. Routledge, 2018.

Tixa, Serge. *Atlas de anatomia palpatória*. 2. Vol. 1. São Paulo: Manole, 2009.

Tortora, Gerard J. e Bryan Derrickson. *Princípios de anatomia e fisiologia*. 14. Rio de Janeiro: Guanabara Koogan, 2018.

Whitmore, Ian. "Terminologia anatomica: new terminology for the new anatomist." *The anatomical record* 257 (2002): 50-53.

Widmaier, Eric P., Hershel Raff e Kevin T. Strang. *Vander: Fisiologia Humana*. 14. Rio de Janeiro: Guanabara Koogan, 2017.

Wof-Heidegger. *Atlas de anatomia humana*. 6. Rio de Janeiro: Guanabara Koogan, 2006.

Made in the USA
Monee, IL
04 November 2026

67378648R00193